BAUKRANE

EIN HANDBUCH FÜR BAUAUSFÜHRENDE UND KRAN-
KONSTRUKTEURE MIT DEM BESONDEREN ZIELE
DER VERMITTLUNG ZWISCHEN DEN BEDÜRFNISSEN
DER BAUSTELLE
UND DEN ERZEUGNISSEN DER KRANBAUINDUSTRIE

VON

DIPL.-ING. R. CAJAR

MAGISTRATSOBERBAURAT
IN BERLIN

MIT 354 TEXTABBILDUNGEN

UND 6 KONSTRUKTIONSTAFELN

IM ANHANG

MÜNCHEN UND BERLIN 1930
VERLAG VON R. OLDENBOURG

Druck von R. Oldenbourg, München

Vorwort.

Über Krane, die ausschließlich für die Baustelle bestimmt sind, findet man im technischen Schrifttum nur verstreute und spärliche Angaben. Eine gesonderte Behandlung wird ihnen nirgends zuteil. Diese Tatsache ist bemerkenswert, wenn man bedenkt, daß einerseits die große Anzahl der als Baukrane gekennzeichneten Baugeräte eine solche Sonderbetrachtung als durchaus gerechtfertigt und lohnend erscheinen läßt, und daß andererseits die Baukrane innerhalb des Gebietes des allgemeinen Kranbaues sowohl, als auch der Baumaschinen ohne Zweifel eine selbständige Gruppe bilden.

Allgemein als Hebezeug angesehen sind sie der Eigenart des Baubetriebes anzupassen. Es wird u. a. von ihnen verlangt: leichte Beweglichkeit, einfache Handhabung, Schutz vor Witterungseinflüssen und überhaupt eine den rauhen Bedingungen des Baubetriebes angemessene Durchbildung der Einzelheiten des Tragwerks und der Triebwerkteile. Auch die Wahl des Antriebes spielt bei den Baukranen eine besondere, sehr wichtige Rolle. Der Konstrukteur sieht sich hier vor eine Fülle eigenartiger Aufgaben gestellt: Der Antrieb und seine Unterbringung, die Führung des Kranes, die Windenteile, Übersetzungen, Bremsen und Sicherheitsvorrichtungen, die Seile mit allem Zubehör, der ganze Aufbau des Kranes, alles dies ist nach besonderen Gesichtspunkten zu beurteilen.

Betrachtet man wiederum den Baukran als Sonderfall der Baumaschine, so hat er die besondere Aufgabe der lotrechten Lastenförderung, und zwar im wesentlichen der frei schwebenden, im Gegensatz zur geführten Förderung bei den Aufzügen. Eine getrennte Behandlung der so definierten Baukrane innerhalb des Gebietes der Baumaschinen ist ohne weiteres möglich und bei der neueren Entwicklung der Baustellenorganisation sogar ein Bedürfnis.

Jede Bauunternehmung wird heute davon ausgehen müssen, die Bauzeiten möglichst abzukürzen. Mit dem traditionellen, mehr aufs handwerkliche zugeschnittenen Baubetrieb sind in dieser Beziehung Fortschritte nicht zu erzielen. Wo nur immer möglich, müssen Maschinen die Handarbeit ersetzen. Die modernsten Transportmittel, ja sogar die bisher nur bei der Massenfabrikation angewandte Fließarbeit, dringen schon in den Baubetrieb ein. Alle diese maschinellen Einrichtungen sind aber

mit einem gewissen Kapitalaufwand verknüpft. Der Baustellenorgani-
sator muß also heute mehr denn je eine sorgfältige Planung des gesamten
Bauverlaufes im voraus festlegen. Dazu aber muß er wiederum wissen,
welche Geräte ihm von seiten der Maschinenindustrie zur Verfügung
stehen. Außer ihrer Leistungsfähigkeit soll er ihre Anschaffungs- und
Betriebskosten, ihre Lieferzeit und ihre Lebensdauer kennen, nur dann
wird er sie in der wirtschaftlich günstigsten Weise in den Betrieb ein-
ordnen. Leider gibt es nun nur sehr wenig brauchbare praktische Angaben über die tatsächliche Leistungsfähigkeit der erwähnten Geräte,
weil Aufzeichnungen während des Baues entweder gar nicht, oder nicht
mit der erforderlichen Sorgfalt gemacht werden. Vielfach werden sie
auch, wenn wirklich vorhanden, der Allgemeinheit nicht zugänglich
gemacht — zum Schaden der Bauwirtschaft, der dadurch beträchtliche
Werte verloren gehen. Man ist hier demnach im allgemeinen auf die Angaben der Herstellerfirmen angewiesen, die meist auf theoretischer Grundlage beruhen und mit der Praxis vielfach nicht übereinstimmen. Die für
eine vorläufige Rentabilitätsberechnung unerläßlichen Anschaffungs- und
Betriebskosten sind in vorliegendem Buch soweit irgend erreichbar,
angegeben worden. Selbstverständlich handelt es sich hier nur um
Richtpreise, die dem jeweiligen Teuerungsindex anzupassen sind.

Die weitere Entwicklung und Vervollkommnung der Baukrane hängt
davon ab, inwieweit der Hebemaschinenbau und das Baugewerbe auf
diesem Gebiet zusammenarbeiten. Bei der weitgehenden Spezialisierung
der technischen Fachausbildung kann man heute weder vom Kran-
konstrukteur verlangen, daß er mit den Bauvorgängen, noch vom Bauausführenden, daß er mit den konstruktiven Möglichkeiten der Baukrane
vertraut ist. Beide können sich aber auf halbem Wege entgegenkommen.
Der Bauausführende kann durch eingehende Darlegung der Bedürfnisse
des Baubetriebes hinsichtlich der Lastenförderung dem Krankonstruk-
teur die Wege zeigen, auf denen die Baukrane, sei es durch Verbesserungen hinsichtlich der baulichen Anordnung, durch Erhöhung der Tragfähigkeit, der Arbeitsgeschwindigkeiten oder des Wirkungsbereichs, zu
vervollkommnen sind. Dagegen ist es Aufgabe des Krankonstrukteurs,
die Möglichkeiten anzugeben, die hinsichtlich einer weiteren Leistungs-
steigerung der Baukrane bestehen und so auf die Gestaltung des Arbeits-
planes des Bauausführenden befruchtend einzuwirken. Die Vorteile,
die für beide Teile aus diesem Zusammenarbeiten entstehen, sind wohl
ohne weiteres einleuchtend. Das vorliegende Buch kann in diesem
Sinne als Vermittler und zur Unterstützung einer gegen-
seitigen Verständigung dienen.

Aus der Fülle des zur Verfügung stehenden Stoffes, den der Verfasser
z. T. dem Entgegenkommen der ausführenden Firmen verdankt, mußte
naturgemäß eine Auswahl getroffen werden, für die aber lediglich Zweck
und Ziel des Buches maßgebend war. Werturteile sollten damit nicht

ausgesprochen werden. Besondere Beachtung glaubte Verfasser den amerikanischen Baukranen schenken zu müssen, angesichts der großen dort vorliegenden Bauaufgaben und der stark vorwärts drängenden Entwicklung der dortigen Baustellenorganisation, von der unzweifelhaft auch für unsern Kranbau wertvolle Anregungen ausgehen.

Die Anordnung des Stoffes ergab sich aus der Notwendigkeit, die Baukrane bis in ihre letzten Einzelheiten darzustellen. Demzufolge mußten zunächst die Elemente eingehend behandelt werden, wobei es sich selbst unter ausschließlicher Berücksichtigung der nur für Baukrane in Betracht kommenden Ausführungen nicht vermeiden ließ, daß manches angeführt wurde, was sich bereits in den führenden Werken des Hebezeugschrifttums findet.

Der besondere Dank des Verfassers gebührt schließlich Herrn Magistrats-Oberbaurat Dr.-Ing. Luz David für seine Bemühungen um die Entstehung des Buches und seine wertvollen Anregungen bei der weiteren Bearbeitung.

Berlin-Halensee, September 1929.

Rudolf Cajar.

Inhaltsverzeichnis.

Abschnitt I.
Trag- und Bewegungsorgane.

Kapitel 1. Hanfseile.

a) **Verwendung** namentlich zum Anbinden der Last. **Knoten-verbindungen** s. AWF-Betriebsblatt[1]) 23, S. 2, das auch eine Tabelle der zulässigen Belastung enthält.

Ferner ist auch auf das im Beuth-Verlag als Beuthheft 7 erschienene Schriftchen »Das Tauwerk«[2]) hinzuweisen, dem folgende Einzelheiten entnommen sind:

Der unter 1. des AWF-Blattes 23 dargestellte »Kreuzknoten« (nach Schömann, »Doppelstich« oder »Schifferknoten«) gibt eine zug-feste, aber schwer lösliche Verbindung. Der Stich ist nur dann richtig, wenn **beide** Enden ein und desselben Seiles auf derselben Seite der »Bucht« (d. h. des umgebogenen Endes) des anderen Seiles liegen, andern-falls zieht er bei Belastung durch. Will man eine leicht lösliche Verbindung zweier Tauenden schaffen, so wendet man den in

Abb. 1.   Abb. 2.   Abb. 3.   Abb. 4.

Abb. 1 dargestellten »Schotenstich« an. Es ist zu beachten, daß sog. **Aug-enden eines Taues nicht allein belastet** werden dürfen. Die Schläge und Stiche müssen vielmehr über das Auge geschlagen werden (s. Bild 5 umseitiger Tafel). Zum Anhängen einer schweren Last an ein Doppelseil kann der in Abb. 2 dargestellte »Schlaufenstich« (nach Schömann, »Die kurze Trompete« genannt) angewendet werden. Er hat

¹) Die AWF-Betriebsblätter, die hier leider nicht sämtlich mit abgedruckt werden können, werden vom »Ausschuß für wirtschaftliche Fertigung« (AWF) beim Reichs-kuratorium für Wirtschaftlichkeit herausgegeben und sind vom Beuth-Verlag, G. m. b. H., Berlin S 14, Dresdnerstr. 97, zu beziehen.

²) Von A. Schömann, Altona. Herausgegeben von der Zentralstelle für Unfall-verhütung beim Verbande der Deutschen Berufsgenossenschaften, 1925.

Betriebsblatt für Anbinder, Kranführer und Betriebsbeamte	Seilbefestigung zum Materialtransport	AWF 23

1. Kreuzknoten
zum Zusammenknoten zweier gleichstarker Tauenden

2. Schläge
zum Festhalten eines Gegenstandes u. z. Sicherung eines Stiches

2a halber Schlag   2b zwei halbe Schläge

3. Einfache Schlinge
zum Befestigen von Lasten   u. zum Einhaken des Hebehakens

4. Webeleinstich
zur Befestigung eines Taues an einer dicken Trosse od. einem Balken   Stets in Verbindung mit ein oder zwei halben Schlägen

5. Schotenstich
zum Befestigen eines Tauendes in einer Öse und z. Verbinden ungleich starker Tauwerks (Pfahlstich)

5a einfach   5b doppelt

6. Balkenstich
mit Kopfschlag

zur Befestigung eines Endes an einem Balken. Kopfschlag dient zum Senkrechthalten d. angehobenen Balkens in der Luft

7. Hakenstich
zur Befestigung von Tauen am Haken

8. Pfahlstich
zum Binden einer Öse am Tauende

9. Verkürzungsstich
zur Verkürzung eines Taues

läuft gegeneinander

Sämtliche Knoten in nicht angezogenem Zustande gezeichnet

Zulässige Belastung eines einzelnen Seilstranges in kg

in Kg für Hanfseile bei					für verzinkte Drahtseile				
Seil ø	⊥	45°	90°	120°	Seil ø	⊥	45°	90°	120°
13	120	110	80	60	10	630	580	450	300
16	200	180	140	100	12	950	850	670	450
18	250	230	180	125	14	1300	1200	900	650
20	325	290	220	160	16	1800	1700	1300	900
23	400	380	280	200	18	2250	2100	1600	1100
26	500	470	360	250	20	2900	2700	2000	1400
30	700	650	500	350	22	3300	3100	2400	1700
35	1000	900	700	500	24	4000	3800	3000	2100
40	1250	1150	850	600	26	4800	4500	3500	2500
45	1500	1400	1000	750	28	5500	5000	4000	2700
50	2000	1800	1400	1000	30	6600	6100	4700	3300
60	2500	2300	1750	1250	33	8000	7400	5600	4000
70	4000	3700	2820	2000	35	9000	8300	6400	4500
80	5000	4600	3500	2500	38	10800	10000	7700	5400
90	6250	5500	4400	3100	40	12000	11000	8300	5900
					45	15000	14000	10500	7500
					50	18000	17000	13000	9300

Herausgegeben v. Ausschuss f. wirtschaftliche Fertigung (AWF) b. Reichskuratorium f. Wirtschaftlichkeit unter Mitarbeit d. Deutschen Transportverbandes (DKV) Berlin. Zu beziehen durch den Beuth-Verlag GmbH, Berlin SW 19, Beuthstr. 8

Nachdruck mit Genehmigung des Ausschusses für wirtschaftliche Fertigung

den Vorzug größter Nachgiebigkeit bei erstem Anziehen der Last und ist nach Entlastung leicht lösbar. Zum Befestigen schwerer Lasten an einem Einzelseil ist der »Doppelte Schlaufenstich« geeignet (Abb. 3). Er zieht sich nicht fest zu einem Knoten, sondern läßt sich nach Entlastung leicht lösen. Zum Verlängern von Tauen dient der sog. »Hinterstich« (Abb. 4). Die Enden können, wie die Abbildung zeigt, entweder durch zwei halbe Stiche oder mit einer Schnürleine zusammengehalten werden. Sehr einfach gestaltet sich auch die Lastaufhängung mittels des geschlossenen Taues (»Taustropp« nach Schömann), Abb. 5 und 6.[1])

Zur Beachtung: Alle Knotenverbindungen, also auch alle Lastaufhängungen durch Seile, sind nur mit etwa 75% der zulässigen Traglast des einfachen Seiles zu beanspruchen.

Abb. 5.   Abb. 6.

b) Die Hanfseile leiden auf Baustellen stark unter Witterungseinflüssen. Erhöhung der **Lebensdauer** durch Tränken mit Karbolineum, um die innere Fäulnis zu verhüten und durch Aufbewahrung an trockener und luftiger Stelle, wenn außer Betrieb. Die unmittelbare Berührung mit scharfen Holz-, Mauer- und Eisenkanten ist unbedingt zu vermeiden. Teeren setzt die Festigkeit um mindestens 10% herab und macht die Seile steif.

c) **Rohmaterial.** Reinhanf, Schleißhanf oder Manila. Das Haupterzeugungsland für Reinhanf ist Rußland; dort wird die Faser, wie beim Flachs, durch Brechen und Schwingen der Stengel gewonnen. Die aus Reinhanf hergestellten, meist aus drei Litzen zusammengedrehten Seile besitzen eine Bruchfestigkeit (in kg) von etwa $605\,d^2$ (d in cm) und ein Gewicht von etwa $0{,}08\,d^2$. Seile von höchster Güte liefert der badische Schleißhanf, der durch Ablösen des Bastes von den Stengeln hergestellt wird. Die Bruchfestigkeit der Seile aus badischem Schleißhanf beträgt etwa $780\,d^2$. Gewicht wie Reinhanf. Seile aus Manilafasern sind in Amerika stark in Gebrauch. Die Bastfaser stammt von den Blattscheiden eines der Banane ähnlichen Baumes und wird hauptsächlich auf den Philippinnen gewonnen. Sie liefert Seile von etwa $500\,d^2$ Bruchfestigkeit und $0{,}07\,d^2$ Gewicht.

d) **Beanspruchung.** Im Betrieb belastet man die Seile mit etwa dem sechsten bis zehnten Teil der Bruchfestigkeit. Es ergeben sich daher mit den obigen Bruchfestigkeitszahlen folgende Nutzlasten:

Sicherheit	6fach	8fach	10fach
Reinhanfseile	$101{,}0\,d^2$	$75{,}5\,d^2$	$60{,}5\,d^2$
Schleißhanfseile	$130{,}0\,d^2$	$97{,}5\,d^2$	$78{,}0\,d^2$
Manilaseile	$83{,}4\,d^2$	$62{,}5\,d^2$	$50{,}0\,d^2$

(d in cm; Nutzlast in kg).

---

[1]) S. a. Anhang: Auszug a. d. AWF-Blatt 6. Vorschriften f. Kranführer u. Anbinder.

1*

Tabelle 1[1]) zeigt die Gewichte und Preise gewöhnlicher Reinhanfseile.

Tabelle 1. **Hanfseile.**

Seildurchmesser (mm)	10	12	14	16	18	20	22	26	30	35	40	50
Gewicht je m (kg)	0,10	0,12	0,17	0,21	0,27	0,33	0,43	0,55	0,66	0,80	1,23	1,50
Preis » » RM.	—,50	—,60	—,75	—,90	1,10	1,35	1,70	2,30	3,10	4,50	5,60	8,80

(Vgl. auch Hanfseiltabelle im Anhang.)

e) **Leitrollen für Hanfseile** erhalten einen Halbmesser von mindestens 4 d. Bei lebhafterem Betrieb, oder wenn größere Schonung verlangt wird, geht man bis zu 10 d hinauf. Rillenprofil nach Pohlhausen
s. Abb. 7. Gebräuchliche Abmessungen, Gewichte und Preise s. Abb. 8
und 9 und Tabelle 2.

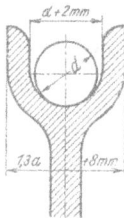

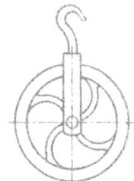

Abb. 7.   Abb. 8.   Abb. 9.

Tabelle 2. **Hanfseilrollen.**

Tragkraft..........	200—1000 kg	75—175 kg
Durchmesser.......	115—450 mm	120—450 mm
Gewicht	1,5—14,7 kg	1,2—11 kg
Preis	4,— b. 24,— RM.	2,— b. 10,— RM.

Schmiedeeiserne Taukloben (Hanfseilblöcke) s. Abb. 10—15 und
Tabelle 3.

Abb. 10.   Abb. 11.   Abb. 12.   Abb. 13.   Abb. 14.   Abb. 15.

[1]) Die Tabellen 1—15 sind nach Angaben der Deutschen Hebezeug-
fabrik Pützer-Defries, G. m. b. H., Düsseldorf, zusammengestellt worden.

Tabelle 3. **Hanfseilblöcke.**

| Rollendurchmesser i. Seilmittel gemessen . . . mm | 60 | 90 | 100 | 120 | 130 | 150 | 175 | 200 | 230*) |
Für Hanfseile im Durchmesser bis »	10	13	16	19	22	26	32	38	43
Abb. 10 Snatch od. Klappblock, 1-rollig mit Haken									
Gewicht . . . . ca. kg	0,8	1,44	2,13	3,5	4,7	6,6	10,13	13,5	19,7
Preis . . . . RM.	4,90	6,—	6,70	8,90	10,80	12,70	17,50	22,50	31,—
Abb. 11 Taukloben, 1-rollig mit Haken									
Gewicht . . . . ca. kg	0,7	1,3	1,9	3,5	4,8	6,5	10	13,7	18,5
Preis . . . . RM.	2,40	3,30	4,—	5,70	7,30	8,80	12,90	17,—	22,40
Abb. 12 Taukloben, 2-rollig mit Haken									
Gewicht . . . . ca. kg	1	2,1	3,4	5,4	7,4	10,2	16,5	22	31,5
Preis . . . . RM.	3,10	4,60	5,90	8,50	11,—	13,—	20,—	28,50	37,50
Abb. 13 Taukloben, 3-rollig mit Haken									
Gewicht . . . . ca. kg	1,4	3	4,8	7,5	9,5	14	21	28,5	41
Preis . . . . RM.	4,—	6,40	7,90	11,40	14,50	18,—	25,50	36,—	49,—
Abb. 14 Taukloben, 4-rollig mit Haken									
Gewicht . . . . ca. kg	—	—	5,8	9,5	12	18,7	27,7	38,5	54,8
Preis . . . . RM.	—	—	9,90	14,50	18,40	23,50	36,—	48,—	67,—
Lose Rollen									
Gewicht . . . . ca. kg	0,12	0,24	0,34	0,62	0,78	1,18	2,1	3,15	4,5
Preis . . . . RM.	—,50	—,70	—,75	1,10	1,50	1,80	3,—	4,30	5,90

Blöcke mit Öse nach Abb. 15, statt mit Haken, 10% Aufschlag.

*) Nach S. 4 unter e) etwa $1/3$ größer zu nehmen (s. Tabelle i. Anhang).

Kapitel 2. Drahtseile.

a) **Ausführung**[1]) nach den Normen s. Normblatt Din 655, April 1928, 2. Ausgabe (Beuth-Verlag, Berlin).[2]) Hierzu ist zu bemerken:

Für Baukrane kommen nur Seile mit Kreuzschlag in Frage. Seile mit Längsschlag sind zwar biegsamer und dauerhafter, werden aber nur dort verwendet, wo die Last geführt wird, also bei Aufzügen. Bei frei schwebender Last sind sie nicht brauchbar, weil sie sich verdrehen. Mit besonderem Nachdruck ist auf Wahl genügend großer Rollen- und Trommeldurchmesser hinzuweisen. Bei dem Übergang des Seiles über eine Rolle oder Trommel erfährt es außer der Zugkraft noch erhebliche Biegungsbeanspruchungen und Pressungen, die um so größer sind, je kleiner der Rollen- bzw. Trommeldurchmesser. Hierauf wird besonders bei Wahl der Rollen oft nicht genügend geachtet. Man unterschätze aber die Gefahr nicht. Zu kleine Rollen führen unfehlbar zu Seilbrüchen. Aus demselben Grunde sind auch Seilführungen über

---

[1]) Verschlossene Seile siehe bei den Kabelkranen, Abschn. III, Kap. 16, d) 1

[2]) Gekürzte Wiedergabe s. im Anhang (Drahtseiltabelle)

Rollen, bei denen die Seile kurz nacheinander in entgegengesetzter Richtung gebogen werden, möglichst zu vermeiden.

b) Die im Normblatt angegebenen Bruchfestigkeiten sind zur Ermittlung der zulässigen Seilbeanspruchung durch ein **Sicherheitsmaß** zu teilen, über dessen Höhe keinerlei Vorschriften bestehen. Es ist dem Konstrukteur sowohl, wie dem verantwortlichen Bauleiter, hier ein weiter Spielraum gelassen. Bethmann[1]) gibt für geringe Abnutzung 6—8fache und für größere Abnutzung 8—10fache Sicherheit an. Je höher man das Sicherheitsmaß nimmt, auf desto größere Lebensdauer des Seiles kann man rechnen. Andererseits aber verteuert man den Hebebetrieb dadurch erheblich, da das dickere Seil nicht allein an sich teurer wird, sondern auch vergrößernd auf die Windenkonstruktion wirkt. Wenn man damit rechnen kann, daß die Seile gut behandelt und häufig geprüft werden, so dürfte für Baukranzwecke im allgemeinen ein Sicherheitsmaß von 4—5 wohl ausreichend sein. Verzinkte Seile sind teurer und weniger tragfähig. Die Verzinkung ist auch überflüssig, wenn die Seile oft geschmiert werden. Als Schmiermittel hat sich eingekochter Talg mit Graphitzusatz bestens bewährt. Als besonderer Vorteil der Drahtseile ist hervorzuheben, daß ihr Bruch nicht plötzlich eintritt, sondern sich schon lange vorher durch das Reißen einzelner Drähte bemerkbar macht.

c) Weichen die Abmessungen der Drahtseile von der Norm ab, so kann zur Berechnung ihrer **Tragfähigkeit** folgende Formel benutzt werden:

$$\sigma_{max} = \frac{S}{1/4\,\delta \cdot \pi \cdot i} + c \cdot E \cdot \frac{\delta}{D}.$$

Hierin bedeutet: S = statische Belastung + Massenkräfte, in kg; δ = Stärke der einzelnen Drähte in mm; i = Anzahl der Drähte; $E = 2150000$ (kg/cm²); D = Trommeldurchmesser in mm. Für c gibt Bach den Wert $^3/_8$ an, den man jedoch in der Praxis im allgemeinen als zu niedrig ansieht. Nach Isaachsen[2]) kann gesetzt werden: $c = \frac{1}{2}$ für Seile, die stets nach derselben Seite, und $c = 1$ für Seile, die abwechselnd nach entgegengesetzter Richtung gebogen werden.

Tabelle 4. **Drahtseile.**

Seildurchmesser	4	6	8	10	12	14	16	18	20	22	24	26	28	30	32
Preis je m . .	0,50	0,75	1,—	1,50	2,—	2,50	3,—	3,50	4,—	4,50	6,50	7,—	8,50	9,—	10,—
Zweifache Seilspleißung . .	2,50	3,00	3,50	4,00	4,50	6,00	8,00	10,00	12,00	13,50	—	—	—	—	—

(S. a. Drahtseiltabelle im Anhang.)

---

[1]) »Die Hebezeuge«, 7. Aufl.
[2]) Z. d. V. d. I. 1907, S. 652.

d) Die ungefähren **Durchschnittspreise** der Drahtseile sind aus der folgenden Tabelle 4 zu ersehen.

Hierzu ist zu bemerken, daß die Meterpreise sich im allgemeinen für Längen von 100 m an aufwärts verstehen. Für kürzere Stücke sind Aufpreise von 10—25% zu zahlen. Unverzinkte Seile stellen sich etwa 10% niedriger, verzinkte etwa 10% höher als oben angegeben.

e) **Zubehörteile.**

1. Kauschen (s. Abb. 16).

Abb. 16.

Tabelle 5.

Seilstärke		6	8	10	12	14	16	18	20	22	24
je 100 St. {	Gewicht . kg	2	3	4,5	8	8,5	9	15	22	34	40
	Preis . .RM.	4,50	6,80	9,60	11,50	16,—	17,—	21,50	31,50	49,—	58,—

2. Eingespleißte Kauschen (s. Abb. 17).

Abb. 17.

Tabelle 6.

Preis pro Stück .	1,80	2,20	2,60	3,20	3,60	4,40	5,—	6,—	7,—

3. Drahtseilklemmen (s. Abb. 18).

Preis je 100 Stück von RM. 16,50 bis RM. 340 je nach Drahtstärke.

4. Drahtseilrollen.

Durchmesser von Mitte bis Mitte Seil $D = 500$ bis 1000 δ, worin $\delta =$ Stärke eines einzelnen Drahtes im Seil.

Abb. 18.

Rillenprofil nach Normblatt Din 690, September 1924.

Tragkraft, Gewichte und Preise für fünf verschiedene Typen siehe Abb. 19—23 und Tabelle 7.

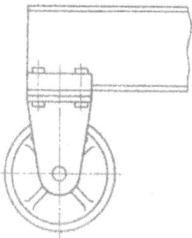

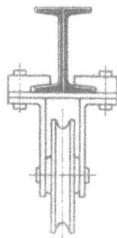

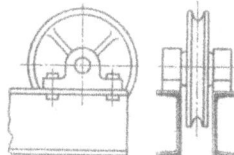

Abb. 19.　　　　　Abb. 20.　　　　Abb. 21.

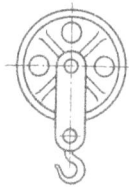

Abb. 22.

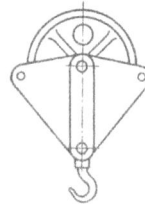

Abb. 23.

Tabelle 7. **Drahtseilrollen.**

Tragkraft { Handbetrieb kg Maschinenbetrieb » Rollendurchmesser i. Seilmittel mm	200 150 100	500 300 150	1000 750 200	2000 1500 250	4000 2500 300	6000 4000 350	10000 6000 400	15000 10000 500	25000 15000 600
Abb. 19									
Gewicht (ohne Klemmplatten) kg	3	4,5	9	18	42	60	80	135	210
Preis für Handbetrieb . . RM.	7,70	9,—	13,70	19,50	49,—	65,50	77,50	115,—	175,—
» » Maschinenbetrieb »	9,10	11,—	16,—	22,30	52,50	70,50	83,50	123,—	184,—
Abb. 20									
Gewicht . . . . kg	—	4,5	10	19	31	52	63	107	177
Preis für Handbetrieb . . RM.	—	10,30	14,80	23,—	36,—	53,50	61,50	90,—	140,—
» » Maschinenbetrieb »	—	12,30	17,10	25,80	39,50	58,50	67,50	98,—	149,—
Abb. 21									
Gewicht . . . . kg	4	5,5	12	24	38	—	—	—	—
Preis für Handbetrieb . . RM.	9,—	11,50	17,50	25,—	42,—	—	—	—	—
» » Maschinenbetrieb »	10,40	13,50	19,80	27,80	45,50	—	—	—	—
Abb. 22									
Gewicht . . . . kg.	—	5	12	20	30	50	75	140	225
Preis für Handbetrieb . . RM.	—	10,40	14,60	21,—	34,—	50,—	76,—	210,—	310,—
» » Maschinenbetrieb »	—	12,40	16,90	23,80	37,50	55,—	82,—	218,—	319,—
Abb. 23 leichte Ausführung									
Gewicht . . . . kg	—	6,8	13	25	42	72	110	195	327
Preis für Handbetrieb . . RM.	—	11,20	16,—	23,—	38,—	63,—	92,50	235,—	345,—
» » Maschinenbetrieb »	—	13,20	18,30	25,80	41,50	68,—	98,50	243,—	354,—
schwere Ausführung									
Gewicht . . . . kg	—	17	24	36	65	98	145	235	340
Preis für Handbetrieb . . RM.	—	19,50	32,—	42,—	60,—	87,—	117,—	272,—	380,—
» » Maschinenbetrieb »	—	21,50	34,30	44,80	63,50	92,—	123,—	280,—	389,—

5. Drahtseilkloben siehe Abb. 24—28 und Tabelle 8.

Abb. 24.

Abb. 25.

Abb. 26.

Abb. 27.

Abb. 28.

Tabelle 8. **Drahtseilkloben.**

Ausführung	mit Haken				mit Bügel		
Rollendurchmesser im Seilmittel gemessen . . . . mm Drahtseilstärke . . . . mm	150 14	200 18	250 22	300 26	350 30	450 32	450*) 32
Abb. 24 Snatchkloben 1rollig							
Normal-Tragkraft des Hakens (nur mit Haken)	2000	3000	5000	7500	10000	12500	20000
Gewicht . . . . ca. kg	12	23	35	55	85	110	150
Preis . . . . RM.	25,60	38,40	60,80	83,20	116,—	196,—	296,—
Abb. 25 Normale Kloben mit 1 Rolle							
Normal-Tragkraft des Hakens oder Bügels	2000	3000	5000	7500	10000	12500	20000
Gewicht . . . . ca. kg	9	16	26	43	55	90	128
Preis . . . . RM.	20,20	32,—	43,—	62,50	78,—	110,—	153,60
Abb. 26 Normale Kloben mit 2 Rollen							
Normal-Tragkraft des Hakens oder Bügels	3000	5000	7500	10000	12500	15000	30000
Gewicht . . . . ca. kg	13	24	39	61	90	135	200
Preis . . . . RM.	28,—	45,75	66,50	92,—	120,—	163,—	210,—
Abb. 27 Normale Kloben mit 3 Rollen							
Normal-Tragkraft des Hakens oder Bügels	4000	7500	10000	15000	20000	25000	40000
Gewicht . . . . ca. kg	17	33	56	114	130	190	260
Preis . . . . RM.	39,—	64,—	93,—	190,—	160,—	233,—	308,—
Abb. 28 Normale Kloben mit 4 Rollen							
Normal-Tragkraft des Hakens oder Bügels	4000	7500	10000	15000	20000	25000	50000
Gewicht . . . . ca. kg	21	50	75	130	170	225	330
Preis . . . . RM.	50,—	80,—	120,—	220,—	204,—	290,—	372,—
Lose Rollen mit Bronzebüchsen							
Preis . . . . RM.	8,50	12,—	17,50	22,—	35,—	40,—	44,50

*) Vgl. auch unten e) 4.

Kapitel 3. Ketten.

a) Rundgliedrige Ketten.

α) Es sind zwei **Hauptanwendungsgebiete** zu unterscheiden:

1. Ketten als Mittel zur Lastaufhängung und für Trommelwinden (Spills). Diese Ketten haben das Drahtseil überall da zu ersetzen, wo dessen Steifigkeit hinderlich oder wo starker Rostangriff zu befürchten ist. Für alle diese Zwecke wird die unkalibrierte Kette verwendet. Abmessungen und Bruchlasten s. Normblatt Din 672.

2. Zum Betrieb von Flaschenzügen bis zu 15 t Tragkraft wird als Treibkette die kalibrierte Kette verwendet (Normblatt Din 671). Diese Ketten eignen sich nicht für motorischen Antrieb, da sich die Kettenglieder infolge von Stößen längen und dann nicht mehr in die Rollenvertiefungen passen.

β) Für **nicht normale Ketten** mögen folgende Angaben dienen. Werkstoff: Flußstahl von 36—40 kg/cm² Festigkeit. Die Bruchfestigkeit eines Kettenstückes von 3—5 Gliedern soll nach den Vorschriften des Reichsmarineamtes 2400 kg/cm² betragen. Für die Wahl der zulässigen Beanspruchung wird bei stoßfreiem Betrieb eine 4-fache Sicherheit zugrunde gelegt; sind Stöße zu erwarten, so ist die Sicherheit auf das Doppelte zu erhöhen. Somit beträgt die zulässige Beanspruchung bei normalem, stoßfreiem Betrieb 600 kg/cm², bei ruck- oder stoßweiser Belastung 300 kg/cm².

Nach Dipl.-Ing. R. Hänchen[1]) sind »die im Betrieb auftretenden Kettenbrüche weniger auf Stoßwirkung als auf ungeeignete Werkstoffe, schlechte Schweißstellen oder auf die Unterschätzung des Lastgewichtes durch den Anbinder zurückzuführen. Werden handgeschweißte Ketten aus gutem, sehnigem Schweißeisen mit hoher Dehnung hergestellt, so sind bei sachgemäßer Behandlung Kettenbrüche nicht zu befürchten«.

»Dazu gehört eine regelmäßige Prüfung der Ketten (s. AWF-Betriebsblatt 24)[2]). Bei gutem, sehnigem Werkstoff der Ketten tritt bei Überlastung ein Bruch derselben nicht auf, ohne daß vorher eine gewisse Längenausdehnung der Glieder vor sich gegangen ist. Durch diese Dehnungen nimmt die Baubreite der Kettenglieder allmählich bis auf die Ketteneisenstärke ab, und die Beweglichkeit der ineinander greifenden Kettenglieder wird geringer. Derartige steife Ketten sind im Betriebe leicht zu erkennen und rechtzeitig durch neue zu ersetzen. Schadhafte Ketten werden zweckmäßig nicht im eigenen Betriebe, sondern in zuverlässigen Kettenschmieden wiederhergestellt. Bei der Instandsetzung werden die Ketten ausgeglüht, wodurch die Spannungen und Übermüdungserscheinungen behoben werden.«

γ) Über die verschiedenen Arten der **Schling- bzw. Anschlagketten** gibt das AWF-Betriebsblatt 24 Auskunft[2]). Dort sind auch unrichtige und unzulässige Kettenbefestigungen angegeben, ferner die Tragfähigkeit bei geneigter Anordnung des Kettenstranges und schließlich Kettenprüfvorschriften.[3])

δ) Die folgende Zusammenstellung gibt einen Überblick über die **Gewichte und ungefähren Preise** von Ketten.

---

[1]) Lastaufnahmemittel für Krane und Hängebahnen (AWF). Beuth-Verlag 1926.
[2]) Siehe Fußnote 1, S. 1.
[3]) Siehe auch Anhang: Auszug aus dem AWF-Betriebsblatt 6 Vorschriften für Kranführer und Anbinder.

Tabelle 9. **Winden- oder Spillketten (unkalibrierte, kurzgliedrige Ketten).**

Eisenstärke mm	8	10	13	14	16	18	20	22	24	26	28	29	30
Gewicht je m .. kg	1,4	2,3	3,8	4,5	6	7	9	11	13	16	18	19	21
Preis je 100 kg RM.	120	114	104	90	86	82	78	74	70	68	66	66	66
» » m . . RM.	1,68	2,62	3,95	4,05	5,16	5,74	7,02	8,14	9,10	10,88	11,88	12,52	13,86

Tabelle 10. **Einsträngige Schlingketten mit Haken oder Ringen an den Enden.**

Eisenstärke mm	8	10	13	16	18	22	28	32
Durchschnittlicher Preis eines Stranges von 3 m Länge RM.	12	15	20	26	35	45	70	95

Die Preise für doppelsträngige Ketten sind nicht ganz doppelt so hoch.

Tabelle 11. **Kalibrierte, rundgliedrige Ketten.**

Kettenstärke mm	5	5,5	6	7	8	9,5	11	12,5	14	15,5	18	22
Gewicht pro lfd. m ca. kg	0,6	0,7	0,8	1,1	1,4	2,1	2,7	3,3	4,1	5,2	7,2	11,1
Preis » » » . RM.	—,90	1,—	1,25	1,50	1,50	2,—	2,50	3,—	3,80	4,75	6,—	9,—

ε) **Kettenrollen und Trommeln.** 1. Für unkalibrierte Ketten. Rillenprofil nach Abb. 29. Ausrundung nach einem Halbkreis (mit $r = 1,75\,s$), damit die Kette in jeder Stellung der Glieder überall gut anliegt. Rollendurchmesser im Kettenmittel: 20—30 s, wenn $s =$ Ketteneisenstärke. Rillenbreite $b = 3\,s$.

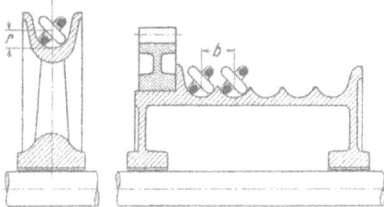
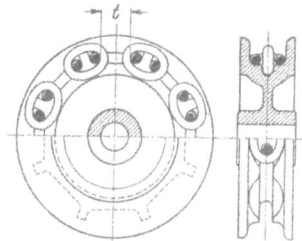

Abb. 29.   Abb. 30.

2. Für kalibrierte Ketten. Hierfür stellt man verzahnte Kettenrollen oder sogenannte »Daumenräder« (auch »Kettennüsse« genannt) her, mit Vertiefungen, die der Gliedform der Kette angepaßt sind (Abb. 30). Man erhält den »Teilkreis« der Kettennuß, wenn man durch die Eckpunkte des Vielecks, das die Gliedermittellinien beschreiben, einen Kreis legt. Die »Teilung« der Kette ist gleich der »inneren Baulänge«, d. i. in Abb. 30 das Maß t. Ist ferner s die Ketteneisenstärke und die Zähnezahl, so folgt der Teilkreisdurchmesser aus

$$D = \sqrt{[t : \sin 90 \cdot z]^2 + [s : \cos 90 \cdot z]^2}.$$

Die geringste ausführbare Zähnezahl ist $z = 4$. Sind mehr als 6 Zähne vorhanden und beträgt die Ketteneisenstärke weniger als 16 mm, so kann mit genügender Annäherung zur Ermittlung des Teilkreisdurchmessers die Formel

$$D = l : \sin 90/z$$

benutzt werden.

Bei kalibrierten Ketten ist der Daumeneingriff durch Führungen zu sichern. Läuft die Kette von einer Kettennuß über eine Leitrolle (Abb. 31[1])), wobei beide in einem gußeisernen Gehäuse vereinigt sind, so

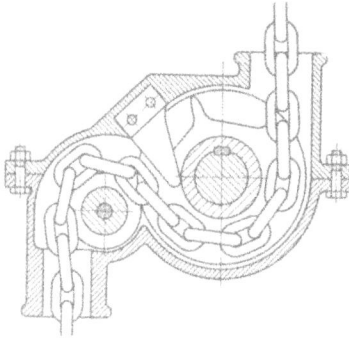

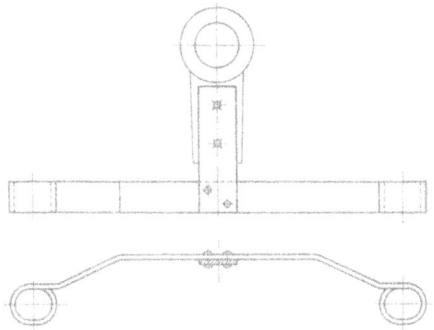

Abb. 31.   Abb. 32.

ist die Anordnung eines Abstreifers erforderlich, der etwa auf der Kettennuß festsitzende Glieder löst und so Verklemmungen der Kette im Gehäuse verhütet. Über verzahnte Haspelräder laufende Ketten sichert man gegen Herausspringen durch Führungen etwa nach Abb. 32[1]).

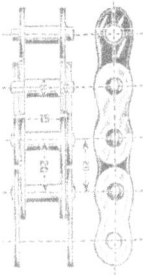

Abb. 33.

b) Gallsche Gelenkketten.

Bei Baukranen ausschließlich als Übersetzungsmittel für das Triebwerk. Erfordern gute Wartung und Schutz gegen Witterung, sind also nur dort dauernd verwendbar, wo die Winden in geschlossenen Räumen stehen.

Abmessungen, Gewichte und Preise s. Abb. 33 und Tabelle 12.

Tabelle 12. Gallsche Gelenkketten.

| Belastung . . . . . kg | 100 | 250 | 500 | 750 | 1000 | 1500 | 2000 | 3000 | 4000 | 5000 |
Teilung . . . . . ca. mm	15	20	25	30	35	40	45	50	55	60
Gewicht pro lfd. m ca. kg	0,7	1	2	2,7	3,8	5	7,1	13	16,5	19
Preis » » » RM.	3,80	3,80	5,50	6,25	7,—	8,25	11,—	16,20	20,40	24,—

[1] Nach Bethmann, S. 25.

| Belastung . . . . . kg | 6000 | 7500 | 8500 | 10000 | 12500 | 15000 | 17500 | 20000 | 25000 | 30000 |
Teilung . . . . ca. mm	65	70	75	80	85	90	95	100	110	120
Gewicht pro lfd. m ca. kg	24,7	32	34	37	45,5	50,6	64,5	82	96	112
Preis » » » RM.	28,—	34,—	36,—	39,—	45,—	48,—	60,—	78,—	91,—	107,

Die Zahnflanken der Kettenräder für Gallsche Ketten bestimmen sich einfach als Kreisbogen um die Bolzenmitte (Abb. 34). Der Radius des Zahnfußes wird etwas größer als der Bolzenradius gewählt. Der Teilkreis geht durch die Bogenmitten. Somit bestimmt sich der Teilkreisdurchmesser aus

$$D = t : \sin 180/z.$$

$t =$ Teilung, $z =$ Zähnezahl > 6.

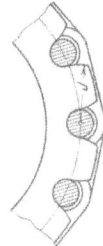

Abb. 34.

Kapitel 4. Lastaufnahmemittel.

a) Haken. Für Lasthaken bestehen noch keine endgültigen Normen. Die Abb. 35—39 und die Tabelle 13 zeigen die gebräuchlichsten Ausführungsformen, zugleich die Tragfähigkeit, das Gewicht und die Preise.

Abb. 35.   Abb. 36.   Abb. 37.   Abb. 38.   Abb. 39.

Tabelle 13. Haken.

Tragkraft . . . . kg	500	1000	1500	2000	3000	5000
Abb. 35 Stifthaken						
Gewicht pro Stück . . . . . . ca. kg	0,75	1,1	1,25	1,75	2,2	4,6
Preis » » . . . . . . RM.	1,80	2,20	2,40	2,80	3,30	5,40

Tragkraft . . . . kg	7500	10000	12500	15000	20000	25000
Gewicht pro Stück . . . . . . ca. kg	7,7	11,6	30	36	60	70
Preis » » . . . . . RM.	10,80	15,20	31,—	130,—	146,—	170,—

Tragkraft . . . . kg	500	1000	1500	2000	3000	5000
Abb. 36 Oesenhaken						
Gewicht pro Stück . . . . . . ca. kg	0,6	1,3	1,5	1,8	2,3	4,8
Preis » » . . . . . RM.	1,10	1,55	2,10	2,60	3,60	5,80

Tragkraft . . . . kg	500	1000	1500	2000	3000	5000
Abb. 37 Wirbelhaken						
Gewicht pro Stück . . . . . . ca. kg	0,9	1,8	2,7	3,85	7,25	12,7
Preis » » . . . . . RM.	6,40	7,80	9,40	12,40	15,—	24,—

Tragkraft . . . . kg	500	1000	1500	2000	3000	5000
Abb. 38 Karabinerhaken						
Gewicht pro Stück . . . . . . ca. kg	1,6	3,2	4,1	5,45	9	15,85
Preis » » . . . . . RM.	14,—	16,—	18,—	21,—	29,—	52,—

Tragkraft . . . . kg	500	1000	1500	2000	3000	5000
Abb. 39 Karabinerhaken mit Wirbel						
Gewicht pro Stück . . . . . . ca. kg	1,6	3,2	4,1	5,45	9	15,85
Preis » » . . . . . RM.	20,—	23,—	26,—	31,—	43,—	77,—

Unmittelbar an Ketten- oder Seilenden befestigte Haken meist mit kugelförmigem B e s c h w e r u n g s g e w i c h t, das gleichzeitig das Ein-klemmen der Seilkausche an der festen Rolle verhütet. Für Seilkloben und feste Rollen ausnahmslos Stifthaken.

Für sehr schwere Lasten, etwa von 10 t an, die allerdings im Bau-betrieb selten vorkommen, verwendet man D o p p e l h a k e n.

Ausführliche Angaben über Berechnung und Aufzeichnung der ein-fachen und doppelten Haken findet man u. a. bei Bethmann.

Bei gegebener Tragkraft und gegebenen Hakenabmessungen kann man die äußeren und inneren Randspannungen des gefährlichen Quer-schnittes b—B Abb. 40 angenähert aus den Formeln:

$$\sigma_i = \frac{Q \cdot (a/2 + e)}{W_i} + \frac{Q}{F}$$

$$\sigma_a = Q \cdot \frac{(a/2 + e)}{W_a} - \frac{Q}{F}$$

bestimmen. Hierin ist a die Maulweite, $e = \dfrac{2b + B}{b + B} \cdot \dfrac{h}{3}$ der Schwer-punktsabstand des trapezförmigen Querschnittes b—B von der I n n e n-kante, $W_a = \dfrac{b^2 + 4bB + B^2}{12(b + 2B)} \cdot h^2$ und $W_i = \dfrac{b^2 + 4b \cdot B + B^2}{12 \cdot (2b + B)} \cdot h^2$ die Widerstandsmomente und schließlich $F = \dfrac{b + B}{2} \cdot h$ der Flächeninhalt dieses Querschnitts.

Berechnet man mit diesen Formeln z. B. den kleinsten und größten Haken der Tab. 13a, so ergeben sich folgende Randspannungen:

für den Haken von   1 t Tragkraft: $\sigma_i = 613$ kg/cm², $\sigma_a = 641$ kg/cm²,
»   »   »   » 50 t   » $\sigma_i = 782$ kg/cm²; $\sigma_a = 760$ kg/cm².

Will man für einen vorhandenen Haken schnell die Tragkraft be-rechnen, so stelle man zunächst die Maulweite und die Abmessungen des Querschnittes b—B fest. Die Tragkraft ist dann entsprechend den obigen Formeln:

$$Q = \frac{\sigma_i}{z_i} \text{ bezw. } \frac{\sigma_a}{z_a}.$$

worin $\varkappa_i = \dfrac{a/2 + e}{W_i} + \dfrac{1}{F}$ und $\varkappa_a = \dfrac{a/2 + e}{W_a} - \dfrac{1}{F}$.

Man bestimme nun, welcher von den beiden Werten $\varkappa_i$ oder $\varkappa_a$ größer wird, nehme vorsichtshalber eine zulässige Spannung von $\leq 600\,\text{kg/cm}^2$ an und errechne schließlich die Tragkraft des Hakens aus:

$$Q = \frac{600}{\varkappa_i\ (\text{bezw. } \varkappa_a)}.$$

Haken der Demag[1]) s. Abb. 40 und 41 sowie Tabelle 13 a•und 13 b.

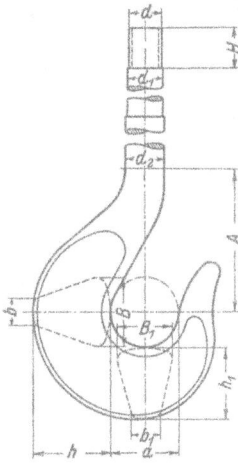 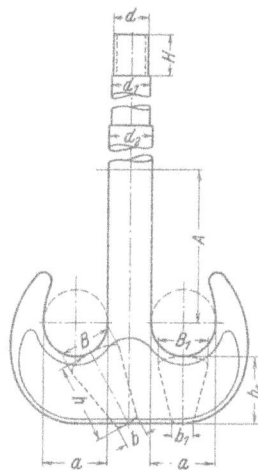

Abb. 40.   Abb. 41.

Tabelle 13 a. **Einfache Haken** (Abb. 40).

Trag-kraft in t	Maul-weite	Querschnitte						Höhe	Gewinde		Schaft	
	a	b	B	h	b_1	B_1	h_1	A	d	H	d_1	d_2
1	70	15	40	45	20	35	38	120	25,4	30	28	32
2	75	20	50	60	25	45	50	140	31,75	38	35	40
3	80	25	60	70	30	50	60	160	34,92	42	38	43
4	85	30	70	80	35	55	70	170	41,27	50	45	50
5	90	30	78	90	35	60	75	180	44,45	55	48	53
7,5	110	40	95	110	45	75	95	220	57,15	70	60	65
10,0	120	45	110	130	50	90	110	240	63,50	75	67	72
12,5	130	50	125	145	55	105	125	260	63,50	75	67	72
15	140	50	135	160	60	110	140	280	69,85	80	73	78
17,5	160	55	145	170	65	120	150	320	82,55	95	86	95
20	160	55	145	170	65	120	150	320	82,55	95	86	95
25	180	65	160	190	75	135	165	360	95,25	110	98	105
30	200	70	170	205	80	145	180	400	101,60	115	105	115
40	220	70	200	230	85	170	205	440	114,30	130	120	130
50	250	80	220	255	100	190	225	500	127,0	145	130	140

[1]) Entn. aus Hütte II. 23. Auflage.

Tabelle 13b. **Doppelhaken** (Abb. 41).

Trag-kraft in t	Maul-weite	Querschnitte							Höhe	Gewinde		Schaft		
	a	b	B	h	b_1	B_1	h_1		A	d	H	d_1	d_2	d_3
5	80	25	60	89	25	55	70		180	44,45	55	48	53	53
7,5	95	30	70	103	30	65	80		220	57,15	70	60	65	65
10	110	35	90	115	35	80	90		240	63,50	75	67	72	72
12,5	120	40	90	131	40	80	105		260	63,50	75	67	72	72
15	130	40	100	143	40	95	115		280	69,85	80	73	78	78
17,5	150	45	110	158	45	100	120		320	82,55	95	86	95	105
20	150	45	110	158	45	105	120		320	82,55	95	86	95	105
25	160	50	130	180	50	115	140		360	95,25	110	98	105	115
30	180	55	140	194	55	125	150		400	101,6	115	105	115	125
40	200	55	150	218	55	135	170		440	114,3	130	120	130	140
50	220	65	170	244	65	150	190		500	127,0	145	130	140	155

b) **Greifzeuge.** Zum Aufnehmen der verschiedenen Arten von Stück-
lasten werden eine große Anzahl von Sondervorrichtungen hergestellt:
Blechklemmen, Sackgreifer, Sackzangen, Holzzangen, Trägerzangen,
Steinzangen, Kisten- und Ballengreifer, Faßgreifer, Papierrollengreifer
u. a. m. Die für den Baubetrieb wichtigsten Geräte sind in Abb. 42—51
und Tabelle 14 und 15 nebst ihren Gewichten und ungefähren Preisen
zusammengestellt.

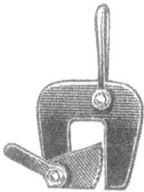    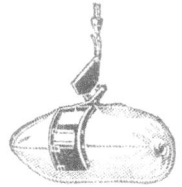

Abb. 42.   Abb. 43.   Abb. 44.   Abb. 45.   Abb. 46.

Abb. 47.   Abb. 48.   Abb. 49.   Abb. 50.   Abb. 51.

Tabelle 14. **Blechklemmen.** (Abb. 42 u. 43.)

Tragkraft . . . . . . kg	1000	2000	3000	5000
Für Blechstärken ca. mm	5—35	5—35	5—35	5—35
Gewicht . . . ca. kg	10	13	26	44
Preis Abb. 42 RM.	34.—	40.—	56.—	70.—
Abb. 43 »	20.—	26.—		

Tabelle 15. **Zangen und Greifer zum Heben von Lasten.**

Tragkraft . . . . kg	200					
Abb. 44 Sackzange						
Gewicht . . . . ca. kg	3					
Preis . . . . RM.	24,—					

Tragkraft . . . . kg	200					
Abb. 45 Sackgreifer für stehende Säcke						
Gewicht . . . . ca. kg	3					
Preis . . . . RM.	34,—					

Tragkraft . . . . kg	200					
Abb. 46 Sackgreifer für liegende Säcke						
Gewicht . . . . ca. kg	16					
Preis . . . . RM.	115,—					

Tragkraft . . . . kg	500	750	1000			
Abb. 47 Zuggreifer für Baumstämme						
Gewicht . . . . ca. kg	11	18	25			
Preis . . . . RM.	64,—	108,—	120,—			

Tragkraft . . . . kg	800					
Abb. 48 Trägerzangen						
Gewicht . . . . ca. kg	6					
Preis . . . . RM.	50,—					

Tragkraft . . . . kg	1500	2000	3000	4000	5000	7500
Abb. 49 Kniehebelsteinzangen						
Gewicht . . . . ca. kg	25	29	53	82	102	190
Preis . . . . RM.	130,—	140,—	170,—	190,—	280,—	390,—

Tragkraft . . . . kg	250	300	500	3000		
Abb. 50 Kisten- und Ballengreifer						
Gewicht . . . . ca. kg	30	33	36	110		
Preis . . . . RM.	150,—	160,—	180,—	430,—		

Tragkraft . . . . kg	300					
Abb. 51 Faßgreifer						
Gewicht . . . . ca. kg	48					
Preis . . . . RM.	235,—					

Ein Greifzeug zur Aufnahme von regelmäßig gestapelten Rund-
hölzern ist in Abb. 52[1]) in geöffnetem und geschlossenem Zustande dargestellt. Die Drehpunkte der mit Schneiden versehenen Zangenhebel
sind am Greifergestell fest angeordnet. Zum Öffnen und Schließen
dienen kurze Lenker, die einerseits an den Wangen der Zangenhebel,
andererseits an einem auf und ab bewegbaren Querstück angreifen.
Die erforderliche Schließkraft wird durch den Zug der Hubseile und
einen im Greifer als Übersetzung eingebauten Flaschenzug hervorge-

---

[1]) Entnommen aus Hänchen, Lastaufnahmemittel (s. Fußnote [1]) S. 10).

rufen. Zur Verhinderung des Drehens ist der Greifer zweisträngig aufgehängt. Da getrennte Hub- und Entleerketten bzw. Seile erforderlich
sind, besitzt das Windwerk zwei Trommeln.

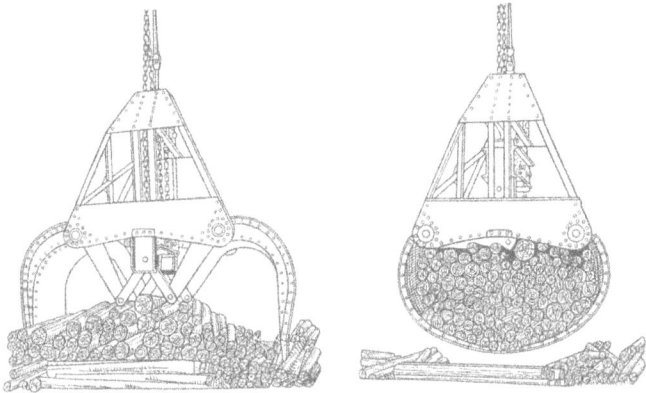

Abb. 52.

c) Fördergefäße.

Eine ausführliche Aufzählung und Darstellung aller gebräuchlichen
Fördergefäße würde den Rahmen dieses Buches sprengen.

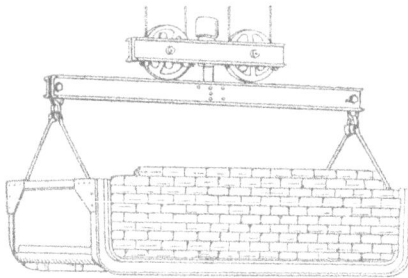

Abb. 53.

Im folgenden ist eine knappe
Auswahl gegeben. Bemerkt sei,
daß die Greifer für Schüttgüter
hier zu den Fördergefäßen gerechnet werden.

Zunächst sind hier die bekannten Ziegeltransportkästen
(Abb. 53)[1]) zu erwähnen, die unmittelbar auf eigens hierfür ge-
baute Ziegeltransportwagen verladen werden.

Einen von Hand auslösbaren Kippkübel zeigt Abb. 54[1]) in Be-
und Entladestellung. Die Sperrklinke c greift in der aufrechten Kübellage
in eine Aussparung des am Kübel angenieteten Winkeleisenringes d ein.
Durch ein am rechten Hebelende angebrachtes Gewicht e wird die
Klinke des Riegelhebels dauernd gegen den Winkeleisenring gedrückt,
so daß sie bei aufrechter Kübellage sicher in die Aussparung eingreift.
Die Auslösung erfolgt durch die Handkette f. Wie die meisten Ausführungen ist der Kippkübel mit Laufrollen versehen, so daß er nach
dem Abnehmen vom Kranhaken fahrbar ist.

[1] Entnommen aus Hänchen, Lastaufnahmemittel (s. Fußnote[1], S. 10).

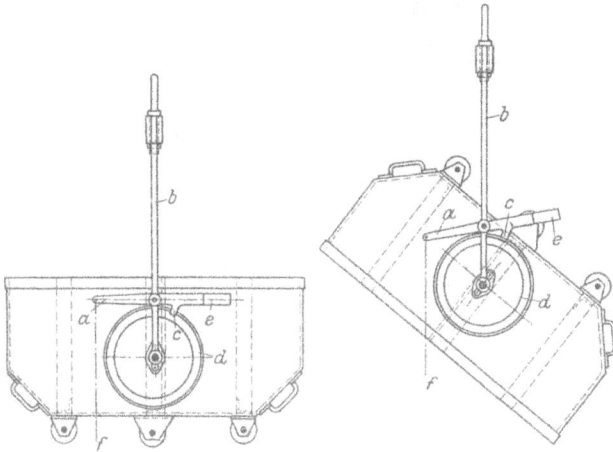

Abb. 54.

Aufzugkästen mit von Hand verschließbaren Bodenklappen
(Abb. 55) bzw. mit selbsttätig sich öffnendem und schließendem Boden

Abb. 55.

Abb. 56.

(Abb. 56) werden von der Maschinenfabrik Otto Kaiser in St. Ingbert
hergestellt. Die Preise hierfür stellen sich wie folgt:

Fassungsvermögen	Preis nach	
	Abb. 55	Abb. 56
500 l	185,—	230,—
750 l	205,—	275,—

Greifer für Schüttgüter und Seilbetrieb stellt die Deutsche Maschinenfabrik A.-G. (Demag) in Duisburg in den Größen und Gewichten der Tabellen 16a und 16b gemäß Abb. 57 her[1]).

Tabelle 16a.

Inhalt cbm	A	B	C	D	E
1	2050	1100	2150	2450	2500
$1^1/_4$	2150	1200	2350	2550	2650
$1^1/_2$	2275	1300	2500	2650	2850
$1^3/_4$	2375	1400	2650	2750	3100
2	2475	1500	2750	2850	3250
$2^1/_4$	2600	1575	2850	2950	3400
$2^1/_2$	2700	1650	2950	3050	3550
$2^2/_3$	2800	1700	3050	3150	3650
3	2900	1750	3150	3250	3750
$3^1/_2$	3000	1850	3250	3450	3900
4	3100	1950	3400	3650	4050
$4^1/_2$	3200	2050	3500	3850	4200

Tabelle 16b.

Gerechn. Fassung cbm	Leichte Bauart			Mittelschwere Bauart			Schwere Bauart		
	Gewicht kg	P kg	d mm	Gewicht kg	P kg	d mm	Gewicht kg	P kg	d mm
1	1500	2500	13	2500	4250	17	3400	5500	19
$1^1/_4$	1600	2750	14	2800	5000	18	3700	6500	20
$1^1/_2$	1800	3250	15	3000	5750	19	4100	7500	22
$1^3/_4$	1950	3500	15	3300	6250	20	4600	8500	23
2	2100	4000	16	3600	7000	21	5100	9500	25
$2^1/_4$	2300	4250	17	4000	8000	23	5700	10500	26
$2^1/_2$	2650	4750	17	4600	9000	25	6300	12000	28
$2^3/_4$	2950	5500	18	5200	10000	26			
3	3200	6000	20						
$3^1/_2$	3600	6750	21						
4	3950	7800	22						
$4^1/_2$	4250	8250	23						

P = Tragkraft des Kranes
d = Seil oder Kettenstärke in mm.

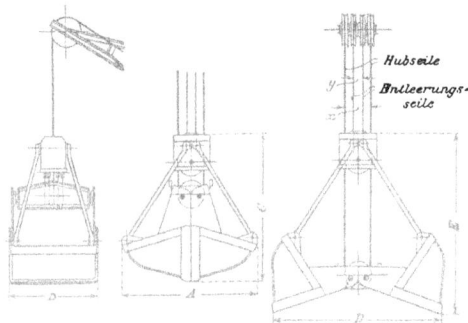

Hubseile
Entleerungsseile

Abb. 57.

[1]) Entnommen aus Hütte II. 23. Aufl.

Als weiteres Beispiel für einen modernen Greifkorb ist in Abb. 58 und 59 eine Ausführung von Orenstein & Koppel dargestellt, wie sie in Verbindung mit einem Greifbagger auf Raupenketten verwendet wird. Die Korbwände bestehen aus starken Stahlblechen mit Winkeleisenversteifungen. Die Zähne, aus Kruppschem Sonderstahl hergestellt, klaftern etwa 1,6 m und fassen in einer Breite von 1,0 m. Die Schalen sind so geformt, daß sich ein Maximum des Füllungsgrades ergibt.

Abb. 58.

Für besonders schwer löslichen, zähen Boden eignen sich die in Amerika viel verwendeten sog. »Orangenschalen-Greifer« (Orange-Peel). Abb. 60 zeigt als Beispiel eine Ausführung der Firma Lidgerwood Manufacturing Company. Aus der Tabelle 17 (S. 23) sind die näheren Angaben ersichtlich.

Man muß bei allen Fördergefäßen zwischen solchen unterscheiden, die an jeden Kran angehängt werden können, und solchen, die ein be-

sonderes Windwerk erfordern. Zu den ersteren gehören alle einfachen
Fördergefäße wie: Eimer, Pritschen, Kästen, Kippkübel u. dgl. Die
Klappmulden und Kästen mit Bodenentleerung sind in diesem Falle
von Hand zu bedienen, ebenso die sog. »Einseilgreifer«, die von Hand
verriegelt werden müssen.

Abb. 59.

Die Klappkübel, Klappbodenkästen und Greifer mit besonderen
Hub- und Entleerseilen erfordern ein besonderes Windwerk, was natürlich die Anlagekosten erhöht und sich nur dann lohnt, wenn bei umfangreichen Arbeiten gleicher Art Zeitersparnisse erzielt werden können. Die

Tabelle 17.

Fassungs-vermögen cbm	Ungef. Gewicht kg	Geschlossen		Offen	
		Durchm. m	Höhe m	Durchm. m	Höhe m
0,06	230	0,66	1,09	0,84	1,22
0,07	250	0,79	1,17	0,97	1,32
0,11	430	0,92	1,43	1,15	1,58
0,14	455	0,97	1,45	1,20	1,60
0,20	500	1,07	1,53	1,30	1,70
0,26	545	1,17	1,57	1,40	1,78
0,34	1000	1,30	1,93	1,57	2,14
0,42	1070	1,40	1,99	1,68	2,24
0,60	1730	1,55	2,34	1,98	2,60
0,76	1910	1,73	2,44	2,09	2,75
0,96	2090	1,83	2,51	2,11	2,82
1,15	2430	1,93	2,57	2,34	2,90
1,15	3520	1,93	2,90	2,39	3,20
1,53	3860	2,14	3,05	2,60	3,44
3,05	5700	2,70	3,36	3,21	3,86

Motorgreifer, die ein eigenes, unmittelbar in den Greiferkörper einge-
bautes Triebwerk nebst Motor besitzen, vereinigen die Vorteile der
Einseil- und Zweiseilgreifer. Sie lassen sich an jeden Kran anhängen
und gestatten beliebig weite Öffnung des Maules, sind aber entsprechend
schwerer und teurer. Die Beurteilung ihrer Verwendbarkeit auf der
Baustelle ist Sache der Kalkulation.

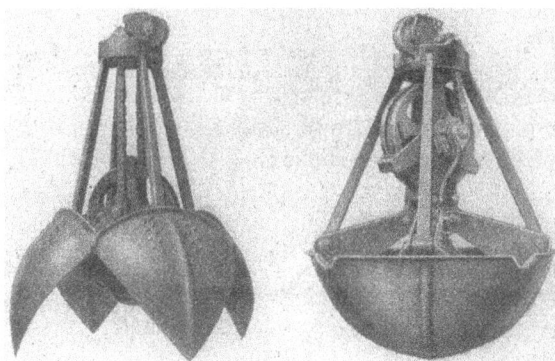

Abb. 60.

Die Ardeltwerke, Eberswalde, verwenden zum schnellen Aus-
wechseln von Zweiseilgreifern gegen Hakengeschirre sog. »Seileinziehwinden«[1].

Lasthebemagnete eignen sich im allgemeinen weniger für den
Baubetrieb. Sie sind hierfür zu schwer und nicht genügend betriebssicher.

---

[1] Woeste, Einfache Auswechselvorrichtung des Greifers gegen Hakengeschirr.
DRP. 349990. »Fördertechnik und Frachtverkehr«. Bd. 18 (1925), S. 351.

Bewegungsvorrichtungen.

A. Rollenzüge.

Kap. 5. Rollenzüge ohne besondere Übersetzungsmittel.

a) **Feste Rolle.** Abb. 61. Die Kraft im Zugseil ist um den Betrag der Zapfenreibung größer als die Kraft im Lastseil. Man bezeichnet mit dem Wert $\eta = L:Z$ den **Wirkungsgrad** der Rolle. Letzterer hängt außer von der Zapfenreibung auch noch von der Art des Zugmittels (Hanfseil, Kette oder Drahtseil) und ferner, wie Untersuchungen mit Hanfseilrollenzügen gezeigt haben, auch von der Stärke des Seiles ab. Für Hanfseile schwankt der Wert η etwa zwischen 0,8—0,9. Dickere Seile ergeben geringere Wirkungsgrade. Für Drahtseile und Ketten ist η etwa $= 0,95$ zu setzen.

Steht das Zugseil in einem bestimmten Winkel α gegen das Lastseil, so folgt aus dem Parallelogramm von L, Z und R (Abb. 62)

$$R = L \cdot \sqrt{\frac{\eta^2 + 2 \cos \alpha + 1}{\eta^2}},$$

ein Wert, der zur Ermittlung des Zapfendruckes benutzt werden kann.

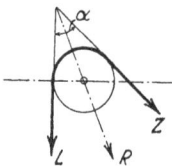

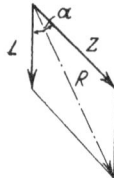

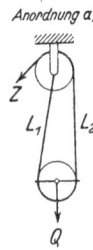
Anordnung a)

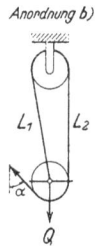
Anordnung b)

Abb. 61.   Abb. 62.   Abb. 63.   Abb. 64.

Hängt die Last unmittelbar am Lastseil, so ist die Hubhöhe gleich dem vom Zugseil zurückgelegten Weg.

Im Ruhezustand ist

$$R = L \sqrt{2 \cos \alpha + 2} = 2\,L \cos \frac{1}{2}\,\alpha.$$

b) **Lose Rolle.** Kommt bei Baukranen in der Anordnung a (Abb. 63) oder b (Abb. 64) vor.

Anordnung a: $Q = L_1 + L_2$
$$L = \eta\, L_2;\ L_2 = \eta\, Z$$
$$Q = Z\,(\eta + \eta^2).$$

Weg des Zugseiles: $s_Z = 2\, s_q$.

Anordnung b: $Q = L_1 + L_2 + Z \cdot \cos \alpha$
$$L_1 = \eta\, L_2;\ L_2 = \eta\, Z$$
$$Q = Z\,(\eta^2 + \eta + \cos \alpha).$$

Weg des Zugseiles: $s_Z = 3\, s_q$.

c) **Mehrteilige Rollenzüge.** Es kommen die im folgenden darge-stellten Anordnungen vor. Ist n_r die Anzahl der Rollen und n_s die Anzahl der Tragseile, so ist:

bei Ablauf des Zugseiles über die festen Rollen $n_s = n_r$

» » » » » » losen » $n_s = n_r + 1$,

weil im letzteren Falle das Zugseil mit als Tragseil zu rechnen ist.

Der Wirkungsgrad eines mehrteiligen Rollenzuges hängt von der Rollenzahl n_r ab. Wird für jede Rolle η gleich groß gesetzt, so ist:

Anordnung α) Ablauf von Z auf der **festen** Rolle.

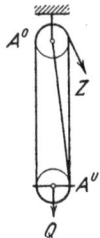

Befestigung des Seilendes an der **festen** Rolle.

Übersetzung von Last zu Kraft:

$$Q = Z\,(\eta + \eta^2 + \eta^3 + \dots + \eta^n),$$

worin n eine **gerade** Zahl.

$$Q = Z\,\frac{\eta^{n_r+1} - \eta}{\eta - 1}$$

oder, da $\eta < 1$ und $\eta^{n_r+1} < \eta$

Abb. 65.

$$Q = Z\,\frac{\eta - \eta^{n_r+1}}{1 - \eta} = Z \cdot \varphi.$$

Übersetzung des Weges: $s_Z = n_s \cdot s_Q = n_r\, s_Q$.

Zapfendruck: $A^0 = Q + Z \cos \alpha$
$$A^u = Q.$$

Anordnung β) Ablauf von Z auf der **losen** Rolle.

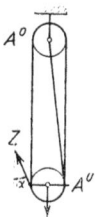

Befestigung des Seilendes an der **festen** Rolle.

Übersetzung von Last zu Kraft:

$$Q = Z\,(\eta^{n_r} + \dots + \eta^2 + \eta + \cos \alpha),$$

worin n_r eine **ungerade** Zahl.

$$Q = Z\left(\frac{\eta - \eta^{n_r+1}}{1 - \eta} + \cos \alpha\right) = Z \cdot (\varphi + \cos \alpha).$$

Übersetzung des Weges: $s_Z = n_s \cdot s_Q = (n_r + 1)\, s_Q$.

Abb. 66. Zapfendruck: $A^0 = Q + Z \cos \alpha$
$$A^u = Q.$$

Anordnung γ)   Ablauf von Z auf der **festen** Rolle.

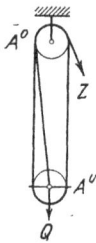

Befestigung des Seilendes an der **losen** Rolle.
Übersetzung von Last zu Kraft:

$$Q = Z \frac{\eta - \eta^{n_r + 1}}{1 - \eta},$$

worin n_r eine **ungerade** Zahl.

Übersetzung des Weges: $s_Z = n_s \cdot s_Q = n_r \cdot s_Q$.

Zapfendruck: $A^0 = Q + Z \cdot \cos \alpha$

$$A^u = Q - Z\,\eta^{n_r}.$$

Abb. 67.

Anordnung δ)   Ablauf von Z auf der **losen** Rolle.

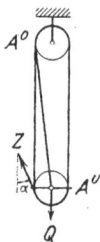

Befestigung des Seilendes an der **losen** Rolle.
Übersetzung von Last zu Kraft:

$$Q = Z \cdot \left(\frac{\eta - \eta^{n_r + 1}}{1 - \eta} + \cos \alpha \right),$$

worin n_r eine **gerade** Zahl.

Übersetzung des Weges: $s_Z = n_s \cdot s_Q = (n_r + 1) \cdot s_Q$.

Zapfendruck: $A^0 = Q - Z \cos \alpha$

$$A^u = Q - Z \cdot \eta^{n_r}.$$

Abb. 68.

Anordnung δ ist für die Schließenseile bei Derrickkranen üblich. Die Anordnungen α und γ, β und δ sind hinsichtlich der Übersetzungsverhältnisse gleichwertig. Die Anordnung δ wird offensichtlich deswegen bevorzugt, weil sie die geringsten Zapfendrücke ergibt.

Der Gesamtwirkungsgrad läßt sich unter der Annahme eines für jede Rolle gleichbleibenden Wirkungsgrades nach den obigen Formeln berechnen. Für einen Durchschnittswert von $\eta = 0{,}90$ ergeben sich beispielsweise folgende Werte:

Tabelle 18.

Rollenzahl n_r ..	2	3	4	5	6	7	8	9	10	11	12	13	14
φ	1,71	2,44	3,00	3,69	4,22	4,70	5,13	5,51	5,86	6,18	6,46	6,71	6,94
$1/\varphi$	0,59	0,41	0,33	0,27	0,24	0,21	0,20	0,18	0,17	0,16	0,15	0,15	0,14

Der wirkliche Wert des Gesamtwirkungsgrades ist nur an Hand von Versuchen feststellbar. Die folgende Tabelle zeigt die einer amerikanischen Quelle[1]) entstammenden Werte nach Versuchen der American Bridge Company.

---

[1]) Ketchum, Structural Engineers Handbook. 3. Aufl. S. 563. New York 1924, McGraw-Hill Book Cy.

Tabelle 19.

Seilstärke		Manila-Seil												
		Nutzlast für eine am Zugseil vorhandene Kraft 1 bei folgender Anzahl der Seile												
Zoll	mm	1	2	3	4	5	6	7	8	9	10	11	12	13	14
$^3/_4$	19	0,86	1,93	2,73	3,48	4,12	4,71	5,23	5,71	6,12	6,50	6,83	7,14	7,40	7,64
$^7/_8$	22	0,83	1,92	2,68	3,37	3,95	4,48	4,92	5,32	5,66	5,96	6,22	6,45	6,64	6,82
1	25	0,87	1,93	2,74	3,50	4,16	4,77	5,30	5,80	6,23	6,63	6,98	7,30	7,58	7,85
$1^1/_4$	32	0,83	1,92	2,68	3,37	3,95	4,48	4,92	5,32	5,65	5,96	6,21	6,44	6,63	6,81
$1^1/_2$	38	0,83	1,91	2,67	3,36	3,93	4,45	4,89	5,28	5,61	5,91	6,15	6,38	6,56	6,73
$1^3/_4$	45	0,81	1,91	2,64	3,30	3,84	4,33	4,72	5,08	5,37	5,64	5,85	6,04	6,20	6,34
2	51	0,82	1,91	2,65	3,32	3,87	4,37	4,78	5,14	5,45	5,72	5,94	6,15	6,31	6,46
$2^1/_4$	57	0,80	1,90	2,63	3,28	3,80	4,28	4,65	5,00	5,27	5,52	5,72	5,90	6,04	6,17

Drahtseil

$^3/_4$	19	0,86	1,93	2,73	3,47	4,11	4,70	5,20	5,68	6,08	6,46	6,78	7,08	7,34	7,58

Zu dieser Tabelle ist zu bemerken, daß die Werte für 1 zölliges Manilaseil wohl auf ungenauen Versuchsergebnissen beruhen und einer Richtigstellung entsprechend den benachbarten Werten für $^7/_8$ und $1^1/_4$ Zoll starkes Seil bedürfen. Wie man sieht, stimmen die Werte der Tabelle 19 mit den Werten φ der Tabelle 18 ziemlich gut überein.

Mit Hilfe der Tabelle 19 kann man nach der angezogenen Quelle die Nutzlast oder den Seilzug an der Trommel sehr einfach auf folgende Weise berechnen:

Ist der Seilzug an der Trommel gegeben und daraus die Nutzlast zu berechnen, so teile man den Seilzug so oft durch 1,20[1]), wie das Seil zwischen Trommel und Rollenzug über Führungs- und Umlenkrollen geführt wird und multipliziere den Quotienten mit der Zahl, die in Tabelle 19 der Seilstärke und der Anzahl der Seile im Rollenzug entspricht. Beträgt z. B. der Seilzug an der Windentrommel 600 kg, wofür nach Kap. 1d bei 8facher Sicherheit ein Manilaseil von $d = \sqrt{\dfrac{600}{62,5}} =$ rd. 3,2 cm Durchmesser erforderlich ist, und läuft das Seil über 2 Führungs- und 2 Umlenkrollen, bevor es den Rollenzug (nach Anordnung γ) mit einer Seilzahl $n_s = 5$ erreicht, so kann mit dieser Anordnung eine Nutzlast von $Q = \dfrac{600 \cdot 3,95}{1,20^4} = 1140$ kg gehoben werden. Bei gegebener Nutzlast und gesuchtem Seilzug an der Trommel ist umgekehrt zu verfahren.

Legt man dagegen die φ-Werte der Tabelle 18 zugrunde und nimmt auch für die dazwischenliegenden Rollen durchweg einen Wirkungsgrad von $\eta = 0,90$ an, so wird

$$Q = 600 \cdot 3,69 \cdot 0,9^4 = 1450 \text{ kg.}$$

---

[1]) Dieser Wert ist in Anbetracht der Ergebnisse in Tabelle 19 reichlich hoch gegriffen.

Kapitel 6. Rollenzüge mit Übersetzung.

a) **Vorbemerkung.** Charakteristisch für alle gewöhnlichen Flaschenzüge ist der Handantrieb mittels Haspelkette. Als ältere, fast nirgends mehr in Gebrauch befindliche Formen sind zu erwähnen: der Westonsche Differentialflaschenzug, ferner die Differentialflaschenzüge von Eade und Moore. Praktisch verwendet werden heute fast nur noch die Schrauben- und Stirnradflaschenzüge. Neuerdings werden auch Flaschenzüge mit elektrischem Antrieb (Elektroflaschenzüge) gebaut.

b) **Schraubenflaschenzüge.** Vorgelege: S c h n e c k e und S c h n e c k e n r a d. Zweigängige Schnecke[1]) in Verbindung mit Drucklagerbremse (s. u. a. Ausführung der Firma Becker, Abb. 136). Abwärtsbewegung bei den gewöhnlichen Ausführungen nur durch Rückwärtsbetätigung des Flaschenzuges möglich. Schraubenflaschenzüge mit ausrückbarer Schnecke nicht empfehlenswert, statt dessen Stirnradflaschenzüge.

Abmessungen, Gewichte und Durchschnittspreise von Schraubenflaschenzügen nach Abb. 69 siehe Tabelle 20 (Pützer-Defries).

Abb. 69.

Tabelle 20.

Tragkraft . . . . . . kg	300	500	1000	1500	2000	3000	4000
Gewicht f. 3 m Hub. . . . kg	22	24	33	44	57	75	100
Preis » 3 » » . . . .RM.	45,—	47,50	55,—	65,—	77,—	92,—	115,—
Gewicht f. 1 m Mehrhub . kg	2,5	2,8	4,0	5,0	6,5	7,5	10,5
Preis » 1 » » Lastkette	1,65	1,75	3,50	4,50	5,50	6,50	7,60
Handkette	2,—	2,—	2,—	2,—	2,—	2,—	2,—
Hubgeschwindigkeit[2]).	2,80	2,80	1,40	1,00	0,85	0,56	0,58
Länge des Zuges, zusammengezogen . . . . .m	0,50	0,51	0,74	0,85	0,95	1,05	1,10

Tragkraft . . . . . . kg	5000	6000	7500	10000[3])	12500	15000	20000
Gewicht f. 3 m Hub. . . . kg	120	146	182	290	350	475	730
Preis » 3 » »	134,—	170,—	206,—	450,—	570,—	705,—	975,—
Gewicht f. 1 m Mehrhub. . . .	12,5	14,5	16,5	35,0	40,0	55,0	67,0
Preis » 1 » » Lastkette	10,—	11,75	12,50	35,—	45,—	54,—	66,—
Handkette	2,50	3,—	3,—	3,—	3,—	3,—	3,—
Hubgeschwindigkeit[2]).	0,49	0,41	0,31	0,21	0,23	—	—
Länge des Zuges, zusammengezogen . . . . .m	1,20	1,34	1,40	1,45	1,55	—	—

Die Größen für Lasten bis 500 kg haben die Last am einfachen Strang, die übrigen am doppelten.

---

[1]) Siehe Kapitel 9 d.
[2]) Für je 50 m Kettenweg.
[3]) Von 10 000 kg an Gallsche Kette.

c) **Stirnradflaschenzüge.** Wesentlich gedrängtere Bauart des Zuges, namentlich bei Verwendung von hochwertigem Werkstoff für die Zahnräder. Infolgedessen geringere Bauhöhe. Wirkungsgrad genau gearbeiteter Stirnräder höher. Bremsung in ähnlicher Weise wie beim Schneckenvorgelege durch Anordnung schräger Zähne oder durch eine besondere Senksperrbremse. Beispiel s. Abb. 70. (Ausführung: Gauhe, Gockel & Cie.) Preise und Gewichte s. Tabelle 21.

Für kleine Lasten werden sogenannte Schnellflaschenzüge (Abb. 71) mit vergrößerter Hubgeschwindigkeit gebaut. Siehe Tabelle 22 (Gauhe, Gockel & Cie.).

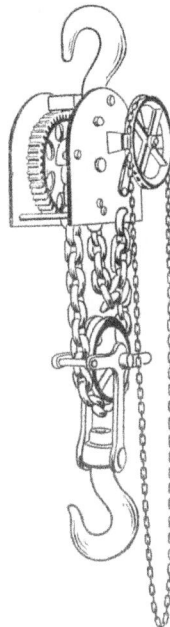 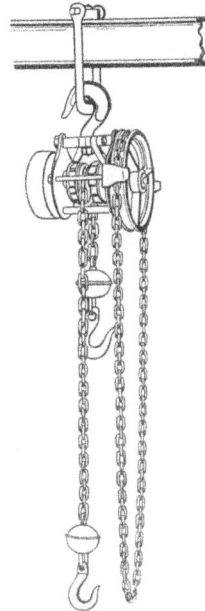

Abb. 70.   Abb. 71.

Tabelle 21.

Tragkraft . . . . . . kg	ohne untere Rolle						
	300	500	750	1000	1500	2000	2500
Gewicht (3 m Hub) . . . . kg	17,5	22,5	30	40	55	62	72
Preis (3 m Hub). . . . . RM.	50,—	55,—	62,50	75,—	92,50	107,50	127,50
Länge (zusammengezogen). . m	0,315	0,385	0,415	0,450	0,500	0,520	0,560
Hubgeschwindigkeit (für je 50 m Handkettenweg)	5,0	3,5	2,4	1,8	1,32	0,98	0,80

Tragkraft . . . . kg	mit unterer Rolle					
	1000	1500	2000	3000	4000	5000
Gewicht (3 m Hub) . . . . . . kg	30	42	55	75	92	112
Preis (3 m Hub) . . . . . . RM.	66,25	76,25	91,25	118,—	145,—	167,50
Länge (zusammengezogen) . . . . m	0,540	0,660	0,700	0,820	0,860	0,950
Hubgeschwindigkeit (für je 50 m Handkettenweg).	1,75	1,20	0,90	0,66	0,49	0,40

Tabelle 22.

Tragkraft kg	Gewicht für 3 m Hub	Preis	Länge (zusammengezogen)	Hubgeschwindigkeit
	kg	RM.	m	
150	30,8	47,—	0,4	11,80
200	35,8	52,50	0,4	8,80
250	40,8	54,50	0,4	8,10

d) Laufkatzen mit oder ohne Fahrantrieb für Flaschenzüge zu Bauzwecken. Abb. 72—77. Gewichte und Preise s. Tabelle 23 (Pützer-Defries).

 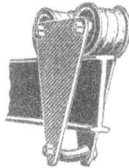 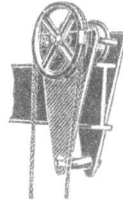 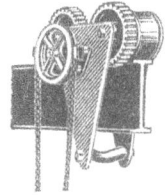

Abb. 72.   Abb. 73.   Abb. 74.   Abb. 75.

  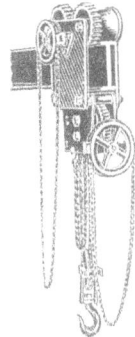

Abb. 76.   Abb. 78.   Abb. 79.

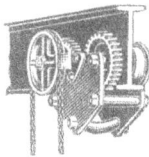

Abb. 77.

Tabelle 23.

Tragkraft kg	Abb. 72 Gew.	Preis	Abb. 73 Gew.	Preis	Abb. 74 Gew.	Preis	Abb. 75 Gew.	Preis	Abb. 76 Gew.	Preis	Abb. 77 Gew.	Preis
500	10	16,—	18	29,—	12	22,—	16	26,—	25	41,—	21	36,—
1 000	20	18,—	21	36,—	19	26,—	23	30,—	28	50,—	31	42,—
1 500	23	21,—	29	39,—	33	31,—	28	35,—	31	56,—	48	49,—
2 000	24	24,—	36	43,—	35	34,—	36	41,—	48	62,—	50	53,—
3 000	34	30,—	42	54,—	52	42,—	40	49,—	67	75,—	70	62,—
5 000	—	—	—	—	75	68,—	48	63,—	91	104,—	110	91,—
7 500	—	—	—	—	—	—	—	—	160	155,—	175	144,—
10 000	—	—	—	—	—	—	—	—	180	197,—	186	169,—

Laufkatzen mit Fahrantrieb und eingebautem Schrauben- oder Stirnradhebezeug s. Abb. 78—79, Tabelle 24. Gewichte und Preise für 3 m Laufbahnhöhe (Pützer-Defries).

e) **Elektroflaschenzüge.** Regelausführung der Deutschen Maschinenfabrik A.-G. (Demag) mit Aufhängeöse s. Abb. 80. Für ortsfesten Betrieb Mantel mit angegossenen Füßen. Ferner Ausführungen mit Handfahrwerk und elektrischem Fahrwerk. Ausführung mit elektrischem Fahrwerk und Führersitz (Verwendung u. a. bei den Verstärkungs-

Tabelle 24.

Tragkraft . . . . . kg	500	1000	1500	2000	3000	5000	7500	10 000
Abb. 78.								
Gewicht bei 3 m Laufbahnhöhe								
a) ohne Vorschub . . ca. kg	42	59	89	101	135	—	—	—
b) mit Vorschub. . . » »	51	68	100	113	148	220	425	495
Preis bei 3 m Laufbahnhöhe								
a) ohne Vorschub . . . RM.	73,—	83,—	94,—	117,—	138,—	—	—	—
b) mit Vorschub . . . »	94,—	108,—	117,—	141,—	167,—	246,—	349,—	405,—
Abb. 79.								
Gewicht bei 3 m Laufbahnhöhe								
a) ohne Vorschub . . ca. kg	43	61	90	102	136	—	—	—
b) mit Vorschub . . » »	52	69	101	114	149	221	430	500
Preis bei 3 m Laufbahnhöhe								
a) ohne Vorschub . . . RM.	97,—	107,—	123,—	157,—	169,—	—	—	—
b) mit Vorschub . . . »	114,—	131,—	145,—	181,—	198,—	284,—	405,—	487,—
Gewicht 1 m Mehrhub . ca. kg	4	5,5	7	8	9,5	13	18,5	26
Preis pro m Laufbahnh. Last-kette . . . . RM.	1,50	3,—	4,—	5,—	6,—	9,50	12,—	18,—
Preis pro m Laufbahnh. Hub-handkette . . . . . RM.	2,—	2,—	2,—	2,—	2,—	2,50	3,—	3,—
Preis pro m Laufbahnh. Fahr-handkette . . . . . RM.	2,—	2,—	2,—	2,—	2,—	2,50	3,—	3,—

Die 500 kg-Type hebt die Last am einfachen Kettenstrang.

arbeiten an den Stadtbahnbögen in Berlin) s. Abb. 81. Abb. 82 zeigt die Winde in ihre 3 Hauptteile zerlegt. Hauptabmessungen für Abb. 80 und 81 s. Tabelle 25 a—c. Motor und alle Triebwerksteile staub- und feuchtigkeitsdicht eingekapselt. Steuerung durch mehrstufige Steuerwalzen mittels Kette vom Fußboden aus. Stromzuführung der fahrbaren Züge mittels durch-

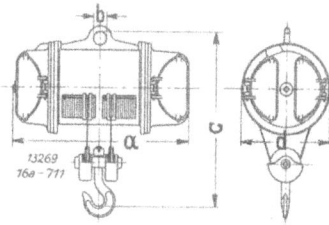

Abb. 80.

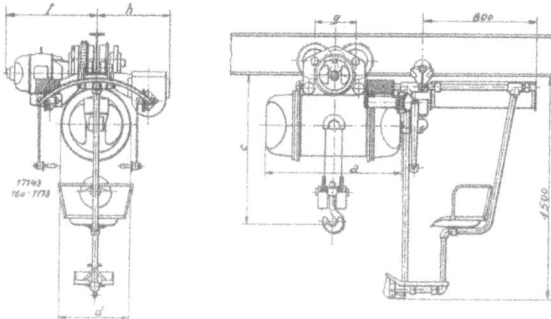

Abb. 81.

hängenden oder durch Gewicht gespannten Kabels. Bei größeren Fahr-
strecken Schleifleitung.

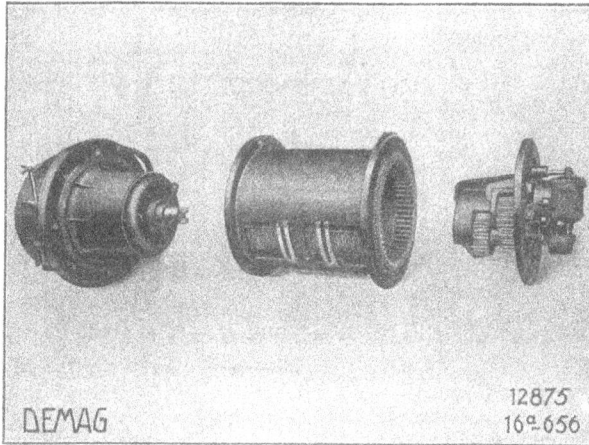

Abb. 82.

Tabelle 25.

Tragkraft an 4 Seilsträngen . . . . kg	500	1000	2—3000	5000
Hubhöhe (Hakenweg) . . . . m	6,5	7,0	7,5	7,5
Hubgeschwindigkeit i. d. Min. . . . . . .ca. m	7	5	4	4
Hubmotor . . . . ca. PS	1	1,7	4	6,3
Abb. 80.				
Gewicht. . . . . ca. kg	190	240	420	660
Länge a . . . . mm	775	830	975	1050
Ösendurchmesser b . . . . »	60	60	70	85
Bauhöhe c . . . . »	700	750	1000	1300
Außendurchmesser d . . . . »	385	430	500	635
Abb. 81.				
Laufbahnträger . . . . INP	18—28	18—28	24—32	32—42,5
Fahrmotor . . . . ca. PS	1	1,3	1,8	2,0
Fahrgeschwindigkeit auf gerader Strecke				
i. d. Min. . . . . ca. m	35—40	35—40	30	30
Gewicht (ohne Führersitz) . . . ca. kg	300	375	600	910
Länge a . . . . mm	775	830	975	1050
Bauhöhe c . . . . »	750	800	1000	1300
Außendurchmesser d . . . . »	385	430	500	635
Länge e (einschließlich Kontroller) »	900	975	1050	1150
Breite f . . . . »	600	600	650	700
Breite h . . . . »	525	525	550	600
Radstand g . . . . »	203	203	292	349

Ein ähnliches Gerät stellt die Berlin-Anhaltische Maschinenbau Aktiengesellschaft Dessau (Zweigniederlassung der Bamag-
Meguin Aktienges.) her. Hauptausführungsformen siehe Abb. 83—85
mit dazugehörigen Tabellen 25a—c. Preise (Sommer 1928, ohne Ver-
packung, ab Werk Dessau, ohne Montage) und Gewichte s. Tabelle 25d.

Tabelle 25 a (ortsfest).

Tragkraft . . . . kg {	125 250	500	1000	2000	3000
Hubhöhe . . . . m	10	7	7	7,5	7,5
Hubgeschwindigkeit i. d. Min. . . . . m {	20 10	5	5	7,5	5
Hubmotor . . . . PS	0,625	0,625	1,25	3,75	3,75
Baulänge A . . . . mm	650	740	840	1080	1080
Bauhöhe H . . . . »	525	550	670	950	950
Durchmesser D . . . . »	235	290	360	510	510
Lochabstand a . . . . »	150	150	150	180	180

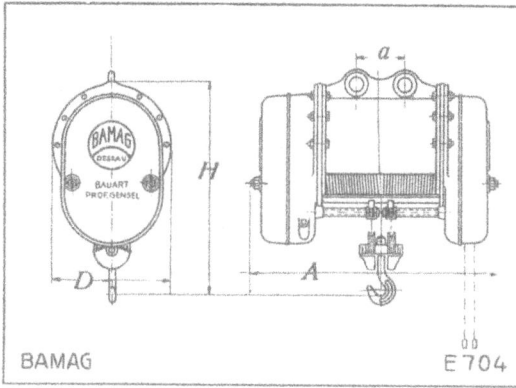

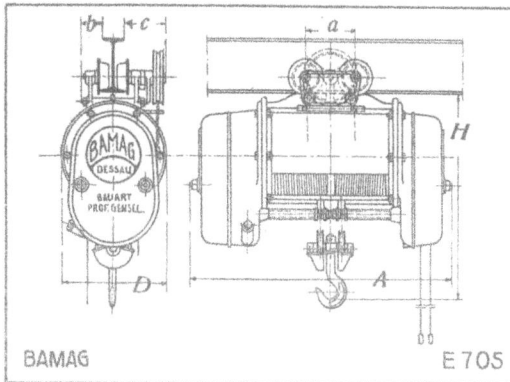

Abb. 84.

Tabelle 25 b (mit Handfahrwerk).

Tragkraft . . . . kg	500	1000	2000	3000
Hubhöhe . . . . m	7	7	7,5	7,5
Hubgeschwindigkeit i. d. Min. . . . . m	5	5	7,5	5
Hubmotor . . . . PS	0,625	1,25	3,75	3,75
Baulänge A . . . . mm	740	840	1080	1080
Bauhöhe H . . . . »	580	700	985	985
Durchmesser D . . . . »	290	360	510	510
Radstand a . . . . »	185	185	234	234
Abstand b . . . . »	115	115	150	150
Abstand c . . . . »	210	210	280	280

Tabelle 25 c (mit elektr. Fahrwerk).

Tragkraft . . . . kg $\begin{cases}125\\250\end{cases}$		500	1000	2000	3000
Hubhöhe . . . . m	10	7	7	7,5	7,5
Hubgeschwindigkeit i. d. M. . . . . m $\{$	$\begin{matrix}20\\10\end{matrix}$	5	5	7,5	5
Hubmotor . . . . PS	0,625	0,625	1,25	3.75	3,75
Baulänge A . . . . mm	645	740	840	1080	1080
Bauhöhe H . . . . »	525	580	700	985	985
Durchmesser D . . . . »	245	290	360	510	510
Radstand a . . . . »	185	185	185	234	234
Abstand b . . . . »	220	220	250	350	350
Abstand c . . . . »	340	340	360	500	500

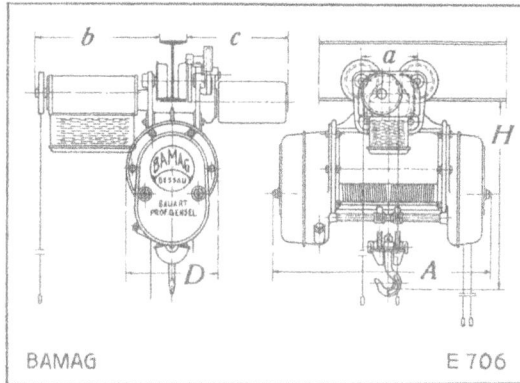

Abb. 85.

Tabelle 25 d.

Tragkraft . . . . kg $\begin{cases}250\\125\end{cases}$		500	1000	2000	3000
Größe . . . . .Nr.	0	1	2	3	4
Mit Aufhängeöse oder für ortsfeste Anbringung:					
a) für Drehstrom bis 500 Volt		700,—	936,—	1312,—	1420,—
b) » Gleichstrom 110—220 Volt . . .		817,—	1032,—	1355,—	1465,-
c) » » 440—550 » . . .		828,—	1043,—	1355,—	1465,—
Gewicht: für Drehstrom netto ca. kg	80	105	185	455	455
» » Gleichstrom » » »	90	115	195	460	460
Mit Handfahrwerk:					
a) für Drehstrom bis 500 Volt		860,—	1100,—	1485,—	1590,—
b) » Gleichstrom 110—220 Volt . . .		980,—	1200,—	1525,—	1635,—
c) » » 440—500 » . . .		990,—	1210,—	1525,—	1635,-
Gewicht: für Drehstrom netto ca. kg	105	155	225	535	535
» » Gleichstrom » » »	115	165	235	540	540
Mit elektrischem Fahrwerk:					
a) für Drehstrom bis 500 Volt		1130,—	1440,—	1880,—	2000,—
b) » Gleichstrom 110—220 Volt . . .		1290,—	1560,—	1990,—	2095,-
c) » » 440—500 » . . .		1312,—	1580,—	1990,—	2095,-
Gewicht: für Drehstrom netto ca. kg	120	160	245	565	565
» » Gleichstrom » » »	130	170	255	570	570

B. Winden.

Vorbemerkung. Hauptbestandteile: Antrieb, Hemmwerk, Vorgelege und Trommel. Ausführungsform hängt vom Verwendungszweck ab. Bestimmend nach dieser Richtung hin sind zunächst: Seilzug und Seilgeschwindigkeit. Sonderausführungen ergeben sich ferner je nach Art der Leistung: Heben und Senken freischwebender oder geführter Lasten, Einziehen von Auslegern, Schwenken von Drehkranen, Verfahren von Kranen, Betätigung von Greifgeräten. Schließlich ist noch ein Unterschied zu machen zwischen Winden, die unabhängig vom eigentlichen Krangerät aufgestellt werden und solchen, die in den Kran fest eingebaut sind.

Kapitel 7. Antriebsmittel.

a) **Handbetrieb.** Antriebsmittel für den Handbetrieb: Kurbel und Haspelrad.

α) Nach Kammerer[1]) nur dann wirtschaftlich, wenn die Betriebszeit weniger als eine Viertelstunde am Tage beträgt, weil andernfalls die Lohnkosten größer ausfallen als die Besitzkosten $+$ Stromkosten. Die enge Grenze, die hiermit dem Handbetrieb im Hinblick auf die Wirtschaftlichkeit gezogen ist, dürfte für Baustellenhebezeuge in jedem Falle einer Prüfung zu unterziehen sein, schon aus dem Grunde, weil das Verhältnis der drei die Wirtschaftlichkeit bedingenden Faktoren: Lohn-, Besitz- und Stromkosten zueinander nicht als konstant angesehen werden kann. Es sind im Baubetrieb auch Fälle denkbar, wo der Handbetrieb sich gar nicht durch einen anderen ersetzen läßt, wo also die Wirtschaftlichkeit gegenüber anderen Forderungen zurücktritt. So sind für manche Montagezwecke, bei denen es sich um die genaueste Führung großer Massen bei kleinsten Hubwegen handelt, Handkabelwinden oder Flaschenzüge nicht zu entbehren.

β) Die mit dem Handbetrieb zu erzielende Leistung, die ja von der Leistungsfähigkeit des als Motor betrachteten Menschen abhängt, ist in jüngster Zeit, besonders was den Kurbelbetrieb betrifft, eingehenden wissenschaftlichen Untersuchungen unterzogen worden[2]). Mit Hilfe einer als normal anzusehenden Versuchsperson (Alter 26 Jahre, Größe rd. 172 cm, Gewicht 60 kg) wurde festgestellt, bei welcher Belastung der Kurbel, bei welcher Höhe der Kurbelachse über dem Erdboden, bei welchem Halbmesser der Kurbel und bei welcher Geschwindigkeit des Drehens sich die beste Ausnutzung der menschlichen Arbeitskraft ergibt. Diese Ergebnisse sind in den folgenden Tabellen 26—28 zusammengestellt.

---

[1] Siehe Hütte II. 25. Aufl.
[2] Siehe Hütte II. 25. Aufl.

Tabelle 26. **Günstigste Belastung.**

Höhe über Fußboden	Halbmesser in cm			
	19,4	28,4	36,6	
55,3	15,0	20,0	21,1	
	(15,5)	(13,2)	(13,6)	Günstigste Belastung (mkg) Energieaufwand (in Klammern) (cal/mkg)
82,7	14,3	19,5	24,4	
	(14,3)	(12,5)	(13,4)	
114,3	10,4	14,3	23,3	
	(13,8)	(11,6)	(12,0)	
162,2	4,0	16,3	16,2	
	(14,0)	(18,8)	(18,3)	

Tabelle 27. **Günstigste Höhe der Kurbelachse über Fußboden (cm).**

mkg Arbeit je Kurbelumdr.	Halbmesser (cm)			
	19,4	28,4	36,6	
6,5	140	115	120	
	(14,3)	(13,6)	(17,0)	Günstigste Höhe (cm) Energieaufwand (in Klammern) (cal/mkg)
13	110	115	110	
	(14,2)	(11,7)	(13,5)	
19,5	80	100	110	
	(15,5)	(12,5)	(12,5)	
26,0	70	90	100	
	(17,0)	(14,3)	(12,1)	
32,5	50	80	100	
	(?)	(15,7)	(14,0)	

Tabelle 28. **Günstigster Halbmesser der Kurbel.**

Höhe cm	Arbeit in mkg je Umdrehung					
	6,5	13,0	19,5	26,0	32,5	
55,3	19	26	28	31	35	
	(20,5)	(14,5)	(13,2)	(31,5)	(16,5)	Günstigster Halbmesser (cm) Energieaufwand (in Klammern) (cal/mkg)
82,7	15	19	28	37	40	
	(14)	(14)	(12,5)	(13)	(14,6)	
114,3	25	28	34	40	45	
	(13,5)	(11,7)	(12,2)	(12)	(13)	
162,2	10	15	32	45	60	
	(?)	(17)	(18)	(21)	(?)	

Am günstigsten werden hiernach die Verhältnisse bei einer Höhe der Kurbelachse von 114,3 cm, einer Kurbellänge von 28,4 cm (Halbmesser der Kurbel) und einer Belastung, bei der je Kurbelumdrehung 14,3 mkg Arbeit geleistet werden. Die normale Dauerleistung eines Arbeiters bei 8stündigem Arbeitstag beträgt durchschnittlich 8 mkg/s. Er braucht daher zu einer Umdrehung $\frac{14,3}{8,0} = 1,79$ sec, macht also in der Minute $\frac{60}{1,79} = 33,5$ Umdrehungen. Die durchschnittlich am Kurbelarm ausgeübte Kraft ist dabei $\frac{14,3}{2 \cdot 0,284} = $ rd. 8 kg.

γ) **Einfluß der Geschwindigkeit.** Hat das durch Kurbelantrieb in Bewegung zu setzende Gerät ein kleines Trägheitsmoment oder, anders ausgedrückt, wird in jedem Augenblick die Massenbeschleunigung durch die Reibungswiderstände aufgezehrt, so ist der Mann an der Kurbel bei langsamem Drehen gezwungen, in jedem Punkt des Kurbelkreisumfanges eine gleich große Kraft auszuüben. Die Eigenart des Kurbelmechanismus im Verein mit dem anatomischen Bau der Hand bzw. des Armes bringt es aber mit sich, daß die Muskeln an gewissen Stellen des Kurbelkreises sehr ungünstig beansprucht werden und infolgedessen schnell ermüden. Diese Verhältnisse bessern sich mit wachsendem Trägheitsmoment der in Bewegung zu haltenden Massen und mit zunehmender Drehgeschwindigkeit, da dann die Muskeln nur zur Zeit der günstigsten Hand- bzw. Armstellungen in Tätigkeit zu treten brauchen. Bei Dauerbetrieb erreicht man also die Höchstleistung nur, wenn das Getriebe ein hohes Trägheitsmoment besitzt und durch möglichst schnelles Drehen in Bewegung gehalten wird. Im umgekehrten Fall, d. h. wenn die Kurbel nur auf kurze Zeit in Tätigkeit zu treten hat, ist das Trägheitsmoment des Getriebes möglichst gering zu halten. Die Versuche haben erwiesen, daß die günstigste Geschwindigkeit bei großen Trägheitsmomenten so gut wie gar nicht von der je Umdrehung geleisteten Arbeit, dagegen in erheblichem Maße von dem Kurbelhalbmesser abhängt. Hierüber gibt Tabelle 29 Aufschluß.

Tabelle 29.

Halbmesser . . . . . cm	19,4	28,4	36,6
Umdrehung/min	33,0	31,0	29,0
Geschwindigkeit der Hand (m/s)	0,67	0,92	1,11

δ) Zur Beurteilung der Höchstleistungen des Menschen an der Kurbel gelten die folgenden, einer Tabelle von Blix[1]) entnommenen Zahlen. Sie können zur Festigkeitsberechnung des Kurbeltriebes benutzt werden.

Tabelle 30.

Arbeitsdauer	$1^1/_2$ h	41 min	30 min	15 min	5 min	$1^1/_2$ min
Leistung (mkg je s) .	12,5	13,5	12,5	17,0	19,5	27,7

ε) Konstruktive Ausbildung. Nach den Unfallverhütungsvorschriften müssen die Kurbeln auf dem verlängerten Ende der Kurbelwelle sicher befestigt werden. Loses Aufstecken der Kurbeln auf einen Vierkant ohne Sicherung ist verboten. Die Vierkante an den Wellenenden sind daher stets mit einer Gewindeverlängerung zu versehen, auf die eine Mutter geschraubt werden kann (s. Abb. 86). Damit der Kurbelnde sich an der Mutter nicht stößt, werden die Kurbelarme zuweilen gekröpft (s. Abb. 86 punktiert).

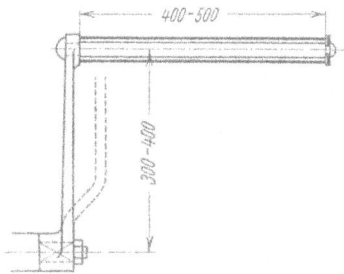

Bei den besseren und schwereren Ausführungen (Abb. 86) wird der aus einem Gasrohr oder aus Holz bestehende Kurbelgriff auf den horizontalen Kurbelarm lose drehbar aufgesteckt. Die Holzgriffe erhalten an den Enden einen Eisenbeschlag. Bei kleinen Winden findet man auch

Abb. 86.

---

[1] Siehe Hütte a. a. O.

oft einfach ein rechtwinklig abgebogenes Rundeisen als Kurbel, an welches das Kurbelauge angeschmiedet ist (Abb. 87).

η) Die Zugkraft an der Haspelkette richtet sich, ähnlich wie bei der Kurbel, nach der Arbeitsdauer, außerdem aber noch nach der Haspelgeschwindigkeit. Vorübergehend kann natürlich der Zug an der Haspelkette bis zum Gewicht des sich anhängenden Bedienungsmannes gesteigert werden. Im normalen Betriebe jedoch verringert sich die Kraft mit wachsender Hubhöhe der Last von etwa 30 kg bei 1 m Hubhöhe, bis auf 10 kg bei großen Hubhöhen und Haspelgeschwindigkeiten. Genauere Untersuchungen hierüber liegen nicht vor.

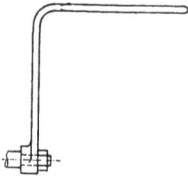

Abb. 87.

b) **Riemenantrieb.** α) Zeichnet sich durch große Betriebssicherheit aus. Er ist zwar bis zu einem gewissen Grade überlastbar, namentlich bei Vorspannung durch Spannrollen oder Eigengewicht bei genügend weit entfernten Wellen, jedoch wird bei einer starken Hemmung, wenn nicht besondere Reibungskupplungen vorgesehen sind, der Riemen schließlich abgleiten, ohne daß Antriebsmotor oder Getriebe beschädigt werden. Bei Antrieb von einer Transmissionswelle mit konstanter Umlaufgeschwindigkeit ist unbeabsichtigtes Überschreiten einer gewissen Hub- oder Senkgeschwindigkeit nicht möglich.

β) Wahl der Riemenbreite. Die zulässige Belastung wird auf 1 cm Riemenbreite gerechnet. Als Anhalt für die Wahl der Riemenbreite können die von C. Otto Gehrckens für günstige Betriebsverhältnisse und für gute Lederriemen angegebenen Werte der Riemenbelastung, p in kg für 1 cm Breite, bei gegebenen Riemenscheibendurchmessern und Riemengeschwindigkeiten dienen (s. Tabelle 31, worin die Werte unter a für einfache Riemen, diejenigen unter b für Doppelriemen gelten).

Tabelle 31.

Riemen-scheiben-durch-messer	Riemengeschwindigkeit (m/s)													
	3		5		10		20		30		40		50	
	a	b	a	b	a	b	a	b	a	b	a	b	a	b
100	2	—	2,5	—	3	—	3,5	—	3,5	—	3,5	—	3	—
200	3	—	4	—	5	—	6	—	6,5	—	6,5	—	6,5	—
300	4	5	5	6	6	7	7,5	9	8,5	10	9	10	9	10
400	5	6,5	6	8	7	9	9	11	10	12	10,5	12,5	11	12,5
500	6	8	7	9,5	8	11	10	13	11	13,5	11,5	14	12	14
600	7	9,5	8	11	9	12	11	15	12,5	16	13	16,5	13,5	17
750	8	11	9	12,5	10	14	12	17,5	13	18,5	13,5	19,5	14	20
1000	9	13	10	15	11	17	13	21	14	22	14,5	23	15	24
1500	10	15	11	17	12	19	13,5	23	14,5	26	15	27	15,5	28
2000	11	17	12	19	13	21	14	25	15	28	15,5	29	16	30

Der kleinere Riemenscheibendurchmesser ist maßgebend.

Bei ungleichförmigem, stoßweisem Betrieb, der bei den Winden zum Teil durch die Art der Kupplung entsteht (z. B. bei den Reibungswinden mit Stirnreibung) sind die Werte der Tabelle um etwa 50% herabzusetzen. Für gekreuzte Riemen ist ein weiterer Abzug von etwa 20% zu machen.

γ) Die Arbeitsleistung, die von einem Riemen übertragen werden kann, ist (P = Riemenzug, p = zulässige Belastung, b = Riemenbreite, D = Durchmesser der kleineren Scheibe, n = Umdrehungszahl je Minute):

$$N = \frac{P \cdot v}{75} = \frac{p \cdot b \cdot \pi \cdot D \cdot n}{60 \cdot 75}.$$

Sind N, p und n gegeben, so kann man die Breite und den Durchmesser der Riemenscheibe aus der Formel

$$b \cdot D = \frac{4500 \cdot N}{\pi \cdot p \cdot n} = \frac{1432,4}{p} \cdot \frac{N}{n}$$

ermitteln.

δ) Riemengeschwindigkeit. Ist n_1 die Umdrehungszahl der Antriebsmaschine (bzw. des Wellenstumpfes, auf dem die treibende Scheibe sitzt), D_1 der Durchmesser der treibenden, D_2 derjenige der getriebene Scheiben, so ist zunächst die Umdrehungszahl von D_2

$$n_2 = n_1 \cdot D_1/D_2.$$

Die Riemengeschwindigkeit ist dann

$$v = D_2 \cdot n_2 \cdot \pi/60.$$

Weitere Angaben findet man bei den betreffenden Winden.

Achsdruck der Riemenscheibe auf die Welle: nach Bach = 3 P.

ε) Bei wagerechtem Achsenabstand ziehendes Trumm unten. Günstigster wagerechter Abstand 5—10 m. Spannrolle erforderlich, wenn der Unterschied der Riemenscheibendurchmesser sehr groß ist, oder wenn der Riemenzug steiler als 45° verläuft. Durchmesser der Spannrolle mindestens gleich dem Durchmesser der kleineren Riemenscheibe[1]).

c) **Druckwasserantrieb.** Kommt für Baukrane nicht in Frage und wird ohnehin im Hebezeugbau durch den elektrischen Antrieb mehr und mehr verdrängt. Von den Baukranen wird immer eine gewisse Beweglichkeit verlangt, was sich mit den erforderlichen Druckwasserzuleitungen nur unter großen Schwierigkeiten erreichen ließe. Verwendung findet das Druckwasser zu Baugeräten nur bei den hydraulischen Winden mit großen Hubkräften und kleinen Hubwegen, den sogenannten »Daumenkräften«, die u. a. von der Firma Krupp, Grusonwerk, hergestellt werden.

---

[1]) Über sonstige Abmessungen der Riemenscheiben ferner über Los- und Leerscheiben s. u. a. Hütte, 25. Aufl., Bd. II.

d) **Druckluftantrieb.** α) Die vielseitige Verwendung der Druckluft im neuzeitlichen Baubetrieb für eine große Anzahl von Kleingeräten (Niethämmern, Meißeln, Bohrern usw.) bringt es mit sich, daß man kaum noch eine größere Baustelle ohne eine Anlage zur Erzeugung von Druckluft findet. Dies legt den Gedanken nahe, auch die auf der Baustelle benötigten Hebezeuge mit der einmal vorhandenen Kraftquelle zu betreiben. Verwirklicht ist dieser Gedanke bisher allerdings nur für verhältnismäßig kleine Hebegeräte bis etwa 800 kg Tragkraft am einfachen Seilstrang, in Anpassung an die üblichen Kompressoranlagen, die für den Betrieb größerer Hebezeuge nicht ausreichen. Es ist auch fraglich, ob für letztere ein wirtschaftlicher Betrieb noch möglich ist, da der doppelte Arbeitsumsatz über den Kompressor immerhin mit zusätzlichen Verlusten verbunden ist, die sich mit der Größe der Anlage naturgemäß steigern. Zwar ist die Möglichkeit, normale Zwillingsdampfmaschinen mit Druckluft zu betreiben, ohne weiteres gegeben; bei der Unwirtschaftlichkeit eines derartigen Antriebes kann es sich aber immer nur um ganz vereinzelte Ausnahmefälle handeln.

Die Wartung und Bedienung der Kompressoren ist sehr einfach und kann, da der Antrieb der Baukompressoren fast ausnahmslos durch Verbrennungsmotoren geschieht, ohne weiteres von jedem Kraftwagenführer besorgt werden.

β) Erzeugung der Druckluft[1]). Isothermische Kompression, d. h. Verdichtung bei unveränderlicher Temperatur, ergibt den geringsten Arbeitsaufwand. Abführung der Verdichtungswärme der Luft durch Wasserkühlung (heute nur noch Mantelkühlung) erforderlich. Für Kompressoren, die mit Pressungen bis zu 4 at abs. (bzw. bei kurzer täglicher Betriebsdauer bis zu 10 at) arbeiten, genügt einstufige Verdichtung, d. h. Verdichtung bis auf die gewünschte Höhe durch einen Kolbenhub. Bei höheren Drücken und Dauerbetrieb macht die Mantelkühlung Schwierigkeiten, man geht dann zur absatzweisen, mehrstufigen Verdichtung in mehreren Zylindern mit Zwischenbehältern über. Die Arbeitsersparnis beträgt dabei je nach Enddruck 13—16%. Die verdichtete Luft wird in einen Windkessel gedrückt und von dort an die Verwendungsstellen durch Rohr- oder Schlauchleitungen verteilt.

Ausgeführte Winden mit Druckluftbetrieb s. Kap. 10g.

e) **Dampfantrieb.** α) Als Einzelantrieb von Winden sehr häufig bei allen Arten von Derricks und fahrbaren Drehkranen. Voraussetzung für ihre Verwendung auf entlegenen Baustellen, für die elektrischer Strom nicht in Frage kommt, ist, daß Brennstoff und Wasser in genügender Menge und geeigneter Beschaffenheit in der Nähe erreichbar sind. Die Dampfmaschine ist an und für sich zum Antrieb von Hebe-

---

[1]) Siehe auch Hütte I, Betriebshütte 2. Aufl., S. 1021; Eisenbau 1917, S. 156; Preßluftanlagen, herausgegeben vom AWF.

zeugen sehr gut geeignet, weil sie sich Überlastungen gut anpaßt und eine weitgehende Regelung der Fördergeschwindigkeiten zuläßt. Anderseits ist sie als Einzelantrieb an eine möglichst ununterbrochene Be-

Abb. 88.

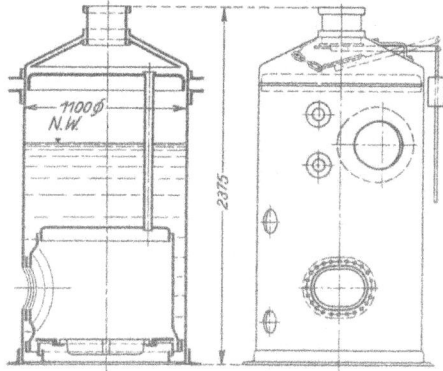

Abb. 89.

schäftigung gebunden, weil bei längeren Pausen die Abkühlungsverluste zu groß werden und eine einmal außer Betrieb gesetzte Dampfmaschine längere Zeit braucht, um wieder in Gang gesetzt werden zu können.

β) Diesem Umstand sucht man besonders durch geeignete Bauart des Kessels Rechnung zu tragen. Abb. 88 zeigt einen stehenden Quersiederkessel der Baumaschinenfabrik Bünger A.-G. in Düsseldorf von besonders niedriger Bauart. Der obere Mantel ist abnehmbar und ermöglicht so ein bequemes Reinigen der Siederohre.

Abb. 89[1]) ist ein stehender Heizrohrkessel der Orenstein & Koppel A.-G. von 10 at Betriebsdruck und 10,2 m² wasserberührter Heizfläche von besonders niedriger Bauart und Abb. 90 ein Quersiederkessel derselben Firma von normaler Bauart und gleicher Leistung. Man sieht daraus, daß sich mit Heizrohrkesseln gleicher äußerer Abmessungen eine erheblich größere Heizfläche erreichen läßt, was zum schnellen Anheizen gerade für Baukrane besonders erwünscht ist. Die Quersiederkessel haben dafür den Vorteil größerer

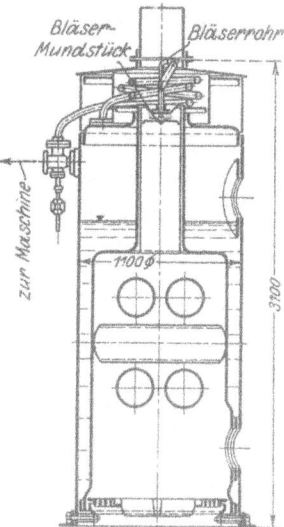

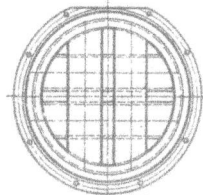

Abb. 90.

---

[1]) Die Abbildungen 89 und 90 entstammen einem Aufsatz von Dipl.-Ing. W. Goldstein in der Zeitschrift »Die Wärme«, 1923, Nr. 49, dem auch die textlichen Angaben z. T. entnommen sind.

Unempfindlichkeit gegen nachlässige Behandlung — ebenfalls eine nicht zu unterschätzende Eigenschaft bei Verwendung auf einer Baustelle.

Tabelle 32 gibt die Größen und Gewichte für verschiedene Leistungen einer stehenden Kesselbauart der amerikanischen Firma Lidgerwood Man. Co., New York, an. Dampfdruck 8,8 at.

Tabelle 32.

PS	5,5	7,5	10	15	21	31	40	50	60
Äußerer Durchmesser . . . . . mm	710	765	865	1020	1070	1220	1270	1350	1530
Höhe . . . . »	1600	1830	1980	1910	2290	2590	2900	3050	3050
Zahl der Röhren . . . . 2″	41	45	53	88	92	128	134	160	216
Länge der Röhren . . . . mm	1020	1220	1350	1270	1600	1830	2140	2210	2210
Ungefähres Gewicht einschließlich Armaturen . . . . kg	700	875	1135	1565	1800	2650	3150	3690	4450

γ) Die Dampfmaschine wird für unmittelbaren Einzelantrieb in den allermeisten Fällen als sogenannte »Zwillingsmaschine«, d. h. mit zwei genau gleich großen doppeltwirkenden Zylindern, um 90⁰ versetzten Kurbeln und Flachschiebersteuerung, gebaut.

Zur überschläglichen Bestimmung der Abmessungen eines Zylinders können die folgenden Formeln benutzt werden. Es bedeute:

N_i = indizierte Leistung in PS.

N_e = effektive   »   »   »

η = mechanischer Wirkungsgrad.

F = Querschnitt der Zylinderbohrung[1]) (cm²).

s = Kolbenhub (m).

c = Kolbengeschwindigkeit.

n = Umdrehungszahl je Minute.

p_i = mittlere indizierte Spannung (at).

p_1 = mittlerer Einströmdruck (at) = rd. 20% unter Kesseldruck.

Dann ist die indizierte Leistung je Zylinder

$$N_i = \frac{2\,F \cdot p_i\,s \cdot n}{60 \cdot 75} = \frac{F \cdot p_i \cdot c}{75},$$

die effektive Leistung

$$N_e = \eta\,N_i.$$

Ferner kann angenommen werden:

die mittlere indizierte Spannung

$$p_i = 1,2 + 0,25\,p_1$$

und die Kolbengeschwindigkeit

$$c = 6,7 \cdot s - 2,5\,s^2.$$

---

[1]) Genauer ist hier die wirksame Kolbenfläche einzusetzen. Für die überschlägliche Ermittlung genügt aber obige Annahme.

was einer **Drehzahl**

$$n = 200 - 75\,s$$

entspricht.

Der **mechanische Wirkungsgrad** kann für die Überschlagsrechnung zu $\eta = 0,90$ angenommen werden.

Wird z. B. eine effektive Leistung von 20 PS verlangt, und ist der Kesseldruck 9,0 at, so ist zunächst: $p_1 = 9,0 \cdot 0,8 = 7,20$ at, sodann $p_i = 1,2 + 0,25 \cdot 7,20 = 3,00$ at. Das **Verhältnis der Zylinderbohrung zum Hub** kann etwa mit $d:s = 0,7$ eingesetzt werden, so daß (da F in cm² ausgedrückt) $F = \dfrac{s^2\,\pi}{8,15} \cdot 10\,000$.

$$N_i = \frac{20}{0,9} = 22,2 = \frac{2\,\pi\,s^2 \cdot 3,00 \cdot s \cdot (200 - 75\,s)}{8,15 \cdot 60 \cdot 75} \cdot 10\,000.$$

woraus

$$s^3 \cdot (200 - 75\,s) = 21,7$$

und $s = 0,23$ m; $d = 16,1$ cm; $n = 182$ Umdrehungen je Minute.

Umgekehrt kann man bei gegebenen Abmessungen (Leistung, Zylinderbohrung, Kolbenhub und Kesseldruck) die Umdrehungszahl und damit die erforderliche Übersetzung der Winde errechnen, wenn man eine bestimmte Fördergeschwindigkeit[1] erreichen will. (Vgl. auch die Beispiele bei den in Kap. 13 c besprochenen Dampfwinden für Derrickbetrieb.)

δ) Die **sonstige Ausrüstung der Dampfmaschine** richtet sich ganz nach der Art der anzutreibenden Winde. Bei Derrickbetrieb, bei dem das Senken der Last und des leeren Hakens mit der von dem ganzen Getriebe abgekuppelten leeren Trommel geschieht, ist eine Umsteuerung zur Umkehr der Drehrichtung der Kurbelwelle nicht erforderlich. Die Regelung der Umdrehungszahl und damit der Hubgeschwindigkeit wird lediglich durch ein **Drosselventil** bewirkt. Diese Einfachheit der Anordnung rechtfertigt sich in weitaus den meisten Fällen, trotz des hohen Dampfverbrauchs. Soll der Kran auch mit der Maschine geschwenkt werden, so ordnet man ein **Wendegetriebe** an, desgleichen für den Fahrantrieb. Man muß beim Derrickbetrieb immer damit rechnen, daß die Winde unter Umständen von ungeschulten Arbeitern bedient werden muß. Erst bei den größeren fahrbaren Drehkranen, Lokomotivkranen und Löffelbaggern, bei denen die Maschine auch die Fortbewegung des ganzen Gerätes zu besorgen hat, lohnt sich die Anordnung von Kulissen-Umsteuerungen und Regulatoren zur Umkehr der Bewegung, Veränderung der Füllung und Regelung der Umlaufzahl. Die Bedienung derartiger Maschinen durch einen ausgebildeten Maschinisten ist dann aber unerläßlich.

---

[1] Nach Bethmann a. a. O. betragen die üblichen Hubgeschwindigkeiten bei Dampfbetrieb $v = 0,6$ m/s für Vollbelastung, 1,0 m/s für halbe Belastung.

ε) Der Dampfverbrauch in kg je Stunde für die indizierte Leistung (d. i. die durch Auswertung des Indikatordiagramms ermittelte Leistung) beträgt $\approx$ 10 kg/PS$_i$h.

η) Der durchschnittliche Brennstoffverbrauch ergibt sich für verschiedene Brennstoffe aus folgender Tabelle 33, die angibt wieviel kg Dampf mit 1 kg Brennstoff erzeugt werden können[1]).

Tabelle 33.

Brennstoff	Heizwert kcal	kg Dampf / kg Brennstoff
Holz (lufttrocken)	3000	2,4
Torf (»)	2400	1,95
Guter Preßtorf	3800	3,2
Braunkohle (böhmische) .	4500	3,7
do. (erdige) . . .	2400	2,0
do. Brikett . . .	4800	3,9
Steinkohle i. M.	6800	6,25
do. Brikett	6900	6,5
Koks	6300	6,0
Anthrazit	7500	7,55
Rohöl, Masut, Teeröl . .	10000	10,8

Für den einstündigen Betrieb einer Dampfmaschine, deren effektive Leistung 25 PS$_e$, also die indizierte Leistung (bei einem Wirkungsgrad $\eta = 0{,}85$) $N_i = \dfrac{25}{0{,}85} =$ rd. 30 PS$_i$ beträgt, braucht man bei Feuerung mit böhmischer Braunkohle demnach rd. $\dfrac{10 \cdot 30}{3{,}7} = 81$ kg Brennstoff.

f) Antrieb durch Verbrennungsmotoren. Vorbemerkung. Der Einzelantrieb durch Verbrennungsmotoren setzt sich im Baubetrieb mehr und mehr durch. Seine größten Vorzüge beruhen auf der einfachen Handhabung und steten Betriebsbereitschaft. Infolge ihrer allgemeinen Verbreitung im Fahrzeugbau sind diese Motoren auch hinsichtlich Wirtschaftlichkeit und Sicherheit des Betriebes auf eine hohe Stufe der Vervollkommnung gebracht worden.

1. Motoren mit Vergasung des Brennstoffes und elektrischer Zündung. Die Arbeitsweise kann als bekannt vorausgesetzt werden.

Wichtig für den Antrieb der Hebezeuge ist die Kupplung. Sie wird meist als sogenannte Rutschkupplung mit kegelförmiger Reibfläche gebaut. Beispiele hiefür siehe bei Dubbel, Taschenbuch für den Maschinenbau, 4. Aufl. I, S. 680ff.

Eine für den Hebezeugantrieb nicht vorteilhafte Eigenschaft des Benzinmotors ist, daß er nicht unter Last anläuft, sondern im Leerlauf gekuppelt werden muß. Hierbei kann die Beschleunigung der trägen Massen nicht wie beim Fahrzeug durch Wechselgetriebe erfolgen, da

---

[1] Nach Dubbel, Taschenbuch f. d. Maschinenbau II

die Last beim Umschalten einen Augenblick nicht gehalten wäre und infolgedessen abstürzen könnte. Man muß vielmehr den Motor so stark wählen, daß er die größeren Anlaufkräfte überwinden kann. Die gewöhnlichen Fahrzeugmotoren der oben beschriebenen Bauart sind nicht überlastbar.

Umkehrung der Bewegungsrichtung (Schwenken, Fahren) muß durch Wendegetriebe erfolgen. Umlaufszahl der Motoren für schwere Motorwagen $\lessgtr$ 900 Uml./min.

Die indizierte Leistung wird ähnlich wie bei den Dampfmaschinen nach der Formel:

$$N_i = \frac{F \cdot c \cdot p_i}{c \cdot 75}$$

ermittelt, worin $i = 4$ bei Viertaktmaschinen und ferner überschläglich:

für Benzin: $p_i = 5{,}0$ kg/cm²
» Spiritus: $p_i = 4{,}0$ »
» Petroleum: $p_i = 4{,}0$ »

Verhältnis des Hubes zum Zylinderdurchmesser $\frac{s}{d} \approx 1{,}2$.

Effektive Leistung $N_e = \eta N_i$, worin $\eta = 0{,}8 - 0{,}87$ je nach Größe und Art der Maschine.

Brennstoffverbrauch (nach Dubbel) in kg je Pferdekraftstunde:

Tabelle 34.

	5 PS$_e$	10 PS$_e$	25 PS$_e$
für Benzin	0,29	0,26	0,25
» Petroleum . .	0,50	0,46	0,40
» Rohspiritus . .	0,48	0,45	0,43

Nach Joly beträgt der Benzinverbrauch $0{,}225 - 0{,}275$ kg je PSh. Eigenschaften und Preise von Benzin und Benzol (nach Joly):

Tabelle 35.

	Spez. Gew. bei 15°	Verbrennungswärme	Preis je 100 kg
Benzin . . .	0,68—0,77	10000—12000 WE	40—45 RM.
Benzol . . .	0,88	9500—10000 »	45—50 »

Schmieröl: Spez. Gew. 0,93. Preis: 0,50—0,90 RM. kg.

Preise der Motoren (nach Joly):

Kleine Motoren: 800—1500 Umdr. (stehend)

2—3 PS	750 RM.
5—6 »	900 »
8 »	1000 »

Mittlere Motoren: 300—500 Umdr. (liegend oder stehend) . . . .

10 »	1300 »
22—25 »	2200 »

Gebrauchte Benzolmotoren, gut erhalten, zum Nennpreise abzüg-
lich 5—7% für jedes Gebrauchsjahr und zuzüglich des jeweiligen Teue-
rungszuschlages.

2. Motoren mit unmittelbarer Einspritzung des flüssi-
gen Brennstoffes (Rohölmotoren). Brauchbarkeit für den Baubetrieb
erst seit Einführung der sogenannten »kompressorlosen« Dieselmotoren.
Bei den älteren Dieselmaschinen geschah die Einspritzung des Brennstoffes mittels Preßluft von 50—80 at, was eine besondere Kompressor-
anlage erforderte. Bei kompressorlosen Dieselmotoren wird der Brennstoff entweder unmittelbar unter hohem Druck (100—400 at) oder durch
Vermittlung einer »Vorkammer« eingespritzt. Bei ersterem Verfahren, dem
sog. »mechanischen« Einspritzverfahren, wird der Brennstoff durch sehr
feine Öffnungen mit großer Kraft in den Kompressionsraum und gegen

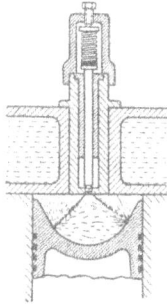

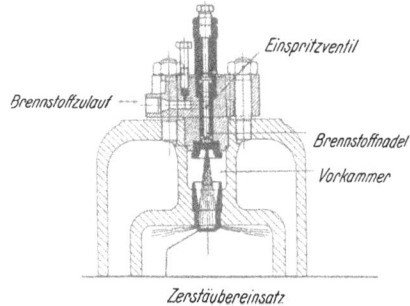

Abb. 91.   Abb. 92.

die Wandungen des hohl ausgebildeten Zylinderkopfes (s. Abb. 91)
geschleudert, wobei er sehr fein zerstäubt wird. Beim zweiten, dem
sog. »Vorkammer«-Verfahren gelangt der Brennstoff unter einem
Pumpendruck von 60—80 at zunächst in eine mit dem Kompressionsraum in Verbindung stehende Vorkammer, wo die heiße Kompressions-
luft eine teilweise Verbrennung und gleichzeitig eine Drucksteigerung
bewirkt, wodurch der nunmehr zum großen Teil schon in Gasform
übergeführte Brennstoff in den eigentlichen Arbeitsraum über dem
Kolben gedrückt wird (s. Abb. 92, Zylinderkopf nach Ausführung der
Motorenwerke Mannheim).

Will man beide Verfahren gegeneinander abwägen, so spricht für
das mechanische Einspritzverfahren der höhere thermische Wirkungsgrad, während ihm anderseits eine gewisse Empfindlichkeit anhaftet,
die darauf zurückzuführen ist, daß der Motor unbedingt auf eine aus-
giebige Zerstäubung angewiesen ist. Bei den hohen Pumpendrücken
können jedoch Undichtigkeiten in der Zuleitung oder geringe Quer-
schnittsänderung der letzteren erhebliche Druckverminderungen und
damit verminderte Zerstäubungswirkung zur Folge haben. Aus diesem

Grunde sind auch Verstopfungen der feinen Düsenlöcher sehr viel störender als beim Vorkammerverfahren, bei dem Zerstäubung und Mischung schon vor Eintritt in den Arbeitsraum weitgehend vorbereitet ist.

Abb. 93 ist ein Schnitt durch den Zylinder eines nach dem Vorkammerverfahren gebauten Motors der Motorenwerke Mannheim A.-G.

Arbeitsweise: Viertakt. 1. Takt = Saughub. Kolben nach unten. Ansaugen reiner Luft. 2. Takt = Kompressionshub. Arbeitskolben nach oben. Verdichtung der Luft, wodurch gleichzeitig Temperaturerhöhung auf 550—600⁰ (Zündungstemperatur des Brennstoffes) erfolgt. Besondere Zündvorrichtungen sind somit im Gegensatz zum Benzinmotor nicht erforderlich. Einspritzen des Brennstoffes kurz vor dem oberen Totpunkt des Kolbens. Zündung. 3. Takt. Verbrannte Ladung treibt den Kolben abwärts. 4. Takt. Kolben nach oben. Austreiben der Abgase.

Regelung der Leistung durch selbsttätige Veränderung der Brennstoffzufuhr. (Änderung des Hubes der Brennstoffpumpe oder Öffnen eines Überlaufventils.)

Verwendbare Brennstoffe: Rohöl (Erdöl, Rohnaphtha). Spez. Gew. 0,80—0,90. Preis etwa $\frac{1}{4}$ des Preises für Benzin. Ferner Gasöl, Paraffinöl usw.

Brennstoffverbrauch für die PS_e/h um so größer, je kleiner die Leistung. Bei den kleinsten Typen unter Verwendung mittelschweren Öles im Maximum 210 g, fallend bis etwa 170 g bei den größten Typen.

Abb. 93.[1]

In Abb. 94 sind die Brennstoffverbrauchskurven eines kompressorlosen Dieselmotors der Motoren-Werke Mannheim von 115 PS und $n = 187$ dargestellt. Die Verhältnisse bei den kleineren Typen, die ja für Hebezeugantrieb hauptsächlich in Frage kommen, sind ähnlich. Für den Lastbereich von $\frac{2}{3}$ Vollast bis $10^0/_0$ Überlast bleibt der Verbrauch praktisch gleich. Er wächst dagegen erheblich bei weniger als $\frac{1}{4}$ Vollast bis Leerlauf.

Schmierölverbrauch: für die kleineren Typen 3 g für die PS_e/h, wobei Umlaufschmierung und Wiederverwendung des gefilterten Öles vorausgesetzt.

[1] Bedeutung der Buchstaben siehe Anhang.

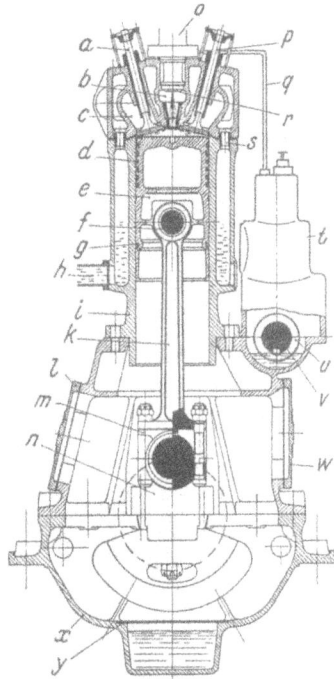

Kühlwasserverbrauch: Leitungswasser von 10^0 Zulauftemperatur 20 bis 25 l je PS_e/h. Bei höherer Zulauftemperatur erhöht sich
der Verbrauch im Verhältnis des ausnutzbaren Temperaturintervalls.

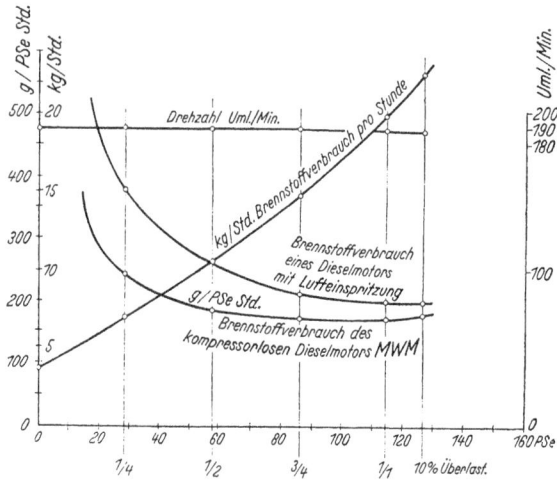

Abb. 94.

Abb. 95. Deutz-Dieselmotor, Bauart MIH, 18 bis 30 PS.

Der Preis der Motoren der Motoren-Werke Mannheim stellt sich
je nach Stärke von 8—32 PS auf 2500—7000 RM.

Ein Rohölmotor liegender Bauart der Motorenfabrik Deutz ist in Abb. 95 dargestellt. Abb. 96 zeigt einen Schnitt durch den Zylinderkopf. Wie man sieht arbeitet auch dieser Motor nach dem Vorkammerverfahren. Kühlung durch Verdampfen des Kühlwassers. Der Brennstoffverbrauch ist etwa der gleiche wie beim Benz-Motor.

A = Brennstoffventil
B = Kühlwasserraum
C = Vorkammer
D = Mundstück
E = Hauptverbrennungs-
raum
F = Druckluftanlaßventil
G = Hilfseinspritzventil

Abb. 96.

Für den Baubetrieb geeignet ist ferner die nach dem Zweitaktverfahren arbeitende Doppelkolbenbauart der Junkers Motorenbau G. m. b. H. Dessau, deren Aufbau aus Abb. 97 hervorgeht. Leistungs- und Maßtabelle des Typs HK 60 s. Tabelle 36. Dazu gehörige Maßskizze s. Abb. 98.

Tabelle 36.

Typ: 1 HK 60	
Normale Leistung 8 PSe.	Normale Drehzahl: 1000 U/min
Gewicht: netto: 360 kg brutto: 490 kg	Verpackungsraum: 1 cm³

Abmessungen (Abb. 98)
(mm)

A	B	C	D₁	D₂	D₃	E	F	G	H	I	J	K	L	M	N
600	100	45	420 φ	200 φ	200 φ	1018	545	680	708	200	300	50	364	300	40

O	P	Q	Q₁	R	R₂	S	T	U	V	W	X₁	X₂	X₃	Y	Z
100	1008	14	184	180	90	190	200	345	4,5	420	6	71	3	12,0	80

Brennstoffverbrauch (Gasöl): 210 g/PS$_e$h.

Arbeitsweise: Zweitakt, d. h. es wird bei jeder einmaligen Kurbelumdrehung Arbeit geleistet. Kolben gegenläufig. Beim Zusammen-
gehen der Kolben Verdichtung
und Erhitzung der Luft, Einspritzen des Brennstoffes. Zündung
und Auseinandertreiben der Kolben. In den äußersten Kolben-
stellungen werden oben und unten
Schlitze im Zylindermantel frei.
Durch die oberen Schlitze wird
mit Hilfe einer Luftpumpe Spülluft in den Zylinder gedrückt,
die die Abgase durch die unteren Auspuffschlitze austreibt.
Gleichzeitig füllt sich der Zylinder
mit frischer Luft, die durch die
wieder zusammengehenden Kolben aufs neue komprimiert wird
usw. Die Maschine kann durch
einfaches Andrehen mit der Handkurbel kalt angelassen werden.
Vorteilhaft ist der Wegfall der
Ventile und die raumsparende Anordnung der gegenläufigen Kolben
in einem Zylinder.

Abb. 97.

1. Sockel	10. Unterer Kolben
2. Gestell	11. Oberer Kolben
3. Welle	12. Querhaupt
4. Schwungrad	13. Zugstangen
5. Handkurbel	14. Spülpumpe
6. Arbeitszylinder	15. Brennstoffpumpe
7. Lufteinlaßschlitze	16. Regler
8. Auspuffschlitze	17. Ölpumpe
9. Düse	18. Bedienungshebel

Zum Schluß seien noch die
Glühkopfmotoren der Climax
Motorenwerke und Schiffswerft Linz A.-G. in Wien als ebenfalls
für die Baustelle brauchbar erwähnt. Abweichend vom Dieselmotor wird
hier die Luft nicht bis zur Zündtemperatur komprimiert und erhitzt,
sondern nur bis etwa 15—18 at. Der flüssig eingespritzte und zerstäubte
Brennstoff entzündet sich an
einer während des Betriebes
glühend bleibenden Zünd-
kugel. Im übrigen arbeiten
diese Motoren ebenfalls im
Zweitakt. Das Kurbelgehäuse
ist als Luftpumpe zur Erzeugung der Spülluft ausgebildet.
Zum Anlassen wird ein Glimm-
stift in den Verbrennungsraum
eingeführt. Der Motor wird
von Hand angedreht. Der

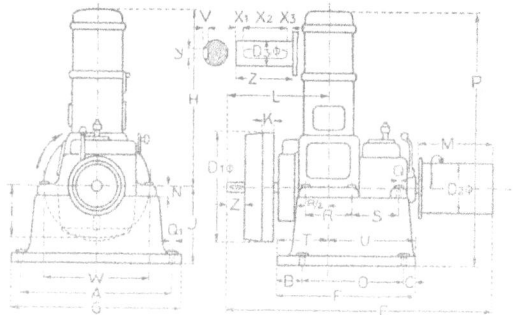

Abb. 98.

Motor ist als solcher einfacher und billiger als Dieselmotoren gleicher Leistung, jedoch ist sein Brennstoffverbrauch höher. (Nach Joly ungefähr $\frac{1}{3}$ kg je PS_eh.)

Eine Zusammenstellung der Haupttypen und ihrer Preise ist in Tabelle 36a gegeben.

Tabelle 36a.

Leistung PSe	6		6	10		12		16		25		30	
Verwendungsart	G.¹)	E.¹)	G.	G.	E.	G.	E.	G.	E.	G.	E.	G.	E.
Typ	D	De	RS	E	Ee	F	Fe	G	Ge	J	Je	K	Ke
Zylinderzahl	1	1	1	1	1	1	1	1	1	1	1	1	1
Umdrehungen pro Minute	550	550	1000	500	500	460	460	420	420	400	400	375	375
Zahl der Schwungräder	1	2	1	1	2	1	2	1	2	1	2	2	2
Schwungrad-Durchmesser mm	700	700	450	850	850	925	925	1000	1000	1400	1400	1250	1350
Riemenscheiben-Durchmesser mm	300	300	220	400	400	450	450	450	450	560	680	680	800
Riemenscheiben-Breite mm	225	225	140	300	300	300	330	300	330	370	410	400	450
Ungleichförmigkeitsgrad 1:	40	80	40	40	80	40	80	40	80	40	80	40	80
Höhe mm	900	900	680	1060	1060	1160	1160	1240	1240	1415	1415	1470	1470
Breite mm	660	660	500	790	790	840	840	900	900	1080	1080	1100	1100
Länge mm	960	1035	555	1145	1220	1210	1300	1260	1360	1500	1500	1880	1960
Gewicht unverpackt ca. kg	570	670	170	890	1040	1080	1260	1270	1560	2004	2434	2797	3276
Gewicht verpackt ca. kg	670	770	235	1020	1170	1250	1460	1420	1720	2338	2830	3209	3719
Kollimaß m³	1,470	1,470	0,350	1,840	1,840	2,080	2,220	2,730	3,040	4,544	5,270	6,167	6,557
Preis (RM.)	1520	1590	1130	2120	2205	2295	2440	2650	2830	3705	3885	4410	4590

¹) G = Gewerbebetrieb. E = Elektrobetrieb.

g) **Elektrischer Antrieb.** Dürfte, was Anpassung an alle möglichen Betriebsbedingungen und Einfachheit der Bedienung anbelangt, kaum von einem der sonst in Betracht kommenden Antriebsarten übertroffen werden. Wird vielfach im Hebezeugbau selbst dann angewendet, wenn der Betrieb an sich teurer wird. Auf der Baustelle können die maschinellen Einrichtungen nicht mit derselben Sorgfalt angelegt und behandelt werden, wie die Dauereinrichtungen für Häfen, Lagerplätze, Werkstätten usw. Gerade beim elektrischen Betrieb aber kommt es hierauf besonders an, wenn er störungsfrei verlaufen soll. Die schädlichen Einwirkungen von Staub und Feuchtigkeit, Dinge, mit denen man auf jeder Baustelle unbedingt rechnen muß, sowie die Gefahren der Starkstromleitungen machen jedenfalls besondere Maßnahmen erforderlich, u. a. neben der möglichst vollkommenen Einkapselung aller im Freien arbeitenden Motoren und Apparate, bei größeren Anlagen eine ständige Überwachung durch ein elektrotechnisch geschultes Personal, das auch bei Störungen

schnell eingreifen kann. Hierzu kommen dann noch die Unbequemlich-
keiten durch die dem Baubetrieb oft hinderlichen Zuleitungen, insbesondere wenn Schleifleitungen unvermeidlich sind.

Eine allgemeine Verwendung bei den Baukranen findet der
elektrische Betrieb daher auch nur bei den größten dieser Geräte, wie
Turmdrehkranen, großen Portalkranen und Kabelkranen, bei denen
dann auch meist besonders geschützte Führerstände vorhanden sind.
Bei fast allen übrigen Geräten ist aus den im vorstehenden angeführten
Gründen und ferner wegen der meist erforderlichen größeren Beweglichkeit der Einzelantrieb durch Dampfmaschine oder Verbrennungsmotor
dem elektrischen Antrieb in vielen Fällen überlegen.

Die Wahl des Motors wird dem Besteller heute durch die ausführlichen, allen Betriebsarten Rechnung tragenden Erläuterungen und
Anleitungen, die von den großen Elektrizitätsfirmen (namentlich AEG.
und Siemens-Schuckert-Werke) ihren Preislisten beigegeben werden,
sehr erleichtert. Die Herstellung der Motoren und Apparate ist in den
letzten Jahren auch für den Hebezeugbau weitgehend spezialisiert
worden[1]).

Das Anzugsmoment der Motoren ist in allen gewöhnlichen Fällen
erheblich größer als zur Beschleunigung der Lasten und des Triebwerks
erforderlich. Nur bei sehr großen Kranen mit hohen Nutzlasten und vor
allem großen Arbeitsgeschwindigkeiten empfiehlt sich die rechnerische
Ermittlung der Beschleunigungs- bzw. Verzögerungskräfte.

Bezüglich der Wahl der Drehzahl ist zu beachten, daß zur
Beschleunigung großer Massen oder zur Erreichung einer hohen Arbeitsgeschwindigkeit eine verhältnismäßig niedrige Drehzahl, etwa 500
bis 750 je Minute anzustreben ist, weil das Produkt $G D^2 \cdot n^2$[2]) im
Verhältnis der Quadrate der Umlaufzahlen wächst, bei den leichteren,
schnell laufenden Motoren daher unter Umständen größer sein kann
als bei schweren, langsam laufenden.

Die Eigenschaften und das Verhalten der Gleichstrom- und
Drehstrommotoren gehen aus dem Diagramm Abb. 99—100 hervor,
die den »Technischen Erläuterungen« der SSW. entnommen sind. Für
den Kranbetrieb kommen bei Gleichstrom fast ausschließlich Reihen-
schlußmotoren in Frage, die sich, wie bekannt, durch ihr hohes Anzugsmoment (etwa das 3fache des normalen Drehmomentes) und die für den
Kranbetrieb so außerordentlich wertvolle Eigenschaft auszeichnen,
daß die Umlaufszahl mit abnehmender Belastung steigt. Diese Eigenschaft kann mangels hinreichender Widerstände im Getriebe dazu
führen, daß der Reihenschlußmotor bei zu weit getriebener Entlastung

---

[1]) Siehe hierüber u. a. die von der **AEG.** im Selbstverlag herausgegebene
Schrift: »Elektrizität im Nahtransport«; ferner die mehrfachen Veröffentlichungen
von Schiebeler.

[2]) Angaben über diesen Wert findet man in den meisten Preislisten.

»durchgeht«. Die Grenze der Entlastbarkeit bzw. der höchst zulässigen Drehzahlen ist in den Preislisten der Elektrizitätsfirmen angegeben. Wird z. B. die Windentrommel bei leerlaufendem Antrieb ein- und ausgeschaltet, wie bei den Reibungswinden, so können Gleichstrommotoren mit Reihenschlußwicklung nicht verwendet werden. Für diese und ähnliche Fälle kommt nur entweder Gleichstrom mit Nebenschlußwicklung oder Drehstrom in Frage. Da es sich außerdem hierbei nicht um einen »aussetzenden« Betrieb handelt, so müssen die Motoren für Dauerbetrieb gebaut sein.

Der Drehstrommotor ist für den Kranbetrieb ebenfalls brauchbar, wenngleich der Vorteil wegfällt, daß die Drehzahl mit Entlastung steigt. Dagegen läßt sich ein durchschnittlich 3faches Anzugsmoment ebenfalls

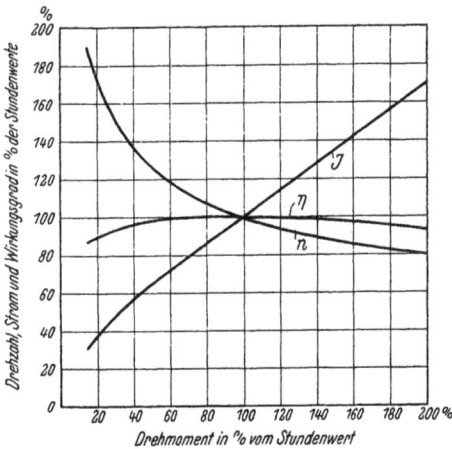

Abb. 99.

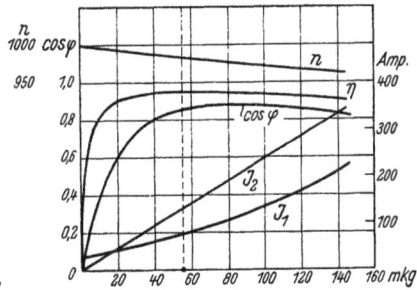

Abb. 100.

erzielen, wie aus Tabelle 38 hervorgeht. Die Motoren laufen stets in Kugellagern mit Rücksicht auf den verhältnismäßig geringen Luftspalt der Drehstrommotoren. Sie können daher keine axialen Drücke vertragen (z. B. bei unmittelbarem Schneckenantrieb) und erfordern eine in axialer Richtung nachgiebige Kupplung. Die Drehstrommotoren werden sämtlich für eine Frequenz von 50 Perioden je Sekunde und mit Schleifringläufern gebaut. Nur die kleinsten Typen (etwa bis 4 PS) erhalten Kurzschlußläufer.

Den Bedürfnissen des Baubetriebes kommt neuerdings die Einführung sogenannter »Einheits«motoren sehr entgegen, d. h. man verwendet für die kleineren Gleich- und Drehstrommotoren gleicher Leistung fast völlig gleiche Gehäuse (nur bezüglich der Anordnung der Klemmenkästen ist ein geringer Unterschied vorhanden), während bei den größeren Typen wenigstens die Hauptabmessungen Achshöhe, Abstand der Fußlöcher in der Breite und Wellenstümpfe übereinstimmen.

In den folgenden Tabellen 37—38 sind die für einen vorläufigen Entwurf und Kostenüberschlag wichtigsten Angaben den Preislisten der AEG. entnommen, unter Beschränkung auf die Belastungsreihen II und III, als die für Baukrane hauptsächlich in Betracht kommenden, und diejenigen Größen, die hinsichtlich Leistung und Drehzahl ungefähr den Dinormen (Normenblätter 2010, 2105, 2701 und 2702) entsprechen. Die Angaben weichen für die verschiedenen Spannungen (abgesehen natürlich von der Stromstärke) nur wenig voneinander ab, so daß wir uns auch hinsichtlich der Spannung auf die Angaben für 500 Volt beschränken können. Im übrigen muß, falls weitergehende Informationen gewünscht sind, auf die ausführlichen Preislisten selbst verwiesen werden, für deren restlose Wiedergabe hier der Raum fehlt.

Tabelle 37. **Geschlossene Gleichstrom-Einheits-Kranmotoren. 500 V.**

Typ	Größe	Schwung-moment GD^2	Rel. Einschaltdauer 15% ED Belastungsreihe II				Rel. Einschaltdauer 25% ED Belastungsreihe III				Entlastbar bis				Gew.	Preis
			PS	kW	Dreh-zahl	A	PS	kW	Dreh-zahl	A	PS	kW	Dreh-zahl	A	kg	RM.
GEK 4	—	1,8	1,3	1450	3,7		1,5	1,15	1570	3,1	0,49	0,36	2950	1,1	47	275,—
6	—	3,5	2,6	1430	6,6		3,1	2,3	1530	5,6	1	0,8	2950	2,2	64	350,--
8	—	5,4	4	990	10		4,6	3,4	1070	8,3	1,5	1,15	2200	3,1	104	460,—
10	—	9	6,6	900	15,8		7,6	5,6	980	13,4	2,4	1,8	2000	5	158	650,—
11	—	14,3	10,5	1090	25,8		11,9	8,8	1170	21	3,3	2,4	2200	6,7	230	1050,—
12	—	17,7	13	670	33		14,4	10,6	730	26	2,4	1,8	2200	4,8	324	1400,—
WDH V	1,2	10,2	7,5	960	19,5		8,2	6	1070	15	1,9	1,4	2500	4,8	280	1200,—
VI	2	13,1	9,6	800	23		10,7	7,9	880	18,5	1,5	1,1	1900	4,1	350	1600,—
VII	4,6	19,6	14,4	720	34		15,2	11,2	835	26	2,7	2	2100	6,2	450	1800,—
VIII	7,3	26,8	21	660	48		21,9	16,1	740	36	3,9	2,9	2100	8,3	550	2500,—
IX	11,2	44,5	32,8	640	76		34,6	25,5	730	58	7,2	5,3	1700	15	815	3300,—
X	24	65,3	48	595	107		49,6	36,5	680	80	14,3	10,5	1600	25	1160	4200,--
XI	37	83	61	550	134		62,8	46	630	99	15	11	1500	27	1450	5400,—
XII	60	122	90	500	198		92,5	68	550	149	22,4	16,5	1300	44	2020	6600,—
XIII	110	162	119	480	260		126	93	530	203	36	26,5	1200	65	2880	8600,—
XIV	220	226	166	400	365		174	128	420	275	27,2	20	1200	55	3800	12000,—

Dem Bedürfnis einer vielseitigen Anpassung an örtliche Verhältnisse kommt u. a. die Spezial-Maschinenfabrik Futura, Elberfeld, durch Herstellung eines Drehstrommotors entgegen, der sich durch einfache Umschaltung am Klemmenbrett bei gleichbleibender Leistung der vorhandenen Netzspannung anpassen läßt. Dieser Motor wird in Größen bis zu 30 PS hergestellt und ist auf die Spannungen 110/190 220/290/380 500 Volt umschaltbar.

Steuerung und Bremsung. 1. Gleichstrom. Die folgende Übersicht der Tabelle 39 gibt die gebräuchlichsten Schaltungen an. Schaltung a und c für Vorwärts- und Rückwärtsfahren bzw. Schwenken. und Schaltung h und r für Heben und Senken. Die Steuerung geschieht hierbei mit Steuerwalzen, deren häufigste Ausführungsform (SSW.) aus Abb. 101 (im geöffneten Zustande) ersichtlich ist.

Tabelle 38. Geschlossene Drehstrom-Einheits-Kranmotoren.

Größe	Schwung-moment GD²	PS	kW	Drehzahl	Dmax/D	Läufer V	Läufer A	Ständ. A 380 V	PS	kW	Drehzahl	Dmax/D	Läufer V	Läufer A	Ständ. A 380 V	Gew. kg	Preis RM
				Relat. Einschaltdauer 15% E D — Belastungsreihe II							Relat. Einschaltdauer 25% E D — Belastungsreihe III						

Mit 2-phasigem Schleifringläufer und Kugellagern. Frequenz 50. Spannungen bis 50 Volt.

Größe	GD²	PS	kW	Drehzahl	Dmax/D	Läufer V	Läufer A	Ständ. A 380V	PS	kW	Drehzahl	Dmax/D	Läufer V	Läufer A	Ständ. A 380V	Gew. kg	Preis RM
4	—	1,9	1,4	1280	2,3	88	9,5	3,9	1,5	1,1	1350	2,9	88	7,5	3,14	48	270,—
6	—	3,8	2,8	1360	2,3	176	9,4	6,7	3,0	2,2	1390	2,9	176	7,4	5,4	60	310,—
8	—	6,8	5	1400	2,5	160	18	11	5,4	4	1430	3,1	160	13	9	95	420,—
10	—	9	6,6	950	2,5	144	26	16,2	7,5	5,5	950	2,9	144	21,6	14,6	144	540,—
11	—	13,3	9,8	950	2,3	130	44	26	10,2	7,5	960	3	130	32	22	188	880,—
12	—	19,7	14,5	945	2,2	190	42	36	15	11	955	2,9	190	32	29,2	260	1170,—

Mit 3-phasigem Schleifringläufer und Rollenlagern. Frequenz 50. Spannungen bis 500 Volt.

Größe	GD²	PS	kW	Drehzahl	Dmax/D	Läufer V	Läufer A	Ständ. A 380V	PS	kW	Drehzahl	Dmax/D	Läufer V	Läufer A	Ständ. A 380V	Gew. kg	Preis RM
14³	2,8	26,5	19,5	960	2,9	105	115	42,5	20,4	15	965	3,9	105	90	35	400	1480,—
15³	4,5	38,1	28	960	2,9	135	130	62,5	29,9	22	970	3,9	135	100	52,5	492	1800,—
16³	7	38,1	28	720	3,3	160	110	63,5	29,9	22	725	4,2	160	85	53,5	557	2180,—
17³	14,5	54,4	40	725	2,7	235	110	90	40,8	30	730	3,6	235	85	74	700	2650,—
18³	17	73,4	54	730	3,2	305	110	121	54,4	40	735	4,4	305	80	94	810	3000,—
19	26	95,2	70	730	3	315	135	142	68	50	735	4,2	315	100	109	936	3250,—
20	32	95,2	70	585	3,1	320	135	145	68	50	585	4,4	320	100	118	1050	3950,—
21	44	125	92	585	3	365	155	189	87	64	585	4,3	365	110	144	1295	4400,—
22	52	150	110	585	3,4	455	150	224	109	80	590	4,7	455	110	179	1445	4900,—
23	66	190	140	585	3,5	330	260	296	136	100	590	5	330	190	233	1750	5750,—
24	94	252	185	585	2,7	310	370	372	170	125	590	4,1	310	250	276	2000	6500,—
25	103	320	235	590	3,2	420	345	462	218	160	595	4,8	420	240	350	2400	7450,—

Tabelle 39.

Motorleistung in — (Spannungsänderungen bis ±10% zulässig)

Zahl der Stellungen bei a und c auf jeder Seite; bei h und r auf der Hubseite.

Schaltung	Schaltbild	Als Bremsmagnet kann angeschlossen werden	kW bei 110 Volt 220 Volt	kW bei 440 bis 600 Volt	PS bei 110 Volt	PS bei 220 Volt	PS bei 440 bis 600 Volt	Zahl der Stellungen	Modell der Siemens-Schuckert-Werke	Preis ohne Antrieb, ohne Widerstand M
a Fahrschaltung	Rückwärts / 0 / Vorwärts	Nebenschluß-Bremsmagnet	4,5	6	6	8	8	4	K 240 I	500
			8	12	11	16	16	5	K 250 II	880
			11	22	15	30	30	6	K 251 III	1200
			15	40	20	40	54	7	K 252 IV	1800
			25	65	34	68	88	8	K 253 VI	2420
c Fahrbremsschaltung	Rückwärts / Vorwärts	Hauptstrom-Bremsmagnet	4	4	5,5	5,5	5,5	3	K 240 I	585
			8	12	11	16	16	4	K 250 III	1080
			11	22	15	30	30	5	K 251 IV	1530
			15	40	20	40	54	6	K 252 V	2300
			—	65	—	—	88	7	K 253 VI	3050
			25	—	34	68	—	7	K 253 VII	3050
h Senkbremsschaltung mit Fremderregung	Senken / 0 / Heben	Nebenschluß-Bremsmagnet	4,5	5	6	6,8	6,8	6	K 240 I	585
			8	10	11	13,5	13,5	6	K 250 III	1190
			11	17,5	15	24	24	7	K 251 IV	1570
			15	35	20	40	48	8	K 252 V	2450
			25	—	34	68	—	8	K 253 VII	3250
r Sicherheits-Senkbremsschaltung mit Fremderregung	Senken mit el. Bremsung / Senken m. Kraft / 0 / Heben	Nebenschluß-Bremsmagnet	4,5	5	6	6,8	6,8	4	K 240 I	585
			8	10	11	13,5	13,5	6	K 250 III	1190
			11	17,5	15	24	24	6	K 251 IV	1570
			15	35	20	40	48	7	K 252 V	2450
			—	55	—	—	75	7	K 253 VI	3250
			25	—	34	68	—	8	K 253 VII	3250

Das in dieser Tabelle angegebene »Schaltbild« erklärt sich folgendermaßen: Der Punkt O bedeutet die Ruhestellung; von ihr aus wird nach
links auf »Vorwärts« bzw. »Heben«, nach rechts auf »Rückwärts« bzw.
»Senken« geschaltet. Die aufgetragenen Ordinaten geben dabei schematisch den Übergang zur Beharrungsleistung des Motors an. Man darf
sich darunter aber nicht den Verlauf etwa des Motordrehmomentes oder
der Drehzahl vorstellen. Zum eingehenden Studium der Verhältnisse
beim Anlauf mit Widerstandsstufen wird auf den Aufsatz von F. Blank
in der Zeitschr. d. Ver. Dt. Ing. 1919, S. 289, verwiesen. Hier soll nur
noch an Hand der Kurven Abb. 102 auf folgendes hingewiesen werden:

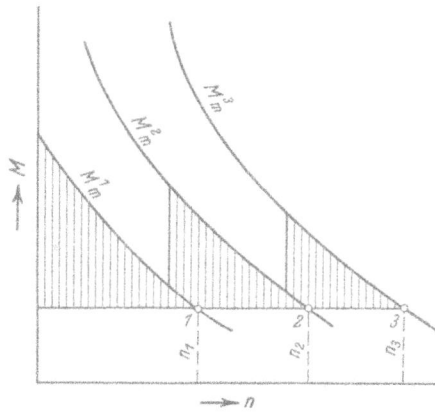

Abb. 101.   Abb. 102.

Jeder Schaltstellung der Steuerwalze entspricht eine eigene Motorcharakteristik, d. h. eine Kurve, welche das Verhältnis des Drehmomentes zur Drehzahl ausdrückt. Der Schaltstellung I entspricht
somit die Kurve für $M_m{}^1$, der Stellung II die Kurve für $M_m{}^2$ usw. Das
Lastmoment M_l kann unter normalen Verhältnissen als konstant angesehen werden. Zur Beschleunigung der Massen ist erforderlich, daß
zunächst das Motordrehmoment M_m größer ist als das Lastmoment M_l.
Der Beharrungszustand tritt ein, wenn das Motordrehmoment, abgesehen von den Getriebeverlusten, gleich dem Lastmoment und dabei
die erforderliche Drehzahl erreicht ist. Auf der ersten Schaltstufe ist
entsprechend der Motorcharakteristik nur die Drehzahl n_1 zu erreichen,
man muß daher, um weiter zu kommen, auf Stellung 2 gehen, bis schließlich auf Stellung 3 die erforderliche Umdrehungszahl erreicht ist.
In Abb. 103 ist die Abwicklung der Kontaktstreifen der Steuerwalze und die Schaltung der Anlaßwiderstände und des Motors
für die Fahrschaltung a schematisch dargestellt. Die auf den Streifen
gleitenden Kontaktfinger sind durch die senkrecht übereinander stehenden Kreise I—VII, F, P, P und F₅ angedeutet. Der Schalter steht in

der Abb. 103 in Nullstellung. Zum Vorwärtsfahren werden die Schleiffinger nach links bewegt (in Wirklichkeit durch eine entsprechende
Drehung des Handrades), zunächst bis zur Schaltstellung 1. Es kommen
dabei die Schleiffinger VII, F, P und F_B mit den entsprechenden
Kontaktstreifen in Berührung und der Stromverlauf geht vom $+$-Pol
der Zuleitung zum Schleiffinger P, von dort zum Kontaktstreifen für F,
von F zum Motorfeld, vom Feld zum Schleiffinger F_B, weiter zum Kontaktstreifen für VII, von VII durch sämtliche Widerstände VII—I zum
Schleiffinger I, von dort zum Motoranker und schließlich zum $-$-Pol

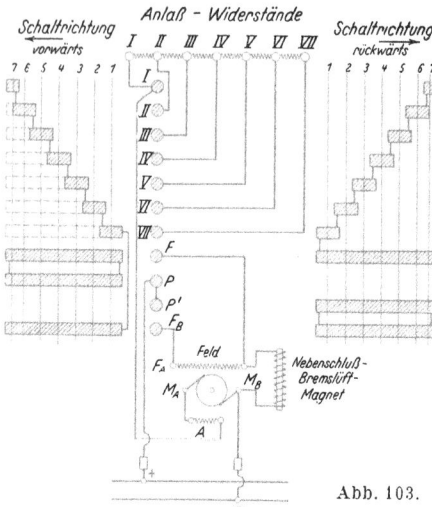

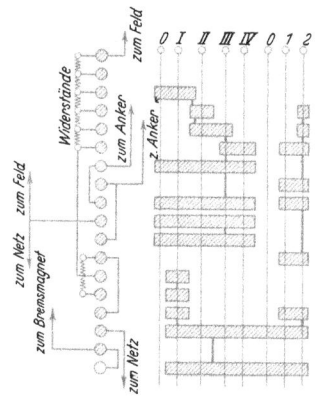

Abb. 103.   Abb. 104.

der Zuleitung. Beim Weiterrücken in Schaltstellung 2 wird der Kon-
takt VII gelöst und dafür der Schleiffinger VI in Kontaktstellung gebracht, im übrigen bleibt der Stromverlauf der gleiche. Hierdurch
wird der Widerstand VII—VI ausgeschaltet. Dieses Spiel wiederholt
sich bei den folgenden Schaltstellungen 3, 4, 5, 6, bei denen stets ein
weiterer Widerstand ausgeschaltet wird, bis schließlich bei Schaltstellung 7 kein Widerstand mehr in der Leitung und somit der Beharrungszustand erreicht ist. Soll rückwärts gefahren werden, so
müssen die Schleiffinger nach rechts bewegt werden. Infolge anderer
Anordnung der Kontaktstreifen für F, P, P' und F_B läuft jetzt der
Strom vom $+$-Pol über P nach P', von dort über den Kontaktstreifen
nach F_B und zur linken Ankerklemme, weiter durch den Anker nach F
und von hier durch die Widerstände usw. wie vorhin. Der Strom durch-
läuft somit den Anker in umgekehrter Richtung, wodurch auch die
Drehrichtung des Motors umgekehrt wird.
    Diese einfache Schaltung möge als Beispiel für die grundsätzliche
Wirkungsweise der Steuerwalzen genügen. Für andere Schaltungen

müssen die Kontaktstreifen der Steuerwalze natürlich sinngemäß angeordnet werden. Die Schaltungen *a*, *c*, *h* und *r* unterscheiden sich, wie aus Tabelle 39 ersichtlich, nur hinsichtlich der Art der Abbremsung. Bei der **Fahrschaltung** *a* wird in vielen Fällen einfach eine mechanische Bremse verwendet, meist mit Fußtritt (z. B. Drehen von Derricks). Liegt jedoch das Getriebe in so großer Entfernung vom Standorte des Bedienungsmannes, daß er es nicht mehr erreichen kann, so muß eine **elektromagnetische Lüftungsbremse** vorgesehen werden. Dieser Fall tritt z. B. bei Turmdrehkranen ein. Bei der **Fahrbremsschaltung** *c* ist die Steuerwalze so eingerichtet, daß am Schlusse der Ausschaltbewegung der Motor von den Zuleitungen ganz abgeschaltet und mit den Widerständen kurzgeschlossen wird. Er arbeitet dann, vermöge der in den Massen noch vorhandenen Nachlaufenergie, als Generator, wobei er diese Energie unter Erwärmung der Widerstände verzehrt und somit bremsend wirkt. Es ist damit der Vorteil verbunden, daß die mechanischen Bremsen, wenn nicht ganz entbehrlich, so doch wenigstens erheblich geschont werden. Die **mechanische Bremsung**, entweder durch Fußtritt oder elektromagnetisch betätigt, wird allerdings in den meisten Fällen außerdem noch erforderlich sein, weil die Bremswirkung mit abnehmender Geschwindigkeit zu sehr nachläßt, namentlich aber, wenn genaues Halten gefordert oder die Fahrgeschwindigkeit zu groß (etwa $> 1,0$ m/s) wird.

Für die **Hubbewegung** werden diese einfachen Fahrschaltungen bei kleineren Hebegeräten der Einfachheit halber ebenfalls verwendet, solange sich das Senken gefahrlos von Hand bewirken läßt, oder wenn eine Fliehkraftbremse verwendet wird (s. Kap. 8b). Für größere Leistungen ist dagegen immer eine der Schaltungen *h* oder *r* erforderlich. Beim Senken mit Schaltung *h* wird der Motor zunächst ebenso wie bei Schaltung *c* als Generator geschaltet (Stellung *O*, Abb. 104, in welcher nur die Senkseite der Steuerwalze gezeigt ist), dazu tritt aber in Stellung 1 eine Fremderregung durch den Netzstrom, die vorübergehend die Bewegung hemmt, damit der Motor bei der zunächst geringen Bremswirkung nicht sofort durchgezogen wird. Im weiteren Verlaufe kann dann durch Zu- und Abschalten von Widerständen die Senkgeschwindigkeit in gewissen Grenzen geregelt werden. Außerdem enthält die Steuerwalze noch die Stellungen 1 und 2 (s. Abb. 104), auf denen der Motor im Senksinne geschaltet werden kann (Senkkraftschaltung), falls die Reibung im Getriebe so groß ist, daß der leere Haken oder leichte Lasten den Motor nicht durchziehen können. Der Nachteil dieser Schaltung (die im übrigen trotzdem wegen ihrer Einfachheit und Billigkeit vielfach in Gebrauch ist) besteht darin, daß sich zwischen den Senkbrems- und Senkkraftstellungen eine Lücke befindet, die sog. »Freifallstellung«. In dieser Stellung ist nur der Reibungswiderstand des Getriebes vorhanden, und es besteht die Gefahr, daß die den Motor durchziehende

Last eine unzulässige Beschleunigung erhält, falls versehentlich durch
ungeschickte Steuerung die Steuerwalze längere Zeit auf dieser Stellung
stehen bleibt. Bei der Sicherheitssenkbremsschaltung (r) wird
dieser Nachteil dadurch vermieden, daß der Motor auch
in der Zwischenstellung am Netz bleibt. Im übrigen ist
bei dieser Schaltung noch eine feinere Geschwindigkeits-
regelung sowohl beim Heben als auch beim Senken möglich.

Für große Leistungen wird die »Schützensteue-
rung« angewendet. Durch einen Hilfsstrom, der mittels
einer sogenannten »Meisterwalze« geschaltet wird, setzt
man einen besonderen elektromagnetischen Schaltapparat,
das Schütz, in Tätigkeit. Näheres über diese seltener gebrauchten Apparate ist aus den Preislisten der Elektrizitätsfirmen zu ersehen.

Bremslüftmagnete der Siemens-Schuckert-
werke s. Abbildung 105. Leistung, Preise und Gewichte
s. Tabelle 40 und 41.

Abb. 105.

Im allgemeinen werden Nebenschluß-Bremsmagnete verwendet.
Der Hauptstrombremsmagnet zeigt eine zu starke Abhängigkeit vom

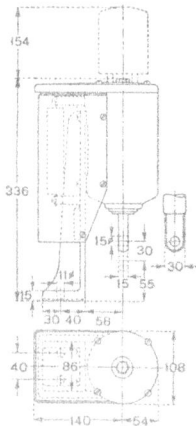

Abb. 106.

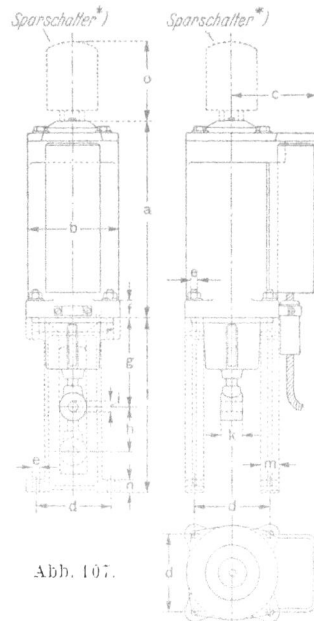

Abb. 107.

Motorstrom, mit dessen Stärke auch die Hubarbeit sinkt oder steigt.
Für das Senkbremsen ist nur Nebenschlußbremsung möglich.
Abmessungen des Modells K 277 s. Abb. 106–107 und Tabelle 42.

Tabelle 40. **Nebenschluß-Bremsmagnete.**

Modell	Hub-arbeit kgcm	Zugkraft × Hub kg × cm	Kern-ge-wicht etwa kg	Ef-fekt-be-darf etwa Watt	Preis		Gewicht		Ver-pak-kung M.	Un-ter-satz M.
					für 110 und 220 Volt M.	für 440 und 500 Volt M.	netto kg	brut-to kg		
Für Zug										
K 277 0	30	10 × 3	1,3	170	290	300	14	21	4,50	—
K 277 I	60	17×3,5 bis 12× 5	2,5	250	390	400	24	32	4,50	25
K 277 II	150	38 ×4 „ 22× 7	8,5	400	570	590	45	55	5,25	30
K 277 IV	250	50×5 „ 28× 9	18	450	740	750	69	82	6,75	45
K 277 VI	600	100×6 „ 55×11	27	550	1000	1050	103	119	8,25	55
K 277 VIII	1000	143×7 „ 77×13	42	650	1400	1450	159	179	10,50	70
Für Druck										
K 279 0	25	8,3 × 3	1,37	170	320	330	15	22	4,50	—
K 279 I	50	14,2×3,5 bis 10,5	2,62	250	430	440	25	33	4,50	25
K 279 II	125	31,3×4 „ 17,8× 7	9	400	610	630	46	56	5,25	30
K 279 IV	210	42 ×5 „ 23,3× 9	19	450	790	800	71	84	6,75	45
K 279 VI	500	83,3×6 „ 45,4×11	28,5	550	1050	1100	105	121	8,25	55
K 279 VIII	850	121 ×7 „ 65 ×13	44	650	1500	1550	161	181	10,50	70

Tabelle 41. **Hauptstrom - Bremsmagnete.**

Modell	Höchste erreichbare Hubarbeit bei				Effekt-bedarf bei 100% Motor-strom etwa Watt	Preis M.	Gewicht		Ver-pak-kung M.	Un-ter-satz M.
	65%			80 bis 100%			net-to	brut-to		
	der normalen Motor-Stromstärke									
	Hub-arbeit kgcm	Zugkraft × Hub kg × cm		Hubarbeit und Kern-gewicht						
Für Zug										
K 277 0	20	6,6 × 3			180	285	13	20	4,40	—
K 277 I	45	13 ×3,5 bis 9 × 5		wie bei	250	385	23	31	4,50	25
K 277 II	110	27,5×4 „ 15,7× 7		Neben-	450	570	44	54	5,25	30
K 277 IV	165	33 ×5 bis 18,5× 9		schluß-	500	750	68	81	6,75	45
K 277 VI	420	70 ×6 „ 38 ×11		wicklung	650	980	102	118	8,25	55
K 277 VIII	600	86 ×7 „ 46 ×13			720	1400	158	178	10,50	70
Für Druck										
K 279 0	17	3,6 × 3			180	295	14	21	4,50	—
K 279 I	38	10,8×3,5 bis 7,6× 5		wie bei	250	440	24	32	4,50	25
K 279 II	95	23,5×4 „ 13,4× 7		Neben-	450	630	45	55	5,25	30
K 279 IV	140	28 ×5 bis 15,6× 9		schluß-	500	800	70	83	6,75	45
K 279 VI	352	58 ×6 „ 31,8×11		wicklung	650	1075	104	120	8,25	55
K 279 VIII	910	73 ×7 „ 39,2×13			720	1500	160	180	10,50	70

Tabelle 42.

Modell	a	b	c	d	e	f	g	h	i	k	l	m	n	o
K 277 I	284	120	145	106	11	20	100	50	12	26	220	24	15	158
K 277 II	348	154	160	128	14	30	142	70	18	38	290	34	20	172
K 277 IV	377	188	185	156	14	35	182	90	18	46	350	38	25	196
K 277 VI	410	220	200	180	17	40	200	110	20	52	400	42	30	216
K 277 VIII	417	272	230	220	22	45	236	130	25	58	475	50	35	236

Tabelle 43.

Schaltung	Schaltbild	Als Bremsmagnet kann angeschlossen werden	Motorleistung in (Spannungsänderungen bis ±10% zulässig)						Zahl der Stellungen auf jeder Seite; bei g und r auf der Hubseite	Höchstzulässiger Läuferstrom Amp.	Modell	Preis ohne Antrieb, ohne Widerstand M.
			kW bei			PS bei						
			125 Volt	220 Volt	380 bis 500 Volt	125 Volt	220 Volt	380 bis 500 Volt				
			kW	kW	kW	PS	PS	PS				
a Fahr- und Sicherheits-Senk-schaltung	Rückwärts / Vorwärts		5	6	6	6,8	8	8	5	50	K 340 I	370
			10	12	12	13,5	16	16	5	90	K 350 II	710
			15	22	22	20	30	30	5	120	K 351 III	970
			20	40	40	27	54	54	8	160	K 352 IV	1440
			30	60	65	40	81	88	10	160	K 353 VI	2060
g Senk-schaltung für mecha-nische Senk-bremse	Stromstoß / Senken / Heben	Zug- oder Motor-Bremsmagnet siehe Abb. 108 u. 109	5	6	6	6,8	8	8	5	50	K 340 I	370
			10	12	12	13,5	16	16	5	90	K 350 II	710
			15	22	22	20	30	30	5	120	K 351 III	970
			20	40	40	27	54	54	8	160	K 352 IV	1440
			30	60	65	40	81	88	10	160	K 353 VI	2060
r Zwei-motoren-Senk-schaltung	Senken / Heben		2×25	2×25	2×25	2×34	2×34	2×34	7	90	K 352 V	1710
			2×40	2×40	2×40	2×54	2×54	2×54	7	160	K 353 VII	2355

2. Drehstrom. Gebräuchliche Schaltungen nach Tabelle 43. Einrichtung und Abmessungen der Steuerwalze ungefähr wie bei Gleichstrom. Im Gegensatz zum Gleichstrommotor erfolgt beim Drehstrommotor die »Nachlaufbremsung« (s. Schaltung c, Tabelle 39) entweder durch mechanische Bremsen oder indem man einfach mittels der Steuerwalze die Stromrichtung umkehrt, also Gegenstrom gibt. Auch hier ist aber, falls schnelles und genaues Anhalten verlangt wird, entweder eine Fußtrittbremse, oder, bei größerer Entfernung vom Führerstande, eine durch Gewicht belastete, elektromagnetisch zu betätigende Lüftungsbremse erforderlich.

Die bei Schaltung a angeführte Sicherheitssenkschaltung beruht auf der Eigenschaft des Drehstrommotors bremsend zu wirken, wenn seine Drehzahl übersynchron, d. h. größer wird als die volle Hubgeschwindigkeit. Die Senkgeschwindigkeit kann dabei in gewissen Grenzen durch Ein- und Abschalten von Widerständen verändert werden. Für eine feinere Regelung der Senkgeschwindigkeiten, namentlich bei schwereren Lasten, gibt man dem Motor durch Einschalten von viel Widerstand in den Läuferstromkreis einen schwachen Strom im Hubsinne. Die schweren Lasten ziehen den Motor demzufolge entgegen der Drehrichtung des Drehfeldes durch. Dabei muß aber, um das Hochziehen leichterer Lasten bei dieser Senkschaltung zu verhindern, eine elektrische Sperrung im Hubsinne vorgesehen sein. Als Beispiel sei angeführt, daß man einen Greifer zunächst übersynchron senkt und erst dicht über der Stelle, wo das Material ergriffen bzw. abgeworfen werden soll, durch Gegenstrom abfängt. Über die Schaltung r (Zweimotorensenkschaltung) s. Siemens-Zeitschrift 1921, Ritz, »Eine neue Senkbremsschaltung für Krane in Drehstromanlagen«.

Bremsmagnete für Drehstrom werden in zwei Ausführungen hergestellt: als Zugbremsmagnet und als Motorbremsmagnet. Die Zugbremsmagnete (Abb. 108, Tabelle 44 [Leistung, Preise und Gewichte] und Tabelle 45 [Abmessungen]) liegen im Nebenschluß zur Ständerwicklung. Die Zugkraft muß bei diesem Magneten mindestens zu zwei Dritteln ausgenutzt werden. Das Belastungsgewicht der Bremse ist daher unter Berücksichtigung des Kerngewichtes zu bemessen. Bei Verringerung des Hubes, was ohne weiteres möglich ist, sinkt die Hubarbeit verhältnisgleich dem verminderten Hub. Besonders häufiges

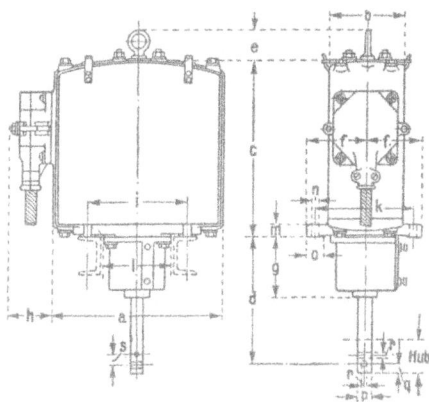

Abb. 108.

Tabelle 44.

Modell der Siemens-Schuckert-Werke	Hubarbeit bei		Hub	Kern-gewicht	Scheinbarer Verbrauch beim Einschalten	Leistungsaufnahme bei angezogenem Kern	Preis bis 600 Volt	Gewicht		Ver-pak-kung	Für Panzerrohr-Einführung Mehrpreis
	höchstens 125 Schaltungen in 1 Stunde[1]	Dauer-einschaltung						net-to	brut-to		
	kgcm	kgcm	cm	kg	etwa Volt-Amp.	etwa Watt	M.	kg	kg	M.	M.
K 239 0	30²)	30²)	4	2	3500	50	350	12	18	4,20	45
K 239 I	60²)	60²)	4	4	9500	55	400	25	35	5,25	45
K 239 II	100²)	75²)	5	7,5	12000	60	500	35	47	6,—	45
K 239 III	200²)	150²)	5	13	24000	100	620	51	66	7,50	45
K 239 IV	300²)	250²)	5	22	42000	180	850	82	102	10,50	65
K 239 VI	500²)	450²)	5	34	58000	250	1200	130	156	12,75	70
K 239 VIII	700²)	500²)	5	52	90000	400	1500	178	208	14,25	75

¹) Über die Zulässigkeit anderer Schaltzahlen siehe Preisliste H I, II. Teil: »Technische Erläuterungen über Hebezeug-Apparate«.
²) Einschließlich Kerngewicht.

Tabelle 45.

Modell	Größter Hub cm	a	b	c	d	e	f	g	h	i	k	l	m	n	o	p	q	r	s
																φ			
K 239 0	4	206	92	225	105	46	74	19	44	120	124	—	16	9	24	18	14	8	14
K 239 I	4	260	120	255	180	50	90	90	75	150	150	105	18	11	25	22	14	8	14
K 239 II	5	290	130	290	210	60	100	105	75	170	170	120	20	11	30	25	16	10,5	16
K 239 III	5	340	140	350	226	60	105	115	75	190	170	130	25	14	40	30	18	13	18
K 239 IV	5	390	170	410	240	70	120	125	75	230	200	145	30	14	40	35	20	15	24
K 239 VI	5	530	180	435	268	80	140	136	70	320	230	160	33	20	50	40	25	20	30
K 239 VIII	5	560	210	515	265	80	155	135	75	320	260	190	35	20	50	45	25	20	30

Maße in Millimetern.

Tabelle 46.

Modell der Siemens-Schuckert-Werke	Hubarbeit bei		Zugkraft×Hub bei 45-Minuten-Leistung des Motors	Leistungsaufnahme		Preis			Gewicht		Ver-pak-kung
	35% Einschalt-dauer	Dauer-ein-schal-tung		beim Ein-schal-ten	bei ange-zoge-nem Kern	bis 220 Volt	bis 380 Volt	bis 600 Volt	net-to	brut-to	
	des Motors										
	kgcm	kgcm	kg×cm	etwa kVA	etwa kW	M.	M.	M.	kg	kg	M.
K 256 I	150	60	27×5,5 bis 13,5×11	0,55¹)	0,35¹)	1000	1000	1300	52	72	10,50
K 256 II	250	80	42×6 „ 20×12,5	0,93¹)	0,55¹)	1200	1200	1450	82	106	12,25
K 266 II	500	270	83×6 bis 40×12,5	1,45	1	1500	1500	1550	87	112	13,50
K 266 III	750	500	125×6 „ 60×12,5	2	1,35	1700	1700	1880	102	130	15,—
K 266 IV	1500	800	200×7,5 „ 90×16,5	3,2	2,7	2750	2750	2850	148	186	18,75

¹) Der Leistungsverbrauch gilt bei Spannungen von 125 bis 380 Volt.

Einschalten bewirkt schnelle Erwärmung der Magnete (wobei die Dauer der Einschaltung ohne Einfluß ist), in diesem Fall dürfen daher die Magnete nur mit verringertem Hub und damit verringerter Hubarbeit beansprucht werden. Beim Einschalten entsteht ein starker Stromstoß. Zur Ermittlung des Spannungsverlustes sind zum Bremsmagnet-Einschaltstrom näherungsweise 50% vom Motor-Vollaststrom hinzuzurechnen. Die Angaben der Tabelle gelten für Frequenzen von 25 bis 60 Per/s.

Tabelle 47.

Modell	a	b	c	d	e	g	i	k	l	m	n	o	p	q	r	s	t	u	v	w	x	y
K 256 I	80	80	97	97	83	100	170	133	35/75	180	170	12	125	145	430	95	160	150	280	210	14	18
K 256 II	80	80	100	100	120	140	200	163	40/85	200	200	15	150	166	500	105	180	175	320	260	16	18
K 266 II	80	200	100	225	120	140	355	160	40/85	200	195	15	150	166	500	105	180	175	320	260	16	18
K 266 III	87	222	107	250	120	140	375	170	40/85	210	205	15	165	166	510	105	180	175	320	275	16	18
K 266 IV	81	238	112	268	140	165	415	190	50/110	240	235	17	180	230	650	125	240	195	450	320	20	20

Beim Motorbremsmagneten (Abb. 109, Tabelle 46 [Leistung, Preise und Gewichte], Tabelle 47 [Abmessungen]) geschieht das Anheben des Bremshebels durch eine Kurbel, die von einem kleinen Motor und einem Stirnradvorgelege um etwa 120° gedreht wird. Dabei

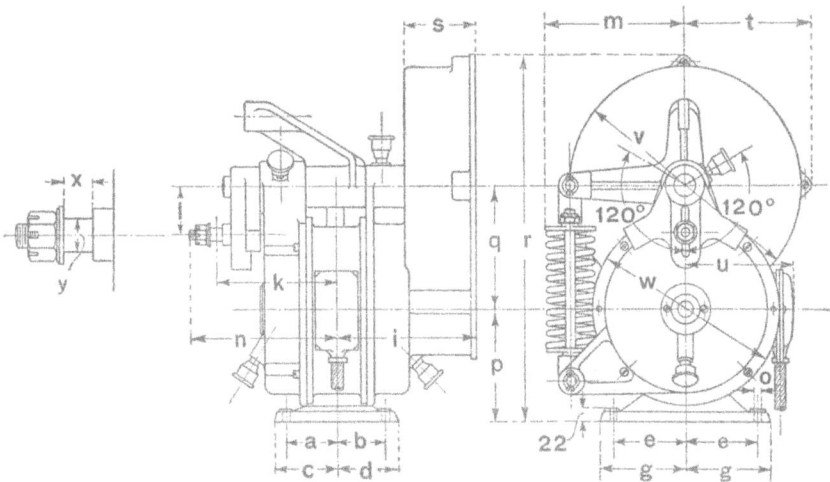

Abb. 109.

kann die Hubhöhe bei gleichbleibender Hubarbeit verändert werden. Bei geringeren Leistungen (Modell K 256) haben die Bremsmotoren Kurzschlußläufer, bei größeren Leistungen Schleifringläufer (Modell K 266).

Kapitel 8. Hemmwerke.

a) **Gesperre.** Übliche Ausführung s. Abb. 110 (mit Außenverzahnung) und 111 (mit Innenverzahnung). Wie Krell[1]) hervorhebt, kommt es bei der Bemessung der Zähne vor allem auf die Kantenpressung der Zahnspitzen an; von ihr hängt die Lebensdauer des Klinkengesperres ab. Deshalb ist aus dem Klinkendruck P die Zahnbreite b so zu ermitteln, daß für die Kantenpressung p je cm Breite folgende Werte eingehalten werden:

für Schmiedeeisen auf Gußeisen: $p = 50-100$ kg/cm,

» Stahl auf Flußstahl oder Stahlguß: $p = 150-300$ »

Der Ermittlung von t wird gewöhnlich die Annahme zugrunde gelegt, daß bei Angriff des Klinkendruckes an der Zahnspitze die größte Biegungsbeanspruchung des Zahnes an der Zahnwurzel auftritt, wo parallel zur Kraftrichtung eine Querschnittshöhe von $y \approx 0,5$ t vorhanden ist. Die Zahnhöhe wird dabei ungünstig mit $x = 0,35$ t angenommen. Es ist dann die Biegungsbeanspruchung:

$$\sigma = \frac{P \cdot x}{W} = \frac{P \cdot 0,35\,t \cdot 6}{b \cdot (0,5\,t)^2}$$

oder, da $P : b = p = $ Kantenpressung je cm Breite,

$$\sigma = p \cdot 8,4 : t \text{ oder } t = p \cdot 8,4 : \sigma.$$

Hieraus folgende Kleinstwerte der Teilung t und der Zahnhöhe h:

	p (kg/cm)	σ (kg/cm²)	t (cm)	h (cm) $= 0,3$ t
Gußeisen	100[2])	300	2,8	$\approx 0,8$
Flußstahl	i.M. 200	1200	1,4	$\approx 0,4$

In Wirklichkeit aus konstruktiven Gründen durchweg größer. Aufzeichnung der Zähne und der Klinke s. Abb. 110 und 111. Mindestens 8 Zähne. Unterschnitt, damit die Klinke reibungslos einfallen kann, d. h. die Zahnflanke steht nicht radial, sondern ihre Verlängerung berührt einen Kreis, dessen Durchmesser $\frac{1}{3}\,D$ beträgt, worin $D = $ äußerer Durchmesser des Sperrades. Klinkenbolzen bei Außenverzahnung so angeordnet, daß Gerade A—B tangential am äußeren Umfang des Sperrades liegt. Anordnung der Klinke bei Innenverzahnung s. Abb. 111.

Bei Handwinden vielfach Abfederung der Klinke, um das Eingreifen auf alle Fälle sicherzustellen. Bei größeren, insbesondere motorisch angetriebenen Winden mit Reibungskupplung dient das Klinkengesperre dagegen oft nur zur Entlastung der Kupplung, wird also nur dann eingerückt, wenn die Last längere Zeit in der Schwebe

---

[1]) Entwerfen im Kraubau. München und Berlin, R. Oldenbourg.
[2]) S. a. Bethmann, S. 79.

gehalten werden soll, im übrigen aber durch ein Gegengewicht außer Eingriff gesetzt (s. d. Windenausführung von Lidgerwood Abb. 156 u. 158). Durchmesser des Sperrades bei den kleineren Ausführungen etwa gleich dem Trommeldurchmesser, oder noch kleiner; dabei sind Zähnezahlen von 8—12 üblich. Bei großen Winden (s. z. B. die Hadef-Winden Abb. 149) ist dieser Durchmesser oft größer als die seitliche Begrenzungsscheibe der Trommel. Die Zähnezahl ist dann entsprechend höher (bei der Hadef-Winde Abb. 149 ist z. B. $Z = 28$).

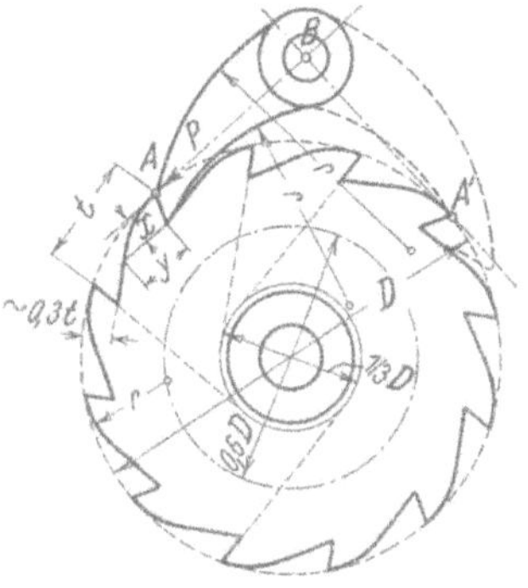

Abb. 110. 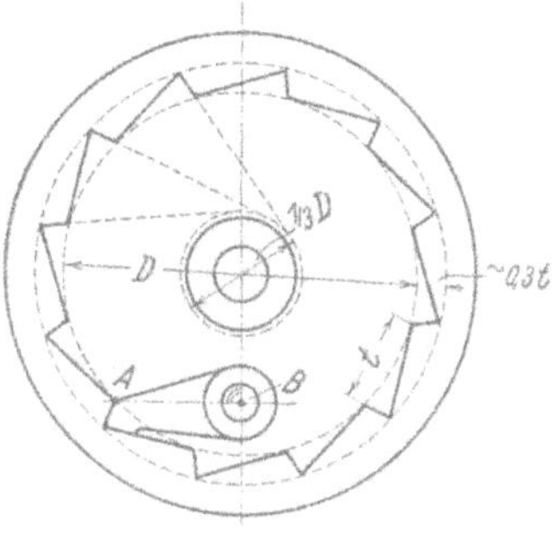   Abb. 111.

Bei amerikanischen Handwinden wird manchmal der Einfachheit halber die Klinke in die Zähne des großen Vorgelegezahnrades gelegt, eine Ausführung, die jedoch keinesfalls als empfehlenswert angesehen werden kann.

b) **Bremsen.** α) Im allgemeinen versteht man hierunter Vorrichtungen, die den Zweck haben, die Bewegungsenergie eines Körpers durch Reibung zu vernichten. Bezüglich ihrer Anwendung und Bauart bei den Hebezeugen besteht jedoch ein grundsätzlicher Unterschied, ob es sich darum handelt, eine einmal eingeleitete Bewegung zum Stillstand zu bringen (z. B. beim Schwenken und Verfahren des Kranes) oder ob unzulässige Beschleunigungen (z. B. beim Senken der Last) verhindert werden sollen. Die zu letzterem Zweck eingebauten Vorrichtungen heißen »Senkbremsen«, die meist selbsttätig einfallen und zur Freigabe der Lastbewegung »gelüftet« werden müssen.

Tabelle 48.

	Trocken	Gefettet	Geölt
Guß/Guß . . .	0,2 — 0,15	0,1 — 0,05	— 0,02
Holz/Guß . . .	0,25 — 0,2	≈ 0,1	—
Kork/Metall . .	0,35	0,32	—
Leder/Metall . .	0,3 — 0,6[1]	0,25	0,15
Drahtasbest . .	0,4 — 0,6	0,32	0,25 — 0,2

[1] Je nach Geschwindigkeit.

Für die **Abmessungen** der Bremsen maßgebend ist die **Reibungs-ziffer** (s. Tabelle 48) der aufeinander wirkenden Flächen (nach »Hütte« II, 25. Aufl., S. 148).

Soll die Last durch die Bremse unbedingt festgehalten werden, so ist mit dem **niedrigsten** Wert zu rechnen. Zur Festigkeitsberechnung der bremsenden Teile ist dagegen mindestens der **höchste** Wert mit reichlichem Zuschlag einzusetzen.

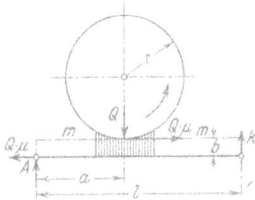

Abb. 112.

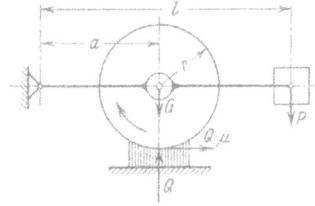

Abb. 113.

β) **Ausführungsformen. 1. Klotzbremsen.** Klötze meist aus Pappelholz. Einfache Klotzbremse s. Abb. 112. Bedingung für das **Festhalten der Last:** Bremsmoment: $Q \cdot \mu \cdot r$ (μ = Reibungsziffer) > Lastmoment: $S \cdot R_T$ (Seilzug mal Trommelradius). Nach Abb. 112 ist $K \cdot l = Q \cdot a \pm Q \cdot \mu \cdot b$ (Vorzeichen je nach Drehrichtung der Bremsscheibe).

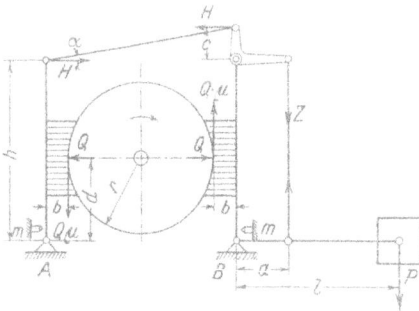

Abb. 114.

$$Q = \frac{S \cdot R_T}{\mu \cdot r},$$

somit

$$K = \frac{1}{l} \cdot \frac{S \cdot R_T}{\mu \cdot r}(a \pm \mu \cdot b).$$

K wird negativ (d. h. in Abb. 112 nach **unten** gerichtet), wenn $a < \mu \cdot b$ und der Drehsinn umgekehrt, wie in Abb. 112 angegeben, oder, wenn der Punkt A höher liegt als die Tangente $m — m$. Die Anordnung ist dann selbsthemmend, wird aber vermieden, weil dabei das Lastsenken stoßweise erfolgt.

Der umgekehrte Fall, daß die Bremsscheibe gegen die Klötze gedrückt wird, kommt bei Reibungswinden vor (Abb. 113). Es ist

$$Q = G + P \cdot \frac{l}{a},$$

worin G = Gewicht des Reibungsrades. Ferner

$$S \cdot R = Q \cdot \mu \cdot r = \mu \cdot r \cdot G + \mu \cdot r \cdot P \frac{l}{a}.$$

somit

$$P = (S \cdot R_r - \mu \cdot r \cdot G) \cdot \frac{a}{\mu \cdot r \cdot l}.$$

Dies ist also das zum Halten der Last erforderliche **Mindest-gewicht**.

Verwendung meist als **Doppelklotzbremse**. Übliche Anordnung nach Abb. 114 (s. auch die Hadef-Winde Abb. 162).

$$H = Q \cdot \frac{d}{h}; \quad Z = P \cdot \frac{l}{a} = H \cdot \frac{c}{a}$$

$$S \cdot R_r = 2\,Q \cdot \mu \cdot r; \quad Q = \frac{S \cdot R_r}{2 \cdot \mu \cdot r}$$

$$P = \frac{S \cdot R_r}{2 \cdot \mu \cdot r} \cdot \frac{d}{h} \cdot \frac{c}{l}$$

Sind zwischen Bremswelle und Trommelwelle noch Übersetzungen i_1, i_2 ... eingeschaltet, deren Wirkungsgrad η ist, so ist P noch mit $\frac{\eta}{i_1, i_2 \cdot i_3 \cdots}$ zu multiplizieren.

Beispiel. Seilzug: 3000 kg. Trommelradius: $R_T = 17{,}5$ cm; Bremsscheibenradius: $r = 18$ cm; $h = 32$ cm; $d = 13$ cm; $a = 13$ cm; $c = 8$; $l = 40$ cm. $\mu = 0{,}2$ (Holz auf Gußeisen).

Bremsscheibe auf der Vorgelegewelle: Übersetzung: $i = \frac{84}{12} = 7$;

$$P = \frac{3000 \cdot 17{,}5}{2 \cdot 0{,}2 \cdot 18} \cdot \frac{13}{32} \cdot \frac{8}{40} \cdot \frac{0{,}9}{7} = 76{,}5 \text{ kg.}$$

Die Kraft wäre zum Lüften von Hand oder durch Bremsmagneten durch eine Hebelübersetzung etwa noch auf die Hälfte zu vermindern

Die **Größe der Reibungsfläche** (des Klotzes) hängt von der Umfangsgeschwindigkeit der Bremsscheibe ab. Ist n die Drehzahl der Bremsscheibe in der Minute, so ist die Umfangsgeschwindigkeit:

$$v = \frac{2\,\pi \cdot r \cdot n}{60} = \frac{\pi\, r\, n}{30} \text{ (m/s)}$$

(r in m). Ist σ_r die Flächenpressung in kg/cm², so ist $Q = \sigma_r \cdot b \cdot l$ ($b =$ Klotzbreite in cm; $l =$ Klotzlänge in cm; Q in kg).

Hierin ist nach »Hütte« zu setzen:

$\sigma_r < 10/v$ bei Dauerbetrieb und schlechter Wärmeableitung (Senkbremsen).

$\sigma_r < 20/v$ bei kurzer Betriebszeit (Haltebremsen).

$\sigma_r < 30/v$ bei Senkbremsen und guter Wärmeableitung.

σ_r in keinem Falle größer als 6 kg/cm² für Holz und 10 kg/cm² für Gußeisen.

Bei den Doppelklotzbremsen muß durch eine Justiervorrichtung für gleichzeitiges Anliegen der Backen auf beiden Seiten gesorgt sein. Diesen Zweck erfüllen am besten verstellbare Anschläge etwa in den Punkten m (s. Abb. 114). Lüftspielraum: 2—3 mm.

2. Bandbremsen. Wird bei der Anordnung der Abb. 115 eine Druckkraft P auf den Hebel ausgeübt, so entstehen im Band Spannkräfte Z_1 und Z_2, die zunächst gleich groß sind, solange die Scheibe lose auf der Welle sitzt und kein Drehmoment erhält. Wird jedoch versucht die Scheibe im Zeigersinne zu drehen, so treten auf dem vom Band

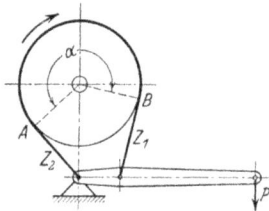

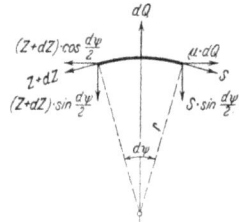

Abb. 115.   Abb. 116.

berührten Teil des Umfangs Reibungskräfte auf, die bewirken, daß Z_2 größer wird als Z_1. Ist $\mu \cdot dQ$ die Reibungskraft eines sehr kleinen Teiles des Umfanges, so ist $\mu \cdot \Sigma\, dQ = Z_2 - Z_1$ (s. Abb. 116). Für ein unendlich kleines Teilchen des Umfangs: $du = r \cdot d\psi$ ergeben sich die Gleichgewichtsbedingungen:

$$dQ = (Z + Z + dZ) \cdot \sin \frac{d\psi}{2}$$

$$\mu \cdot dQ = dZ \cdot \cos \frac{d\psi}{2}.$$

Nun ist aber:

$$\sin \frac{d\psi}{2} = \frac{d\psi}{2}\,; \cos \frac{d\psi}{2} = 1\,;$$

$dZ \cdot d\psi = $ unendlich klein zweiter Ordnung, somit

$$dQ = Z \cdot d\psi\,; \quad \mu dQ = dZ.$$

Aus beiden Gleichungen folgt:

$$\mu \cdot d\psi = \frac{dZ}{Z} \text{ oder } \mu \cdot \psi = \ln Z + C$$

$$\left.\begin{array}{l} o = \ln Z_1 + C \\ \mu \cdot \alpha = \ln Z_2 + C \end{array}\right\} \text{ hieraus: } C = -\ln Z_1$$

oder: $\mu \cdot \alpha = \ln \left(\dfrac{Z_2}{Z_1}\right)$ und schließlich $Z_2 = Z_1 \cdot e^{\mu \cdot \alpha}$.

Die Reibungskraft ist somit nur abhängig von der Reibungsziffer und dem von dem Bande umschlungenen Bogen, dagegen unabhängig vom Radius r der Bremsscheibe, was hervorzuheben ist.

a ist hierbei in Bogenmaß zu messen. Es ist:

$$\alpha_{\text{Bogenmaß}} = \frac{\pi \cdot \alpha^0_{\text{Winkel}}}{180}.$$

Ferner ist

e (= Basis der natürlichen Logarithmen)
= 2,718282; log e = 0,43429.

Reibungszahl μ: für ein holzgefüttertes, etwas gefettetes Bremsband: $\mu = 0,3$; für das nackte Bremsband: $\mu = 0,15$.

Für Umschlingungswinkel a von 180⁰ bis 360⁰ ergeben sich für die beiden Grenzen von μ die in Abb. 117 gezeichneten Kurven von $e^{\mu a}$.[1])

Die Wirkungsweise der verschiedenen Anordnungen wird am anschaulichsten durch ein Beispiel gezeigt, wobei zu bemerken ist, daß der feste Punkt immer an dem Bandende angeordnet wird, das von der sich drehenden Scheibe gezogen wird.

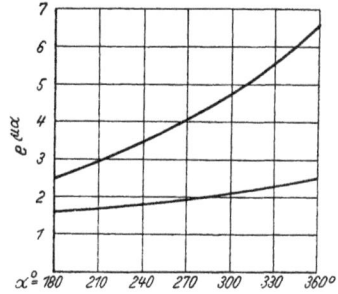

Abb. 117.

Es sei: Seilzug = 2000 kg; Trommeldurchmesser = 250 mm. Durchmesser der Bremsscheibe = 750 mm. Umschlingungswinkel: $a = 252^0 40'$. Dann ist:

$$\alpha_{\text{Bogenmaß}} = \frac{\pi \cdot 252,67}{180} = 4,41$$

$$\mu \cdot a = 0,15 \cdot 4,41 = 0,662$$

$$0,662 \cdot \log e = 0,662 \cdot 0,43429 = 0,287$$

$$e^{\mu a} = 1,94, \text{ somit } Z_2 = 1,94 Z_1.$$

Durch Reibung sind am Umfang der Bremsscheibe aufzunehmen:

$$2000 \cdot \frac{250}{750} = 667 \text{ kg} = Z_2 - Z_1 = 1,94 Z_1 - Z_1.$$

Hieraus folgt:

$$Z_1 = \frac{667}{0,94} = 710 \text{ kg}; \; Z_2 = 1377 \text{ kg}$$

und schließlich die auf das Hebelende auszuübende Kraft:

bei Anordnung I (Abb. 118):

$$P = Z_1 \cdot \cos \beta \cdot \frac{200}{1200}; \; (\cos \beta = 0,806)$$

$$P = 710 \cdot 0,806 \cdot \frac{200}{1200} = 95,4 \text{ kg,}$$

[1]) Obere Kurve: $\mu = 0,3$; untere Kurve: $\mu = 0,15$.

bei Anordnung II (Abb. 119):

$$P = 95,4 \cdot \frac{1100}{1200} = 87,5 \text{ kg (nach oben!).}$$

Anordnung III (Abb. 120) ist eine sog. »Differentialbremse«. Bei gleichen Abmessungen wie I und II ist wiederum

$$Z_1 = 710 \text{ kg}; \quad Z_2 = 1377 \text{ kg}.$$

Durch die besondere Lage des festen Punktes zwischen den Befestigungsstellen des Bandes wird:

$$1377 \cdot 50 \cdot 0,806 - 710 \cdot 150 \cdot 0,806 + P \cdot 1200 = 0;$$

hieraus:

$$P = \frac{85900 - 55500}{1200} = 25,3 \text{ kg.}$$

Zur Anordnung III ist noch folgendes zu bemerken: Es ist allgemein:

$$P \cdot l = Z_1 \cos \beta \cdot b - Z_2 \cos \beta \cdot a.$$

Wird a so gewählt, daß $Z_2 \cos \beta \cdot a$ größer wird als $Z_1 \cos \beta \cdot b$, so verwandelt sich die Bremse in ein Gesperre, d. h. zur Lösung müßte der

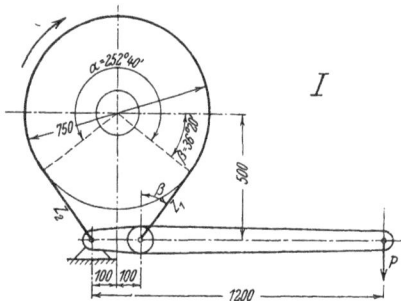

Abb. 118.

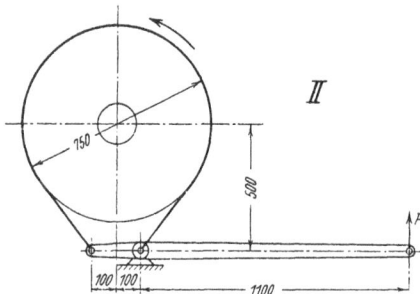

Abb. 119.

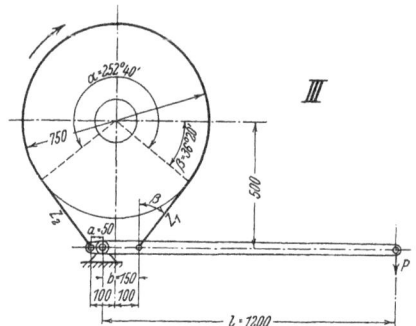

Abb. 120.

Hebel gelüftet werden. Wie jedoch schon bei den selbstsperrenden Klotzbremsen erwähnt, leiden derartige Bremsen an einem äußerst unruhigen, stoßweisen Gang. Man macht daher stets $b > a \cdot e^{\mu \alpha}$. Soll die Wirkung einer Senkbremse erreicht werden, so ordnet man lieber auf dem Hebel ein Laufgewicht an, das die Bremse bis zur Aufnahme des Drehmomentes belastet.

Zu den Abb. 118 bis 120 ist zu bemerken, daß die Hebelanordnungen hier nur schematisch angedeutet sind. In Wirklichkeit ist anzustreben, daß die Bewegung des gezogenen Bandendes möglichst rechtwinklig zu dem betreffenden Hebelarm erfolgt, weil so der Ausschlag des freien Hebelendes am geringsten wird, und daß sich ein möglichst großer Umschlingungswinkel ergibt. (Siehe Abb. 121 u. 122.)

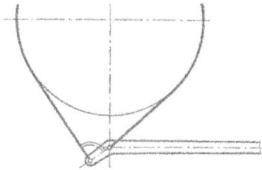 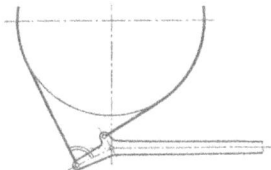 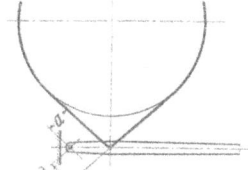

Abb. 121.   Abb. 122.   Abb. 123.

Eine Bandbremse für wechselnde Drehrichtungen (»Summenbremse«) ist in Abb. 123 dargestellt. Man läßt beide Enden des Bandes an einem Punkt angreifen und macht die Hebelarme a gleich groß, so daß für beide Drehrichtungen

$$P \cdot l = (Z_2 + Z_1) \cdot a.$$

Für $a = 5$ cm, $l = 1,20$ m, $Z_1 + Z_2 = 2087$ kg

$$\text{wird} \quad P = 2087 \cdot \frac{50}{1200} = 87 \text{ kg}.$$

Diese Kraft ist im allgemeinen für Handbetrieb oder Bremsmagnet zu hoch. Zu ihrer Verkleinerung müßte man a verkürzen und l verlängern.

Über innere Bandbremsen (sog. »Spreizbremsen«) und solche, bei denen die angreifenden Kräfte Z nicht tangential zum Bremsscheibenumfang wirken, vgl. Krell (Entwerfen im Kranbau), wo diese Fälle ausführlich behandelt sind.

Lüftungsweg. Wichtig besonders bei Bremsung durch Elektromagneten. Das Lüftungsmaß, d. h. die radiale Entfernung des Bremsbandes von dem Scheibenumfang im gelüfteten Zustande, soll etwa 1 mm betragen. Ist δ das Lüftungsmaß, so ist zu seiner Erzielung das Bandende bei einem Umschlingungswinkel a um $\delta \cdot a$ zu verschieben. Der Hebelausschlag wird dann (für $\delta = 1$ mm)

nach Anordnung I (Abb. 118) $1 \cdot 4{,}41 \cdot \dfrac{1200}{200} = 26{,}5$ mm,

»   »   II (Abb. 119) $1 \cdot 4{,}41 \cdot \dfrac{1100}{200} = 24{,}2$ mm,

»   »   III (Abb. 120) $1 \cdot 4{,}41 \cdot \dfrac{1200}{150} \cdot \dfrac{3}{2} = 53$ mm.

Bandbefestigungen s. Abb. 124 und 125. Bei größeren Bandbremsen sind diese Befestigungen nachstellbar einzurichten (s. Abb. 126).

3. Die Sperradbremsen. Bei einfachen Winden oft getrennte Anordnung von Gesperre und Bremse. Hierbei besteht die Gefahr, daß die Klinke ausgelöst wird, ehe die Bremse angezogen ist. Durch die Vereinigung von Klinkengesperre und Band-bremse bei der Sperradbremse wird dieser Übelstand vermieden. Die lose auf der Welle laufende Scheibe der Bandbremse, deren

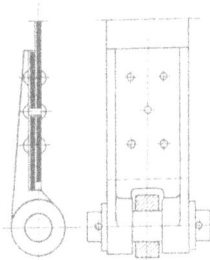 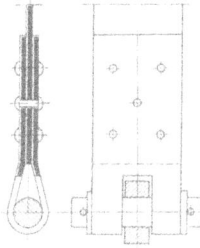 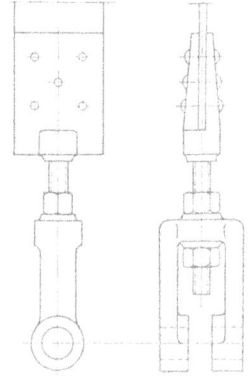

Abb. 124.   Abb. 125.   Abb. 126.

Stahlband ständig durch Gewichtsbelastung angespannt ist, und das Klinkengesperre, dessen Sperrad auf der Welle fest verkeilt, und dessen Klinke an der Bremsscheibe befestigt ist, wirken vereinigt so, daß beim

Abb. 127.

Heben das Sperrad unter der Klinke hin-weggleitet, also die Bremse außer Tätig-keit bleibt. Hört die Hubbewegung auf, so wird die Last durch Eingreifen des Klinkengesperres und durch die jetzt in Tätigkeit tretende Bandbremse festgehal-ten. Zum Senken der Last muß die Band-bremse gelüftet werden, was immerhin, sollen nicht unzulässige Geschwindigkeits-schwankungen auftreten, einige Geschick-lichkeit erfordert.

4. Selbsttätige Bremsen. Zu die-sen gehören vor allem die Lastdruck-bremsen, die schon gelegentlich der Be-sprechung der Flaschenzüge erwähnt wurden und meist in Verbindung mit einem Schneckengetriebe verwendet werden (s. Abb. 136). Unbe-dingte Sicherheit gegen unzulässige Senkgeschwindigkeit bieten, von elek-trischer Bremsung abgesehen, eigentlich nur die Schleuderbremsen, von denen die von Becker die bekannteste und am meisten verwendete ist. Übliche Ausführungsform und Wirkungsweise s. Abb. 127. Die Brems-klötze B drehen sich mit einer auf der Welle verkeilten Scheibe und

werden durch die Fliehkraft gegen den inneren Kranz des feststehenden Gehäuses gedrückt. Ihre freien Enden sind durch Hebel H mit der in einer Federbuchse F untergebrachten Spiralfeder verbunden, wodurch die Bremsklötze in der Ruhestellung von den Reibflächen abgezogen werden, so daß sie sich während der Hubperiode nicht unnötig an den Bremsflächen reiben. Die Federn sind für gewöhnlich so bemessen, daß eine Bremswirkung erst bei 100 minutlichen Umdrehungen der Welle eintritt. Dies ist entscheidend für die Wahl der Vorgelegewelle, auf die man die Bremse zu setzen hat. Abmessungen und Bremsmomente s. Tab. 49.

Tabelle 49.

Lichter Durchmesser des Bremsgehäuses (mm)	Halb geschlossenes Gehäuse						Ganz geschlossenes Gehäuse			
	305	380	455	450	500	670	450	500	500	500
Bremsmoment bei 150 Umdrehungen, wenn die Wirkung der Bremse bei 100 Umdrehungen beginnt (in kgcm)	280	700	1900	2600	3800	3900	18000	2600	3500	4250	6250

Die Schleuderbremsen bewirken ein sehr sanftes und gleichmäßiges Senken, haben aber den Nachteil, daß man für bestimmte Lasten an eine bestimmte Senkgeschwindigkeit gebunden ist. Für Baukrane, bei denen man die Möglichkeit offen lassen muß, mit einem und demselben Gerät leichte Lasten auch schneller senken zu können, braucht man Bremsen, die sich hinsichtlich der mit ihnen erreichbaren Geschwindigkeiten mehr den Lasten anpassen können.

Einen Schritt weiter kommt man mit der ebenfalls von B e c k e r gebauten Kombination einer Schleuderbremse mit einer Sperradbremse (L ö s u n g s b r e m s e) (Abb. 128). Hierbei tritt die Schleuderbremse erst nach völliger Lösung der Bandbremse in Tätigkeit, man kann also

Abb. 128.

für die Winde eine m a x i m a l e Senkgeschwindigkeit festsetzen, für deren Begrenzung nach oben die Schleuderbremse auf alle Fälle sorgt. Durch Anziehen der Bandbremse kann man dann eine weitere Verringerung der Geschwindigkeit erzielen. Abmessungen und Bremsmomente s. Tabelle 50.

Die vollkommensten Geschwindigkeitsabstufungen erreicht man mit elektrischer Senkbremsung (s. Elektr. Antrieb S. 59).

Tabelle 50.

	Mit Bandbremse					Mit Backenbremse				
Lichter Durchmesser des Bremsgehäuses (mm) . .	305	355	376	455	450	305	376	455	450	450
Äußerer Durchmesser der Bremsscheibe (mm)	355	410	450	550	550	400	480	550	550	550
Bremsmoment der Geschwindigkeitsbremse bei 120 minutlichen Umdrehungen (kgcm)	255	460	750	1900	2700	3000	255	750	1900	2700	3900

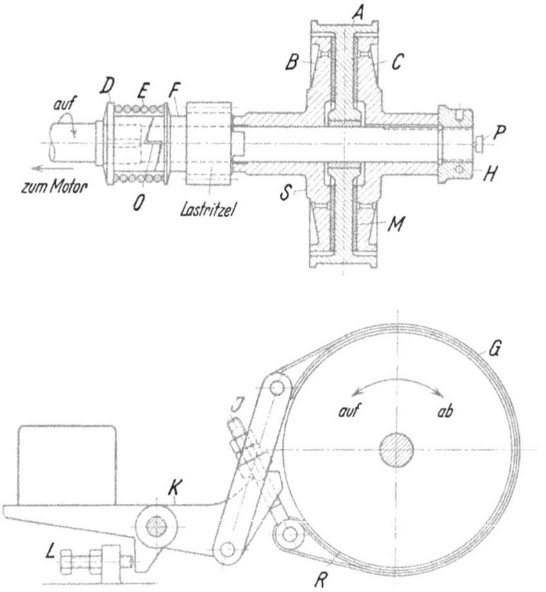

Abb. 129.

Erwähnenswert ist auch noch die amerikanische Ausführung einer selbsttätigen Senkbremse (der Firma Pawling & Harnischfeger Co., Milwaukee, Wis.), die bei Antrieb durch Drehstrommotoren verwendet werden kann, und zwar in Verbindung mit einer selbsthemmenden Bandbremse (s. Abb. 129). Die Bremsscheiben B und C sind mit Asbest-Reibungsplatten belegt, ebenso das Bremsband. Beim Heben drückt der mit Schraubensteigung versehene Mitnehmer D die Bremsscheiben B und C gegen die Scheibe der Bandbremse, so daß die Welle mit dem Lastritzel gedreht wird. Die Bandbremse ist hierbei außer Tätigkeit. Bei ausgeschaltetem Motor sucht die Last das Ritzel F in der umgekehrten Richtung zu drehen, preßt dabei wieder mittels der Schraubensteigung des Mitnehmers D die Scheiben B und C an die Bandbremse A, die nunmehr ein Sinken der Last infolge ihrer Selbsthemmung verhindert. Wird nun der Motor in der Senkrichtung geschaltet, so werden die Bremsscheiben B und C gelockert und die Last sinkt mit einer Geschwindigkeit, die der Umlaufszahl des Motors entspricht. Sobald das Lastritzel versucht, sich schneller zu drehen als der Mitnehmer D, tritt wieder ein selbsttätiges Anpressen der Bremsscheiben B und C ein und die Geschwindigkeit wird verlangsamt, bis sie ebenso groß ist wie die des Motors. Es liegt also auch hier, wie bei der Fliehkraftbremse, eine selbsttätige Sicherung gegen Niederfallen der Last vor, aber auch hier kann eine bestimmte Senkgeschwindigkeit, die von der Umdrehungszahl des Motors abhängig ist, nicht überschritten werden. Die Feder E tritt bei sehr leichten Lasten in Tätigkeit, wenn das Drehmoment zur Erzeugung eines genügenden Anpressungsdruckes nicht ausreicht. Zu beachten ist, daß beim Senken eine starke Erwärmung der Bremse infolge der Reibung eintritt. Die Bremse muß daher reichlich bemessen sein und vor allem eine genügend große Abkühlungsoberfläche besitzen.

Kapitel 9. Vorgelege, Kupplungen und Trommel.

a) **Reibräder.** Eine zylindrische, am Umfange möglichst glatt abgedrehte große Scheibe S_1 (Abb. 130) sitzt, meist zusammen mit der Trommel, lose auf der Welle W, die etwas exzentrisch gelagert ist, so daß sich bei einer geringen Drehung durch den mit der Welle fest verbundenen Hebel H die große Scheibe S_1, um ein kleines Stück horizontal verschieben kann und dadurch entweder an der kleinen, in derselben Weise abgedrehten Scheibe S_2 oder an der Backenbremse B zum Anliegen kommt.

Zulässige Belastung (nach Hütte II, 25. Aufl.): $k = P : b \cdot d_r$, worin $b =$ Radbreite in cm und d_r der reduzierte Durchmesser

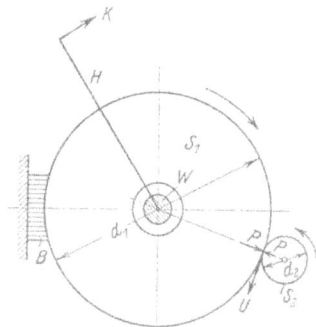

Abb. 130.

ist, der sich aus $1 : d_r = 1 : d_1 + 1 : d_2$ ergibt. Ferner muß sein: $U < \mu \cdot P$. Bei $U > \mu P$ tritt Rutschen ein.

Durchschnittswerte für k und μ:

$k = 3$—5: $\mu = 0{,}10$—$0{,}15$ bei Gußeisen auf Gußeisen
$k = 1$—2: $\mu = 0{,}15$—$0{,}20$ » Papier » »
         $\mu = 0{,}20$—$0{,}30$ » Leder » »
         $\mu = 0{,}20$—$0{,}30$ » Holz » »

Die kleineren Werte sind bei glatten Reibflächen einzusetzen. Die Umfangskraft wächst mit dem Durchmesser.

Beispiel. Reibungswinde mit folgenden Hauptabmessungen: Trommeldurchmesser $= 250$ mm, $d_1 = 750$ mm; $d_2 = 150$ mm, $b = 12$ cm, somit

$$d_r = 75 \cdot 15 : 90 = 12{,}5 \text{ cm},$$
$$b \cdot d_r = 12 \cdot 12{,}5 = 150.$$

Ferner werde angenommen:

$$\mu = 0{,}15; \quad k = 5,$$

dann wird:

$$U = \mu \cdot k \cdot b \cdot d_r = 112{,}5 \text{ kg},$$

somit größte an der Trommel verfügbare Zugkraft:

$$112{,}5 \cdot 750 : 250 = 337{,}5 \text{ kg}.$$

Die Kraft, die am Hebel H ausgeübt werden muß, um die Scheibe S_1 an S_2 anzudrücken, ist verhältnismäßig klein. Sie hat nur das geringe Moment: Andrückkraft P mal Exzentrizität der festen Welle zu überwinden. Beträgt z. B. die Länge des Hebels H 1,0 m und die Exzentrizität 1 cm, so wird:

$$P = \frac{112{,}5}{0{,}15} = 750 \text{ kg und } K = \frac{750 \cdot 1{,}0}{100} = 7{,}5 \text{ kg}.$$

Die Kraft läßt sich natürlich leicht, wenn auch nicht auf die Dauer, bis auf das Doppelte steigern, und es liegt daher für diese Winden die Gefahr einer Überanstrengung sehr nahe. Es würde dann $k \approx 10$ werden, wobei man bestimmt mit einem sehr schnellen Verschleiß rechnen muß; denn es ist ohne weiteres einzusehen, daß beim Einrücken der Trommel in die Betriebsstellung zunächst ein Rutschen eintreten wird, bis die Massen hinreichend beschleunigt sind. Dieses Rutschen wird um so größer sein, je größer die erforderliche Umfangskraft, d. h. je größer der Seilzug.

Um zu bremsen, drückt man das große Reibrad gegen den Bremsklotz. Die hierfür erforderliche Hebelkraft ist nur etwa halb so groß, entsprechend der doppelt so großen Reibungsziffer zwischen Holz und Gußeisen.

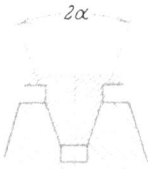

Oft sind die Stirnflächen der Reibräder keilnutenförmig ausgebildet (s. Abb. 131). Dann ist:

$$U = \eta \cdot \frac{\mu \cdot P}{\sin \alpha},$$

Abb. 131.

worin $\eta = \dfrac{\operatorname{tg} \alpha}{\operatorname{tg}(\alpha + \varrho)}$ und $\varrho =$ Reibungswinkel für die Einrückbewegung. Im allgemeinen kann $\operatorname{tg} \varrho = \mu$ gesetzt werden; während des Laufes aber wird $\operatorname{tg} \varrho$ sehr vermindert, so daß sich der Wert η der 1 annähert. Dann ist also einfach, besonders bei hart auf hart laufenden

Rädern, $U \approx \dfrac{\mu \cdot P}{\sin \alpha}$. Der Winkel α ist so groß zu wählen, daß $2\,\alpha \gtrless 30^0$ bis 45^0. Bei kleineren Winkeln tritt Klemmen ein. Die Räder unterliegen starker Abnutzung, weil reines Wälzen theoretisch nur auf einer Kreislinie stattfindet, während alle übrigen Punkte der Keilflächen aufeinander gleiten. Aus diesem Grunde läßt man die Keilnuten auch nicht mehr als 15 mm ineinander greifen. Die Keilnut-Reibungsräder sind aber trotzdem vielfach wegen ihrer einfachen Handhabung in Gebrauch, vielleicht mehr als die Reibräder mit Zylinderflächen, weil sie einen kleineren Anpressungsdruck (etwa nur $\frac{1}{3}$ desjenigen bei zylindrischen Reibrädern) erfordern und daher leichter zu bedienen sind. Beim Einrücken entsteht ein verhältnismäßig starker Stoß. (Ausgeführte Winden s. Abb. 145 u. 146.)

b) **Stirnzahnräder.** Ist d der Durchmesser des Teilkreises, z die Zähnezahl, t die Teilung, so ist:

$$d = z \cdot t : \pi = m\,z.$$

$m = $ »Durchmesserteilung« oder »Modul«, ausgedrückt in runden Zahlen (z. B. $t = 10\,\pi$ usw.). Die Durchmesserteilungen sind nach DIN 780 genormt. Dadurch wird das Maß für d und somit auch für den Achsenabstand der Zahnräder bestimmt.

Die Berechnung nach der sogenannten »Zahnformel«: $P = c \cdot b \cdot t$ ist die allgemein übliche. Die Kanten am Zahnfuß sind gut abzurunden. Die Zahnbreite wird gewöhnlich gesetzt:

$$b \approx 2 \cdot t \approx 3\,h \approx 6 \cdot m.$$

Zulässige Umfangsgeschwindigkeiten (unter Berücksichtigung unvermeidlicher Zahnfehler und zur Vermeidung des bei Druckwechsel auftretenden Geräusches):

bei normaler guter Ausführung:

Stahlguß, roh, v bis 2 m/s,

Gußeisen, » v » 3 »

» normal bearbeitet v bis 6 m/s (höchstens 9 m/s).

Auf genau parallelen Einbau der Räder ist zu achten; ferner müssen Welle, Lager und Rahmen hinreichenden Unnachgiebigkeitsgrad besitzen, damit die Zähne nicht ecken und dabei unzulässige Biegungsbeanspruchungen erfahren.

Die Zähne der Zahnstangen erhalten gerade Flanken.

c) Bei **Kegelrädern** wird der Berechnung die mittlere Zahnhöhe zugrunde gelegt. Im übrigen ist der Berechnungsgang der gleiche wie bei den Stirnrädern. Die Zahnform bestimmt sich nach Abb. 132 dadurch, daß alle Kanten konzentrisch nach dem Schnittpunkt der Achsen verlaufen. Als Teilkreis gilt der Grundkreis der sich berührenden Kegelstumpfe (d_t bzw. D_t). Die Zahnhöhe wird $\perp OA$, die Zahnbreite in Richtung OA und die Zahnstärke auf halber Höhe der Kegelstumpfe gemessen.

Übersetzungsverhältnis bei Stirn- und Kegelrädern:

$$\varphi = d_t : D_t = z_1 : Z_2 = \frac{\sin \delta_1}{\sin \delta_2} \text{ (s. Abb. 132)}.$$

Geringste Zähnezahl: Bis etwa $z = 20$ ist die Evolventenverzahnung mit normaler Lage des Teilkreises möglich. Unterschneidung und Schwächung der Zähne am Fuß ist bis zu dieser Grenze praktisch bedeutungslos. Es ist aber auch möglich, die Zähnezahl noch weiter zu ver-

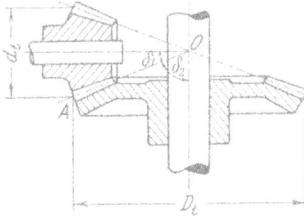

Abb. 132.

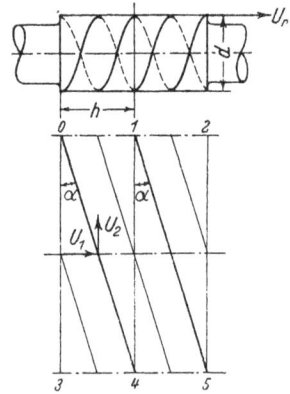

Abb. 133.

ringern, wenn man den Teilkreis des kleinen Triebrades näher an den Fußkreis verlegt. (Nähere Angaben hierüber s. Hütte II, 25. Aufl.)

d) **Schneckentrieb.** Die Zahnkanten der Schnecke verlaufen auf einem Zylinder in Schraubenlinie. In Abb. 133 ist der Verlauf der Schraubenlinie einer Zahnkante in Ansicht und Abwicklung dargestellt. Den Winkel α in der Abwicklung nennt man den »Steigungswinkel« der Schnecke. h ist die »Ganghöhe«. Ist d der Durchmesser des Zylinders, auf dem die Schraubenlinie verläuft, so ist: $\operatorname{tg} \alpha = h : \pi \cdot d$. Läßt man 2 Zähne mit gleicher Steigung parallel auf dem Zylinder verlaufen, so erhält man eine »zweigängige« Schnecke (in Abb. 133 dünn eingezeichnet). Die Anzahl der parallel verlaufenden Schraubenlinien kann man theoretisch beliebig steigern; bei n parallelen Schraubenlinien erhält man eine »n-gängige« Schnecke.

Analog der bei Zahnrädern gebrauchten Ausdrucksweise spricht man bei der Schnecke von einer »Teilung«, worunter man bei eingängiger Schnecke die Ganghöhe, bei mehrgängiger Schnecke dagegen den axialen Abstand der parallelen Schraubenlinien versteht. Bei eingängiger Schnecke ist daher $t = h$, bei n-gängiger Schnecke: $t = h : n$.

Das Schneckenrad, dessen Welle senkrecht zur Schneckenachse steht, greift mit entsprechend geformten Zähnen in die Schnecke ein und wird durch Drehen der letzteren ihrerseits in Umdrehung versetzt. Dabei entstehen die Kräfte U_1 in Richtung der Schneckenachse und U_2 tangential am Umfang des Schneckenrades, die nach dem Gesetz der Schraubenbewegung zueinander in der Beziehung

$$U_2 = U_1 \cdot \text{tg}\ (a + \varrho)$$

stehen, worin ϱ der Reibungswinkel für die Bewegung auf der schiefen Ebene 0—4 (Abb. 133) bedeutet. Umgekehrt drückt bei stillstehender Schnecke das durch das Lastmoment M_L belastete Schneckenrad auf die Zähne der Schnecke mit einer Kraft

$$U_2 = U_1 \cdot \text{tg}\ (a - \varrho)$$

und setzt die Schnecke in Bewegung, solange $a > \varrho$ ist. Wird dagegen $a \lessapprox \varrho$, so ist diese Bewegung nicht mehr möglich, es ist »Selbsthemmung« eingetreten. Bei Gußeisen beträgt $\text{tg}\ \varrho$ etwa 0,1, also tritt in diesem Falle Selbsthemmung bei einem Steigungswinkel $a < 5^0$—6^0 ein. Für Stahl auf Bronze ist $\text{tg}\ \varrho = 0,03$, somit muß $a < 1^0\ 40'$ sein. Selbsthemmende Schnecken werden wegen ihres schlechten Wirkungsgrades nur noch hier und da für kleine Hebezeuge (u. a. Flaschenzüge) gebaut. Nimmt man den Steigungswinkel größer, was zur Ausführung einer mehrgängigen Schnecke führt, so ist eine besondere Bremse zur Lastaufhängung erforderlich (Lastdruckbremse s. Abb. 136). Diese Ausführung ist die zur Zeit übliche.

Ermittlung der Teilung t ebenfalls nach der Zahnformel: $P = c \cdot b \cdot t$. Hierin angenähert $b = 2,5\ t$. Werte c s. Tabelle für Zahnräder im Anhang.

Zur Ermittlung von P hat man einerseits das Lastmoment $M_L =$ Seilzug mal Trommelradius und anderseits das Kraftmoment M_k, das die Schnecke in Bewegung setzt, und das gleich dem zur Verfügung stehenden Drehmoment der Motorwelle bzw. der Handkurbel ist. Beide stehen zueinander in der Beziehung:

$$M_L = M_k \cdot \eta : \varphi,$$

wenn η der Wirkungsgrad und φ das Übersetzungsverhältnis des Schneckengetriebes ist. Wirkungsgrad nach Gruson:

$n =$	1	2	3	4	5
$\eta \approx$	0,70	0,80	0,85	0,90	0,95

Hierbei Spurlager als Kugellager, die übrigen Lager als Gleitlager ausgebildet. Zähne geschnitten und gefräst.

Bei einer Umdrehung der Schnecke wird das Schneckenrad um den Betrag $h = n \cdot t$ gedreht; zu einer Umdrehung des Schneckenrades gehören also: $2 \pi R : n \cdot t$ Umdrehungen der Schnecke. Nun ist aber

$2 \pi R : t = Z =$ der Zähnezahl des Schneckenrades, somit ist das Übersetzungsverhältnis des Schneckentriebes

$$\varphi = n : Z.$$

Da anderseits $\varphi = M_k \cdot \eta : M_L$, so wird $Z = n \cdot M_L : M_K \cdot \eta =$
Zähnezahl des Schraubenrades.

Ist U_1 die Umfangskraft des Schneckenrades, R dessen Halbmesser,
so wird, da $t = 2 \pi R : Z$ und $U_1 = c \cdot b \cdot t$:

$$U_1 \cdot 2 \pi R : Z = c \cdot b \cdot t^2.$$

Es ist aber $U_1 \cdot R = M_L$, wenn das Schneckenrad unmittelbar auf
der Trommelwelle sitzt, folglich, wenn noch $b = \psi \cdot t$ gesetzt wird:

$$t = \sqrt[3]{\frac{M_L \cdot 2 \pi}{c \cdot \psi \cdot Z}}.$$

Aus Z und t findet man dann den Halbmesser des Schneckenrades
und damit $U_1 = M_L : R$.

Der Halbmesser r der Schnecke bestimmt sich vor allem
nach dem erforderlichen Durchmesser der Schneckenwelle. Mit genügender Annäherung kann man diesen nach der Formel für normale
Triebwellen aus

$$d_0 = \sqrt[3]{3000 \cdot N/n}$$

bestimmen, worin n die Umdrehungszahl der Schneckenwelle und N die
Leistung des Antriebsmotors in PS bedeutet. Ferner nimmt man, wie
bei den Zahnrädern, die Zahnhöhe $h = 0,66\, t$ an und erhält dann den
Halbmesser der Schnecke zu

$$r = r_0 + 0,33\, t.$$

Die mittlere Zahnstärke folgt ebenfalls wie bei den Zahnrädern aus
$s_1 = 0,475\, t$. Es ist immer gut dem Schneckentrieb reichlich Spiel zu
geben.

Vorstehende Angaben mögen zur überschläglichen Ermittlung der
Abmessungen genügen. Hinsichtlich der genauen Berechnung und
Konstruktion muß auf die einschlägige Literatur verwiesen werden.
Bei der Auswahl zweckmäßiger Schneckentriebe ist man ohnehin in
der Praxis wegen der außerordentlich kostspieligen Herstellung der
Schneckenfräser an die Ausführungstypen der Spezialfirmen gebunden.

e) **Kupplungen.** a) Ständige Kupplungen. Feste Wellen-
kupplungen sind nach DIN 115 und 116 zu entwerfen. Sie kommen nur
da in Frage, wo die Wellenenden auf einem und demselben Rahmen
gelagert sind. In allen anderen Fällen ist eine nachgiebige Kupplung
der Wellenenden nötig, weil die Achsenrichtung der Wellen praktisch
nie so genau in Übereinstimmung gebracht werden kann, daß nicht mehr
oder weniger leichte Zwängungen in den Lagern entstehen und Warm-

laufen verursachen. Als elastisches Kupplungsglied dient dabei entweder ein endloses Leder- oder Baumwollband (Zodel-Voith oder Cadine), oder Bolzen aus gepreßtem Leder (Bamag), oder bei Zahnkupplungen abgefederte Bolzen und elastische Zwischenlagen (Peniger Masch.-Fabr. oder G. Polysius). Alle diese Kupplungen sollen außer einer Richtungsverschiebung der Achsen auch eine gewisse Längsverschiebung der Wellen gestatten. Schwerere Umlauf- bzw. Bremsstöße können sie nicht aufnehmen. Ihr Anwendungsgebiet bei den Baukranwinden ist begrenzt. Erforderlich sind sie z. B. bei unmittelbarem Antrieb eines Schneckentriebes durch einen Elektromotor, wobei die Schnecke in Verlängerung der Motorwelle sitzt.

β) Ausrückbare Kupplungen. Diese Kupplungen benutzen, soweit sie zur Verbindung umlaufender Teile dienen, die Reibung als Verbindungsmittel. Sonderausführungen derartiger Reibungskupplungen s. Hütte II, 25. Aufl., und »Taschenbuch f. d. Maschinenbau« von H. Dubbel, 4. Aufl., I. Bd., S. 680ff., ferner Krell, Bethmann u. a. Entsprechend den mannigfach veränderlichen Aufgaben, die diese Kupplungen zu erfüllen haben, werden sie von den Kranfirmen meist dem jeweiligen Zweck entsprechend selbst konstruiert. Diese Sonderkonstruktionen sollen daher nicht an dieser Stelle, sondern später, bei Besprechung der ausgeführten Winden, erörtert werden.

f) **Trommel.** Der Durchmesser der Trommel bestimmt sich nach der Seilstärke (s. S. 4 u. 7)[1]. Oft wird die Trommel auch bei Drahtseilen der Einfachheit halber glatt ausgeführt; es ist jedoch immer besser, Rillen einzudrehen, weil nur dann eine Gewähr für ordnungsmäßiges Aufwickeln und damit eine ausreichende Schonung des Seiles geboten ist. Der geringe Mehrpreis der Trommel mit eingedrehten Rillen macht sich durch die erheblich längere Lebensdauer der Seile bezahlt. Werden mehrere Lagen übereinander gewickelt, was sich bei sehr großen Förderlängen nicht vermeiden läßt, will man nicht zu lange Trommeln erhalten, so ist zu beachten, daß das Lastmoment und die Fördergeschwindigkeit mit jeder neuen Seillage wächst. Will man also beides konstant halten, so ist sowohl der Seilzug als auch die Umlaufgeschwindigkeit der Trommel entsprechend zu verringern. Ferner ist zu beachten, daß die Seitenschilde der Trommeln bei Aufeinanderwickeln mehrerer Seillagen genügend stark sein müssen, weil diese Seillagen stark gegen die Schilde drücken und sie unter Umständen abbrechen können. Manche Windenkonstrukteure verstärken daher die Trommelschilde durch Rippen.

Die Trommeln zum Schwenken von Auslegern oder überhaupt für solche Zwecke, bei denen nur ein geringer Verbrauch an Seillänge stattfindet, werden oft auf der Außenseite der Winde fliegend aufgesetzt (sog. Spillköpfe).

---

[1]) Die dort für die Rollen angegebenen Durchmesser gelten auch für Trommeln.

Kap. 10. Ausgeführte Winden.

a) **Wandwinden** (Dachdeckerwinden, Mörtelwinden, Zimmermanns-
winden). Für Lasten bis etwa 50 kg ohne Übersetzung, darüber hinaus
Schneckentrieb oder Stirnradübersetzung. Bedingung für diese Winden
ist, daß sie sich überall befestigen lassen. Wenn keine selbsthemmende
Schnecke vorgesehen ist, müssen
stets Klinkengesperre und Hand-
bremse vorhanden sein. Die Firma
Gauhe, Gockel & Cie. stellt Aus-
legerwinden zum Aufziehen von
Kübeln oder leichteren Bauteilen

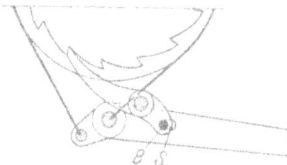

Abb. 134.

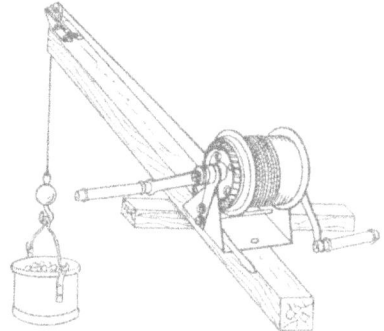

Abb. 135.

an Auslegern oder kleinen Schwenkkranen her, und zwar bis 50 kg Tragkraft ohne Übersetzung, darüber bis 100 kg Tragkraft mit einfacher Stirnradübersetzung. Bei diesen Winden sind Sperrklinke und Bremshebel
nebeneinander angeordnet und durch Nocken zwangläufig verbunden,
so daß beim Anziehen des Bremshebels zuerst die Sperrklinke selbsttätig

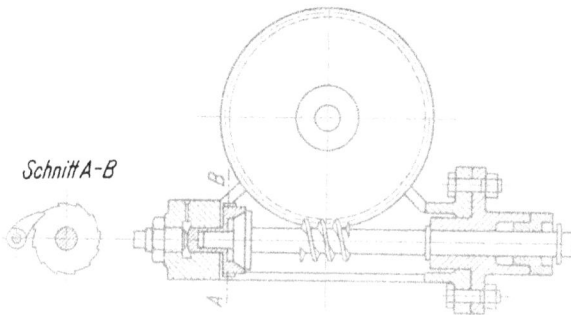

Schnitt A-B

Abb. 136.

ausgelöst und bei weiterem Anziehen das Bremsband gespannt, bei
umgekehrtem Vorgang die Sperrklinke selbsttätig wieder eingerückt wird.
Eine derartige Vorrichtung ist in Abb. 134 schematisch dargestellt.
Klinke und Bremshebel sitzen nebeneinander. Am verlängerten Klinken-
hebel ist seitlich ein Bolzen B befestigt, der in einem Führungsschlitz S
des Bremshebels läuft. Wenn die Zähne des Sperrades, wie meist,

Unterschnitt erhalten, so muß zum Lösen der Sperrklinke die Winde
ein kleines Stück zurückgedreht werden. Abb. 135 zeigt eine solche
Winde für 50 kg Tragkraft. Sie wiegt etwa 45 kg mit allem Zubehör.

Die prinzipielle Anordnung einer Wandwinde mit Schnecken-
trieb der Firma E. Becker ist in Abb. 136 dargestellt. Sie besitzt eine
Drucklagerbremse, wie sie auch bei Flaschenzügen verwendet wird.
Gewichte und Preise s. Tab. 51.

Tabelle 51.

Tragkraft . . . . kg	300	500	1000	1500
Gewicht . . . . kg	53	68	134	200
Preis . . . . RM.	116,—	136,—	205	250
Seil je m . . . . »	0,90	1,—	1,50	2,—
Leitrolle mit Lagerstuhl . »	14,—	16,—	18,—	24,—
Schäkel, Haken u. Gewicht. »	4,—	4,50	5,—	7,50

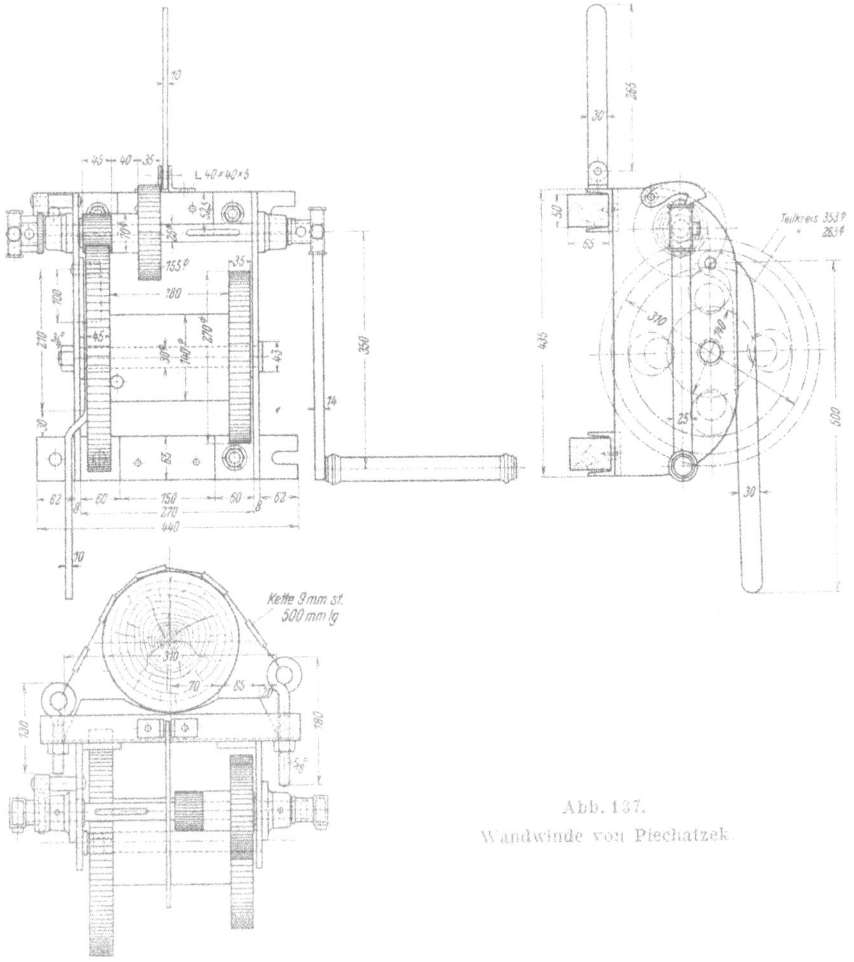

Abb. 137.
Wandwinde von Piechatzek.

Eine Wandwinde mit Stirnradübersetzung nach Angabe der Firma F. Piechatzeck zeigt Abb. 137. Die aus 8 mm starken Blechen hergestellten Windenschilde sind mit Hilfe umgebogener Lappen an 2 U-Eisen befestigt. Letztere sind mit einem Vierkantholz ausgefüttert, das sich mit einer eingeschnittenen Ausrundung gegen das senkrechte Rundholz legt, an dem die Winde mittels Ketten, die durch Ösenschrauben gespannt werden, befestigt ist. Die Winde besitzt zwei Übersetzungen, 1 : 9 und 1 : 2, Trommeldurchmesser 140 mm. Da die Winde eine Tragkraft von 750 kg besitzen soll, wenn die Übersetzung 1 : 9 eingeschaltet ist, so ergibt sich bei zweimänniger Bedienung und bei einem angenommenen Wirkungsgrad von $\eta = 0{,}9$, der Kurbeldruck zu

$$K = 750 \cdot \frac{0{,}07}{2 \cdot 0{,}35 \cdot 9 \cdot 0{,}9} = 9{,}3 \text{ kg},$$

und bei 30 Umdrehungen der Kurbeln je Minute eine Seilgeschwindigkeit

$$v_s = \pi \cdot 0{,}14 \cdot \frac{30}{9} = \text{rd. } 1{,}5 \text{ m/min.}$$

Ist die Übersetzung 1 : 2 eingeschaltet, so wird bei denselben Annahmen die Tragkraft

$$\frac{2 \cdot 9{,}3 \cdot 0{,}35}{0{,}07} - 2 \cdot 0{,}9 = 170 \text{ kg.}$$

Hierbei

$$v_s = \pi \cdot 0{,}14 \cdot \frac{30}{2} = 6{,}6 \text{ m/min.}$$

Für kleinere Lasten läßt sich die Geschwindigkeit noch weiter steigern, wenn man den Kurbelarm verkürzt. An der Winde ist ein auf der Vorgelegewelle sitzendes Klinkengesperre und eine an der Innenseite des größten Zahnradkranzes arbeitende Spreizbandbremse angebracht. Der Preis einer derartigen Winde kann zu etwa 150 RM. (einschließlich Seil) veranschlagt werden.

Zuweilen werden gerade für Wandwinden Sicherheitskurbeln[1]) verwendet, doch sind derartige Winden wesentlich teurer und für den Baubetrieb wohl kaum erforderlich. Abb. 138 zeigt eine solche Winde der Firma Pützer-Defries, Düsseldorf, deren Gewicht und Preise in folgender Tabelle 52 angegeben sind.

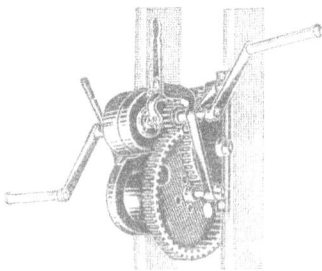

Abb. 138.

[1] Siehe hierüber u. a. Bethmann, S. 127 ff.

Tabelle 52.

Tragkraft	kg	500	1000	2000	3000
Gewicht	kg	115	235	310	465
Preis	RM.	300,—	480,—	750,—	1120,—
„ des Drahtseiles je lfd. m	»	1,—	2,35	3,10	4,25
Stärke desselben	mm	10	14	18	22
Preis des Lasthakens	RM.	1,10	1,55	2,60	3,60
„ der eingespleißten Kausche	»	2,60	3,60	5,—	7.—
Preis des Kugelgewichtes	»	7,30	11,—	14,—	19,50
Gewicht desselben		10	15	20	30
Preis des Unterblocks (leichte Ausführung)	»	16,—	23,—	38.—	63,—
Preis desgl. (schw. Ausführg.)	»	32,—	42,—	60,—	87,—

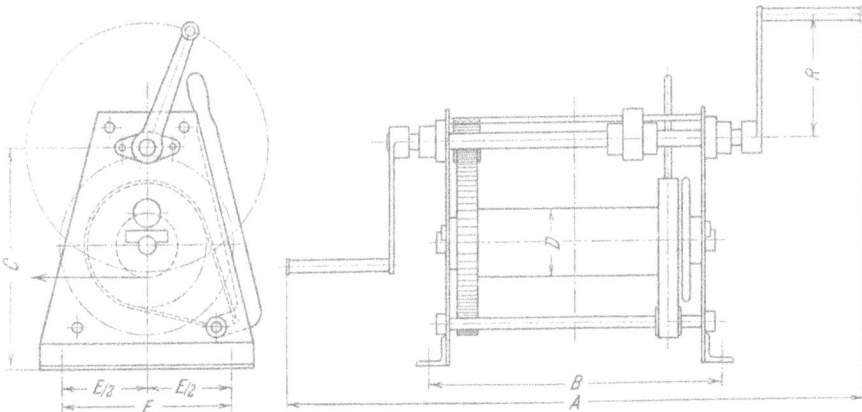

Abb. 139.

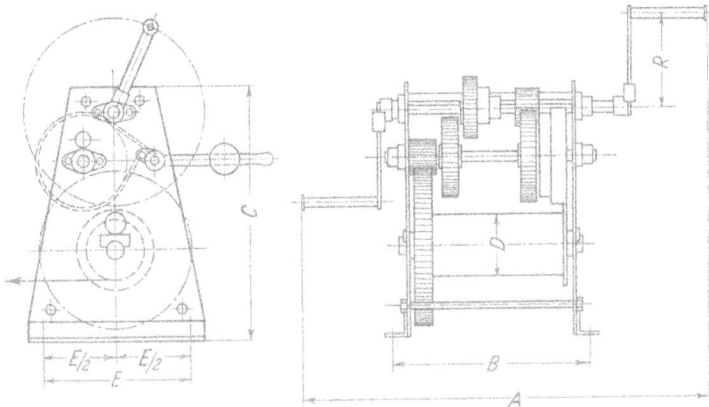

Abb. 140.

b) **Bockwinden mit Handbetrieb.** Eine Zusammenstellung üblicher Hand-Bockwinden ist in Abb. 139—142 (F. Piechatzeck, Berlin) gegeben. Alle näheren Angaben darüber sind in Tabelle 53 enthalten.

Tabelle 53.

Seilzug an der Trommel	Seil ⌀ in mm	Aufgewickelte Seillänge pro min bei 0,8 m/s Kurbelgeschwindigkeit in m		Gesamtkurbeldruck eff. in kg u. Höchstlast bei Umschaltg.		Kurbelrad. norm. »Re in mm	Trommel ⌀ »De in mm	⌀ der Trommel-Ränder	Lichte Weite der Trommel
		ohne	mit Umschaltung	Kurbeld. in kg	Höchstlast in kg				
500 kg	6,5	2,20 m	—	20	—	300	160	300	450
1000 »	10	0,90 »	2,50 m	22	300	300	200	250	463
1500 »	12	0,70 »	1,75 »	30	700	300	250	320	500
2000 »	12	0,55 »	1,40 »	35	900	400	300	400	580
3000 »	14	0,50 »	1,25 »	45	1400	400	300	400	610
4000 »	16	0,45 »	1,30 »	50	1500	400	350	480	640
5000 »	18	0,35 »	0,95 »	50	2200	400	390	540	635
6000 »	20	0,25 »	0,55 »	50	3000	400	440	580	665

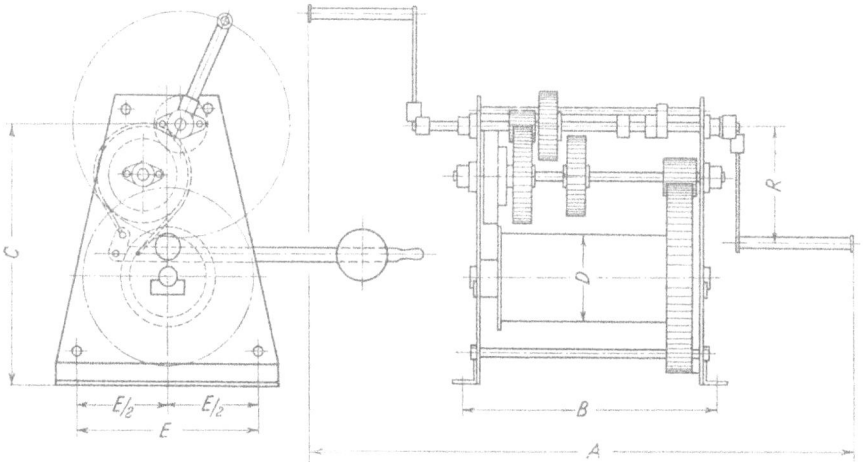

Abb. 141.

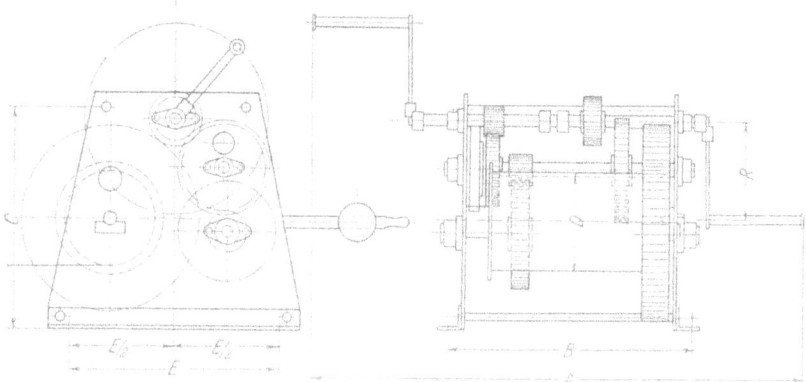

Abb. 142.

Tabelle 53.

Anzahl der Vorgelege	Anzahl der Befestig.-Sch.	⊕ der Befestigungs-Sch.	Maße in mm				Kurbelkräfte			Gewicht	Preis
			A	B	C	E	in der 1. Lage	in der 2. Lage	in der 3. Lage	kg	RM.
1	4	$^3/_4{}''$	1365	700	550	450	20	23	26	130	125,—
2	6	$^3/_4{}''$	1450	650	750	500	22	25	28	210	190,—
2	4	$^3/_4{}''$	1760	746	900	600	30	33	35	340	250,—
2	4	$^3/_4{}''$	1955	886	900	700	35	38	40	420	340,—
2	4	$^7/_8{}''$	1975	885	900	800	45	48	50	545	400,—
2	4	$1''$	2125	1030	875	900	50	55	60	700	500,—
3	6	$1''$	2125	1016	900	920	50	55	60	915	600,—
3	6	$1''$	2150	1046	893	1040	50	55	60	1050	750,—

Die kleinsten Größen von 500 kg Seilzug an der Trommel haben ein ausrückbares Vorgelege, von Hand zu betätigende Bandbremse und von Hand auszulösende Klinke. Die Größen von 1500—4000 kg Seilzug an der Trommel haben zwei Vorgelege, Umschaltung auf zwei Geschwindigkeiten und Sperrad-Lüftungsbremse mit Gewichtsbelastung am Lüftungs-hebel. Ebenso die größte Ausführung von 5000—6000 kg Seilzug, die jedoch ein Vorgelege mehr hat. Die Sperrad-Lüftungsbremse gewährt eine gute Sicherheit und gestaltet die Handhabung der Winde sehr einfach. Die Vorgelege können ausgerückt werden, ohne daß die Kurbeln festzuhalten bezw. die Bremse zu betätigen ist.

Eine einfache Handwinde für 1000 kg Seilzug, eigens für den An-trieb von Derricks bestimmt, ist auf dem Konstruktionsblatt I darge-stellt. Es ist eine Hubtrommel, eine Auslegereinziehtrommel und zwei auf einer Kurbelwelle sitzende Schwenktrommeln vorhanden, die ab-wechselnd durch Umstecken der Handkurbeln betätigt werden können. Seil 10 mm Dmr., Trommel 200 mm Dmr., unbearbeitet. Es können mehrere Lagen Seile übereinander gewickelt werden. Trommelvorgelege $z = 100/15$. Zähne roh. $t = 6\,\pi$. Kurbelradius 350 mm. Kurbel-druck:

$$P_k = \frac{500 \cdot 10{,}0 \cdot 15}{100 \cdot 35 \cdot 0{,}75} = 28{,}5 \text{ kg,}$$

also 14,25 kg je Kurbel durchschnittliche Kurbelumfangsgeschwindig-keit $\cong 1{,}0$ m/s; somit Kurbeldrehzahl:

$$n_k = \frac{1{,}0}{2 \cdot 0{,}35 \cdot \pi} = 0{,}44 \text{ je Sek.}$$

Trommeldrehzahl:

$$n_{Tr} = \frac{0{,}455 \cdot 15}{100} = 0{,}068 \text{ je Sek.}$$

Trommelumfangsgeschwindigkeit = Seilgeschwindigkeit

$$v_s = 0{,}20 \cdot \pi \cdot 0{,}068 = 0{,}043 \text{ m/s} = 2{,}57 \text{ m/min}$$

für 500 kg am einfachen Strang, oder

$$v_2 = \frac{2,57}{2} = 1,285 \text{ m/min}$$

für 1000 kg am doppelten Strang.

c) **Winden mit Reibungsvorgelege.** Zur Förderung kleiner Lasten mit großer Geschwindigkeit. Die Winden sind nur bis zu einem ge-

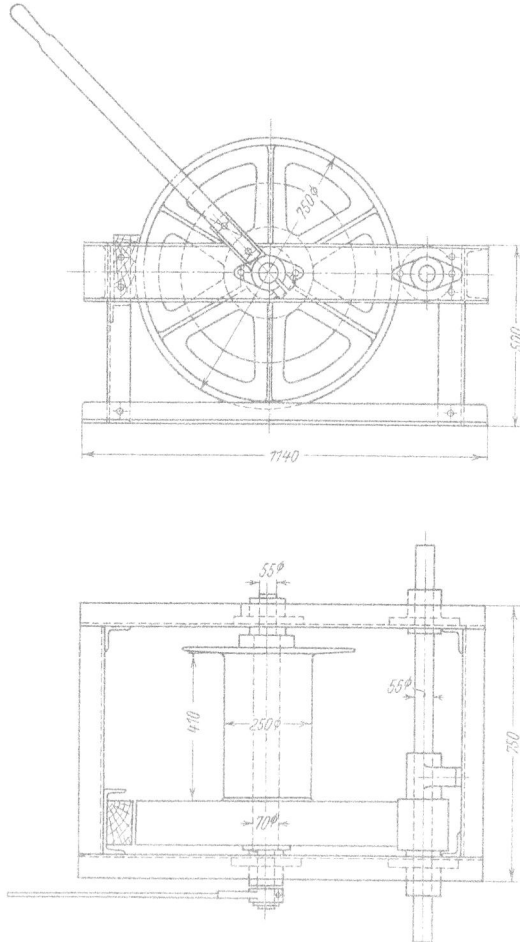

Abb. 143.

wissen Grade überlastbar und auch dann nur selten, weil sie sonst einem sehr starken Verschleiß ausgesetzt sind. Sie werden in der Regel mit Riemenantrieb versehen, seltener mit unmittelbarem elektrischem Antrieb durch Stirnradvorgelege. Die Lager der Reibräder sind besonders kräftig auszubilden, weil sie die beträchtlichen Anpressungsdrücke und die beim Einschalten entstehenden Stöße aufzunehmen haben. Zuweilen werden aus diesem Grunde die Lager des großen und kleinen Rades in einem Gußstück vereinigt oder auch durch ein Gestänge miteinander verbunden.

α) Mit glatten Stirnflächen. Eine sehr einfache Ausführungsform für 750 kg Tragkraft (Allg. Baumasch.-Ges. m. b. H., Leipzig) ist in Abb. 143 dargestellt. Hier wird die erforderliche starre Verbindung zwischen den Lagern der Reibungsräder einfach durch den ⊏-Eisenrahmen hergestellt, in dem die ganze Winde gelagert ist.

Abb. 144 zeigt eine Reibungswinde der Maschinenfabrik Otto Kaiser, St. Ingbert, die auch mit verlängertem Rahmen zum Aufbau eines Elektromotors mit Riemenantrieb oder Stirnradvorgelege, oder

Abb. 144.

schließlich in fahrbarer Ausführung geliefert wird. Die Lager des großen und kleinen Reibrades bestehen je aus einem Gußstück. Angaben über diese Winden s. Tabelle 54. Man beachte die hohen Seilgeschwindigkeiten!

Tabelle 54.

		350	650	1000	1500
Tragkraft direkt an der Trommel	kg	350	650	1000	1500
Durchmesser der Trommel	mm	180	200	220	250
Trommellänge	mm	400	500	550	600
Riemenscheibendurchmesser . . .	mm	500	600	700	800
Riemenscheibenbreite	mm	100	100	120	120
Fördergeschwindigkeit m je Minute	ca.	36	32	28	24
Erforderliche Motorstärke . . . .ca. PS		4—5	6—7,5	9—10	11—12
Ungefähres Gewicht:					
a) nur mit Riemenscheibe . . .		300	400	550	700
b) mit verlängertem Rahmen für Motor		350	460	640	800
c) mit eingekapseltem Motor und Stirnradvorgelege		420	600	800	1100
Preise:	RM.				
a) nur mit Riemenscheibe . . .		400	540	660	820
b) mit verlängertem Rahmen für Motor		460	600	750	920
c) mit Motor und Stirnradvorgelege, stationär, ohne Motor . .		580	770	930	1240
d) desgleichen Mehrpreis in fahrbarer Ausführung		130	170	190	230

β) Mit Keilnuten-Stirnflächen. Abb. 145 Ausführung von Pützer-Defries, Düsseldorf, mit Riemen- bzw. Elektromotorantrieb. Berechnung und Ausbildung der Keilnuten s. S. 78. Trommel aus Gußeisen. Die großen Reibungsscheiben mit den eingedrehten Keilnuten sind als Seitenschilde der Trommel mit dieser in einem Stück gegossen. Das kleine Reibungsritzel wird aus Schmiedeeisen hergestellt. Die Lager der Antriebs- und Trommelwelle, die einem starken seitlichen Druck ausgesetzt sind, sitzen in einem gemeinsamen Gußstück. Die

Abb. 145.

Lager der Antriebswelle haben Ringschmierung. Am Boden der Winde befinden sich vier fest gelagerte, nachstellbare Bremsklötze, in denen die großen Reibungsscheiben unter der Last des Gegengewichtes am Einrückhebel festgehalten werden. Die in der Maßskizze Abb. 146 eingezeichneten Pfeilrichtungen für den Seilablauf müssen eingehalten werden, da die Bremsklötze nur in dem dabei vorhandenen Drehsinne der Trommel wirksam sind. Die Bedienungsweise ist sehr einfach und bietet ausreichende Sicherheit. Zum Heben der Last wird der mit Gewicht belastete Steuerhebel soweit gehoben, daß die großen Reibungsscheiben sich fest in die Ritzel drücken. Zum Senken der Last wird der Steuerhebel etwas nachgelassen, so daß die Trommel leerläuft. Die Senkgeschwindigkeit kann dann durch entsprechendes Schleifenlassen der Scheibenränder auf den Bremsklötzen geregelt werden. Die Hauptabmessungen, Leistungen und Preise von vier verschiedenen Größen gehen aus der folgenden Zusammenstellung (Tabelle 55) hervor.

Die in Abb. 146 angegebenen Hauptmaße sind für diese 4 Größen in Tabelle 56 zusammengestellt.

d) **Winden mit Reibungskupplung.** Die Möglichkeit, die leere Trommel unabhängig vom Vorgelege durchziehen zu können, die durch die im vorstehenden beschriebenen Reibungswinden ohne weiteres ge-

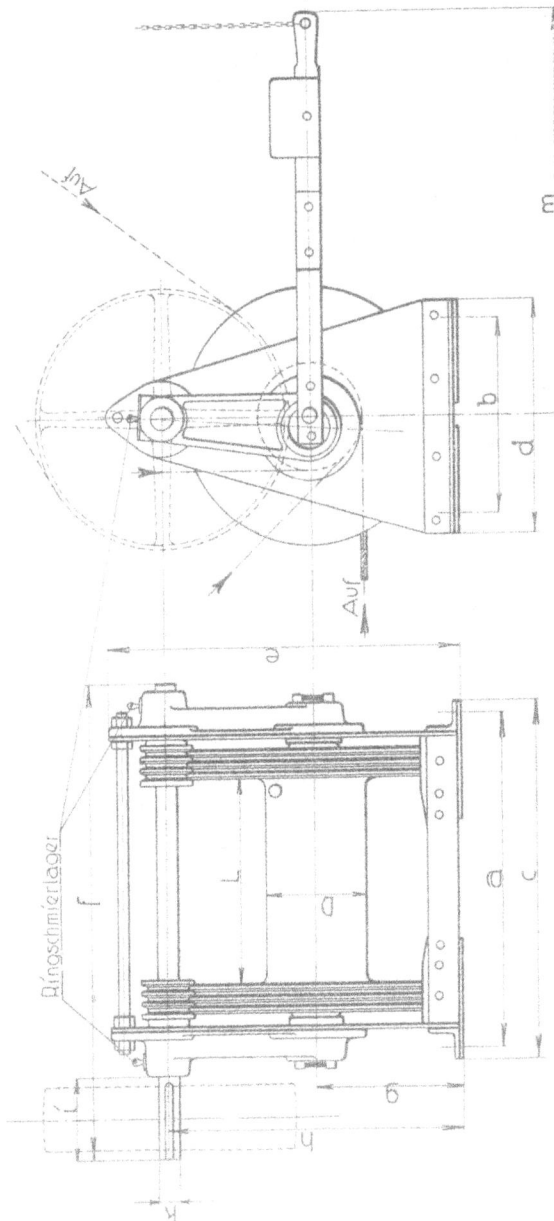

Abb. 146.

geben ist, läßt sich auch dadurch erzielen, daß die Trommel in der
Längsrichtung verschiebbar eingerichtet und mit konischen
Reibflächen an einer Schildfläche versehen wird, die sich in entspre-
chende konische Ringe am großen Stirnrad des Vorgeleges drücken, wo-

Tabelle 55.

Tragkraft unmittelbar an der Trommel bei erster Seillage . . . . kg		100	250	500	1000
Hebefähigkeit bei Verwendung eines Unterblockes am zweifachen Seilstrange . . . . kg		200	500	1000	2000
Seilgeschwindigkeit für 100 Riemenscheibenumdrehungen je Minute bei erster Seillage	m/min	15,7	11,7	12,2	14,9
Erforderlicher Kraftbedarf für 100 Riemenscheibenumdrehungen je Minute, unter Zugrundelegung eines Wirkungsgrades von 0,5 bezw. 0,45 bei der 1000-kg-Type	PS	0,7	1,3	2,7	2,4
Höchstzulässige Umdrehungszahl der Riemenscheibe je Minute		300	300	300	300
Größte zulässige Seilgeschwindigkeit bei erster Seillage	m/min	47	35	37	15
Hierzu erforderlicher Kraftbedarf . .	PS	2,1	3,9	8,2	7,4
Erforderlicher Riemenzug am Umfang der normalen Riemenscheibe . . .	kg	32,4	44,4	92	60
Empfehlenswerte Riemenscheibenabmessungen, Durchmesser × Breite	mm	300/100	400/120	500/120	500/120
Bohrung und Nabenlänge	mm	30/100	35/120	40/120	40/120
Durchmesser und Breite der max. Riemenscheibe	mm	500/70	800/70	1000/70	1000/70
Größtes zuläss. Zahnradübersetzungsverhältnis bei einem Motorvorgelege		1:7,5	1:8,5	1:10	1:10
Kleinste zulässige Seilgeschwindigkeit bei direktem elektrischen Antrieb bei erster Seillage bei Verwendung eines Motors von 1000 Umdr. je Minute .	m/min	21,6	13,8	12,2	4,9
Hierzu erforderlicher Kraftbedarf . .	PS	0,97	1,54	2,7	2,4
Bei Verwendung eines Motors von 1450 Umdr. je Minute	m/min	31,8	20	17,7	7,2
Hierzu erforderlicher Kraftbedarf . .	PS	1,4	2,2	3,9	3,5
Gewicht der Winde ohne Riemenscheibe	kg	67	115	200	320
Gewicht der Riemenscheibe in den Normalabmessungen	kg	12	15	20	20
in den Maximalabmessungen . . .	kg	18	30	50	50
Preis der Winde ohne Riemenscheibe und ohne Ankerschrauben	RM.	135,—	195,—	300,—	475,—
Mehrpreis für 1 Riemenscheibe in den normalen Abmessungen	»	28,—	34,—	48,—	48,—
für 1 Riemenscheibe in den max. Abm.	»	41,—	74,—	100,—	100,—
für Ausstattung der Winde für direkten elektr. Antrieb einschl. des erforderlichen U-Eisenrahmens sowie des Bronze- oder Rohhautritzels, jedoch ohne die elektr. Ausrüstung	»	82,—	110,—	155,—	205,—
Mehrgewicht	kg	55	75	110	120

Tabelle 56.

Tragkraft kg	Max. aufzuw. Seillänge bei 2 Lagen	Drahtseil ⌀ mm	Keilrad übersetzung	D	L	a	b	c	d	e	f ≈	g	h	i	k	m	Ankerlochⵁ	Keilnute	Gewi
100	73 m	4	1:3,7	180	250	385	190	425	250	380	570/1150	145	297	120	30	750	17	10×4	67/
250	60 „	6	1:5,06	180	300	485	265	525	325	525	720/1200	210	437	130	35	900	17	12×4	115/
500	68 „	8	1:5,44	200	400	641	380	691	450	696	905/1300	291	581	160	40	800	17	12×4	225/
1000	85 „	10	1:5,44	250	500	846	400	896	600	705	1115/1600	300	590	165	40	800	17	12×4	360/

Tabelle 57.

						Einheit
Tragkraft unmittelbar an der Trommel bei erster Seillage	5000	3000	1000	500	250	kg
Hebefähigkeit bei Verwendung eines Unterblockes am zweifachen Seilstrange	10000	6000	2000	1000	500	kg
Seilgeschwindigkeit bei 100 Riemenscheibenumdrehungen je min bei erster Seillage	2,83	4,4	14	13	12,5	m/min
Erforderlicher Kraftbedarf bei 100 Riemenscheibenumdrehungen je min, unter Zugrundelegung eines Wirkungsgrades von 0,69 bzw. 0,62 für die 3- und 5-t-Type	5,0	4,7	4,5	2,1	1,0	PS
Höchstzulässige Umdrehungszahl der Riemenscheibe je min: a) bei normaler Lagerung	300	300	300	300	300	
b) bei Ringschmierlagerung	500	500	500	500	500	
Höchstzulässige Seilgeschwindigkeit bei erster Seillage, bei normaler Lagerung	8,5	13,2	42	39	37,5	m/min
Hierzu erforderlicher Kraftbedarf	15	14,3	13,5	6,3	3,0	PS
Höchstzulässige Seilgeschwindigkeit bei erster Seillage bei Ringschmierlagerung	12,55	22	70	65	62,5	m/min
Hierzu erforderlicher Kraftbedarf	25,0	23,5	22,5	10,5	5,0	PS
Gewicht der Winde einschließlich Riemenscheibe	1000	700	400	290	180	kg
Preis der Normalausführung	1500	1170	735	620	520	RM.

Tabelle 58.

Trag-kraft kg	D	l	Seil φ	Max. aufzuw. Seillänge bei 6 Lagen A*)	B*)	Tragkraft bei 6. Seillage A*)	B*)	a	b	c	d	e	f	g	h	i	k	m	n	o	R	Anker-loch φ	Gew. kg
250	200	400	6	291,8	283,8	194	192	575	677	425	637	1100	534	566	760	586	290	260	110	230	300	16	180
500	250	500	8	348,4	328,4	382	379	702	852	560	802	1470	736	734	987	726	365	325	140	294	400	18	290
1000	300	500	10	337,2	317,4	755	750	770	871	620	821	1404	641	763	1106	851	425	350	180	320	500	18	400
3000	350	600	16	312,2	293,2	2090	2060	890	1000	740	940	1535	772	763	1320	1028	453	412	180	315	500	21	700
5000	400	600	20	295,0	283,0	3380	3330	1200	1139	1050	1069	1545	763	782	1590	1155	790	486	180	310	500	21	1000

Die eingetragenen Gewichte gelten für die Normalausführung. *) A = glatte Trommel, B = mit eingeschnittenen Seilrillen.

durch die Trommel für den Hubbetrieb mitgenommen wird. Das
Senken wird durch eine Bandbremse geregelt, die auf dem Außen-
kranz desselben Trommelschildes liegt, das die konischen Reibflächen
trägt, und die entweder von Hand oder durch einen Fußtritt betätigt
wird. Zum dauernden Festhalten der Last dient außerdem noch ein
Klinkengesperre.

Derartige Winden werden in Deutschland u. a. von der Firma
Pützer-Defries, Düsseldorf, für einfachen Riemenantrieb oder für
unmittelbaren elektrischen Antrieb ausgeführt. Sie würden sich aber
wohl auch sehr gut für Antrieb durch Verbrennungsmotor eignen.
Abb. 147 stellt den einfachsten Typ für Lasten von 250—1000 kg dar.
In Tabelle 57 sind die Leistungen und Preise und in Tabelle 58 die
Hauptabmessungen angegeben. Die Wirkungsweise ist folgende: Mit

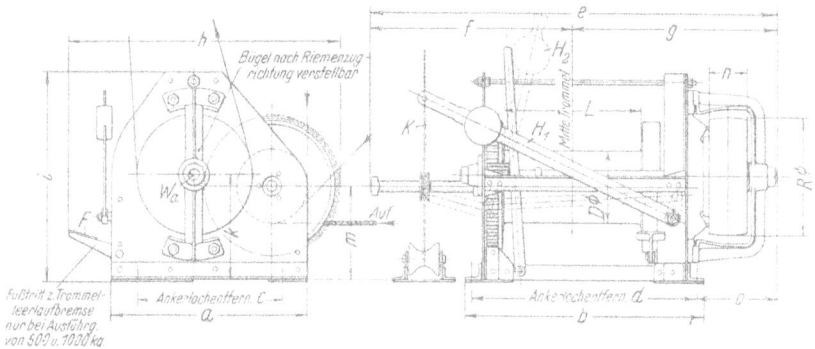

Abb. 147.

der Antriebswelle W_a ist eine Doppelkonusscheibe verbunden, die abwechselnd entweder in entsprechende Konusflächen des festen Winden-
rahmens oder der dauernd umlaufenden Riemenscheibe gedrückt werden
kann. Hierzu dient der in Abb. 147 fast horizontal stehende Hebel H_1,
der, durch ein Gewicht belastet, in der Ruhestellung die Verbindung:
Doppelkonusfläche—Windenrahmen herstellt, die Last also festhält.
Durch Anheben dieses Hebels unmittelbar von Hand oder bei Fernsteuerung durch die Kette K wird die Verbindung: Doppelkonusfläche—
Riemenscheibe hergestellt, wobei die Last gehoben wird. Bei der Mittel-
stellung kann die Last das Getriebe durchziehen. Die Regelung der
Senkgeschwindigkeit geschieht dann entweder bei eingeschaltetem
Getriebe durch Schleifenlassen der Konusscheibe an den Konus-
flächen der Winde, oder, bei ausgerücktem Vorgelegeritzel, bei den
Windengrößen für 500- und 1000-kg-Seilzug durch Betätigung der Fußtrittbremse F. Zur Sicherheit, besonders wenn man mit ungeübtem
Bedienungspersonal zu rechnen hat, kann noch eine Schleuderbremse
angebracht werden. Die Konusflächen haben Ferrodofiberbelag, bei

dessen guter Wirksamkeit ein verhältnismäßig geringer Anpressungsdruck erforderlich ist. Es ist deshalb auch möglich, die Aus- und Einschaltung einfach durch Umlegen des (punktiert gezeichneten) senkrechten Hebels H_2 zu bewirken, wobei das Gewicht zur Erzeugung des
erforderlichen Anpressungsdruckes genügt. Die Riemenscheibenbreiten
sind reichlich zu bemessen, damit beim Anfahren zur Überwindung des
Beschleunigungsdruckes die notwendige Durchzugskraft vorhanden ist.
Die Vorteile dieses Windentyps gegenüber den Winden mit Stirn- oder

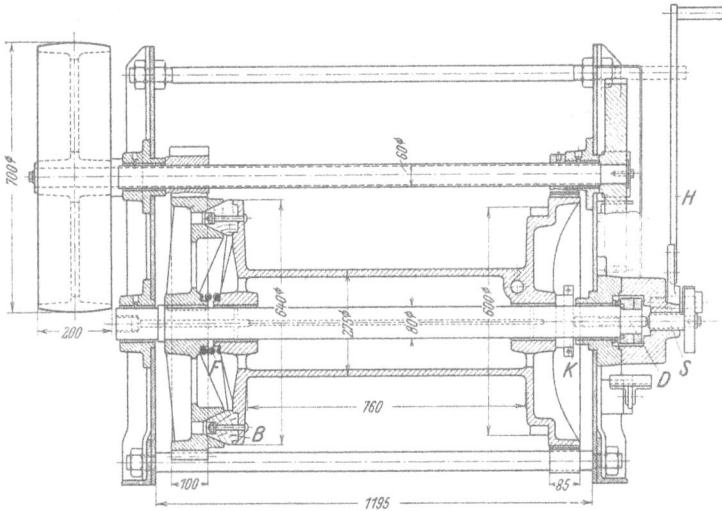

Abb. 148.

Keilnutenreibung bestehen zunächst in der erheblich geringeren Stoßwirkung beim Einschalten, da die Konuskupplung stark dämpfend
wirkt, ferner in der geringeren Abnutzung der Reibungsflächen, die nach
Verbrauch ausgewechselt werden können. Die Möglichkeit bei diesen
Winden Ringschmierlager oder Kugellager verwenden zu können, läßt
eine Steigerung der Seilgeschwindigkeit bis auf 70 m/min zu (s. Tabelle 57).

Der von derselben Firma ausgeführte Windentyp A.F.W., ebenfalls für Riementrieb oder unmittelbaren Elektro- oder Verbrennungs-
motorantrieb, unterscheidet sich von dem vorstehend beschriebenen
wesentlich durch die Art der Kupplung, deren grundsätzliche Anordnung
aus Abb. 148 hervorgeht. Durch Rechtsdrehung des Handhebels H
erhält die flachgängige Schraube S eine Bewegung in axialer Richtung,
die sie auf den in einer Bohrung der Trommelwelle laufenden Druck-
bolzen D, weiter auf das in einem Schlitz der Welle hin und her beweglichen Druckstück K und schließlich auf die lose auf der Welle laufende
Trommel überträgt. Hierdurch tritt die Doppelkonus-Reibungskupplung
am anderen Ende in Tätigkeit. Nach Loslassen des Hebels H wird diese

Tabelle 59.

Trag-kraft kg	D	L	Seil-ϕ	Max. aufzuw. Seillänge bei 6 Lagen A*)	B*)	Tragkraft bei 6. Seillage A*)	B*)	a	b	c	d	e	f	h	i	k	m	n	R.	Anker-loch ϕ	Gew. ca. kg
3000	300	585	16	268,5	259,5	1990	1960	1216	900	1110	826	1900	754	350	645	585	230	550	465	26	1200
3000	300	585	16	268,5	259,5	1990	1960	2000	900	950/950	826	2204	759		875	585	†175	550	†800	26	1400

* A = glatte Trommel, B = mit eingeschnittenen Seilrillen, † Abmessungen für die max. Riemenscheibe.

Tabelle 60.

Tragkraft unmittelbar an der Trommel bei erster Seillage . . .	kg	3000
Hebefähigkeit bei Verwendung eines Unterblockes am zweifachen Seilstrange . .	kg	6000
Seilgeschwindigkeit bei 100 Riemenscheibenumdrehungen je Minute bei erster Seillage . . .	m/min	5,8
Erforderlicher Kraftbedarf bei 100 Riemenscheibenumdrehungen je Minute unter Zugrundelegung eines Wirkungsgrades 0,66 . . .	PS	5,8
Höchstzulässige Umdrehungszahl der Riemenscheibe je Minute . . .		300
Maximal zulässige Seilgeschwindigkeit bei erster Seillage . . .	m/min	17,4
Hierzu erforderlicher Kraftbedarf . . .	PS	17,5
Normale Riemenscheibenabmessungen, Durchmesser × Breite . . .	mm	465/230
Durchmesser und Breite der maximalen Riemenscheibe . . .	mm	800/175
Gewicht der Winde einschl. der normalen Riemenscheibe . . .	kg	1200
Preis der Winde einschließlich der normalen Riemenscheibe . . .	RM.	2150,—
Mehrpreis:		
für Ausstattung der Winde mit Riemenscheibe in den maximalen Abmessungen . . .	RM.	24,—
Mehrgewicht . . .	≈ kg	60
für Ausstattung der Winde für direkten elektrischen Antrieb einschließlich des erforderlichen U-Eisenrahmens sowie des Bronze- oder Rohhautritzels, jedoch ohne elektrische Ausrüstung . . .	RM.	425,—
Mehrgewicht . . .	≈ kg	200

Kupplung mittels der Feder F wieder gelöst. Das Festhalten bzw. Senken der Last geschieht durch eine Bandbremse, die durch Fußtritt betätigt wird oder durch ein ausrückbares Klinkengesperre. Hauptabmessungen s. Abb. 149 und Tabelle 59. Leistungen und Preise s. Tabelle 60.

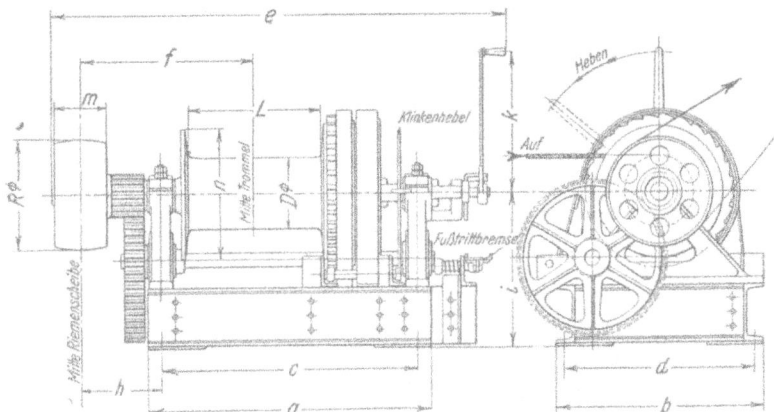

Abb. 149.

Vorzüge dieses Windentyps sind: der leichte Leerlauf der Trommel die von dem Vorgelege gänzlich gelöst werden kann und dann lose au der Trommelwelle läuft, und die sehr einfache und bequeme Handhabung

Besonderer Beliebtheit erfreut sich dieser Windentyp in den Vereinigten Staaten von Amerika, wo er zum Antrieb von Aufzügen, Kranen, Rammen, Greifern und anderen Geräten vielfach benutzt wird. Die Firmen: Lidgerwood Mfg. Co. in New York und Mead-Morrison Mfg. Co. in Boston stellen u. a. diese Winden mit allen nur erdenkbaren Antriebsarten her.

Abb. 150 mit Tabelle 61: Lidgerwood-Eintrommelwinde mit Riemenscheibenantrieb. Wie ersichtlich, handelt es sich hier um eine Ausführungsform, die der in Abb. 149 dargestellten von Pützer-Defries im Prinzip gleicht. Bemerkenswert ist der sehr kräftige, gußeiserne Unterbau, eine Eigenart, die sich bei fast allen derartigen amerikanischen Winden findet. Außerdem fehlt bei dieser Winde noch das Klinkengesperre. Handhebel zur Betätigung der Kupplung und Fußtrittband-

Abb. 150.

7*

bremse können gegebenenfalls durch ein Gestänge zwangläufig verbunden werden.

Die Wirkungsweise der Kupplung ist grundsätzlich die gleiche wie in Abb. 148 und weicht nur in Einzelheiten davon ab. Das konisch ausgebildete, gehärtete Ende des Druckbolzens D läuft hier in einem Bronzeansatz der feststehenden Schraube S. Das ganze ist mit einer Kapsel umgeben, in die Öl oder Fett gefüllt werden kann. (Abb. 151 Patent der Lidgerwood Mfg. Co.) Die Abb. 152 zeigt die Trommelwelle mit dem Schlitz für das Druckstück K. Das am anderen Ende aufgekeilte Zahnrad trägt die doppelt konischen Reibungsstücke aus Ahornholz, in die zur weiteren Erhöhung der Reibung runde Kork-

Abb. 151.   Abb. 152.

stücke unter Druck eingesetzt sind. Abstand der Korken voneinander: ungefähr 5 cm. Überstand über der Konusfläche: 0,8 mm. Dieser Überstand bleibt, wie die Erfahrung erwiesen hat, auch bei der Abnutzung der Holzreibungsstücke konstant. Bei Erhitzung der Reibflächen zeigen sie weniger Neigung zum Brennen als das Holz. Letzteres wird infolge der Lagerschmierung leicht ölig, was den Reibungskoeffizienten erheblich herabsetzt und zu stärkerem Gleiten und damit zu stärkerer Wärmeentwicklung führt. Versuche haben gezeigt, daß der Unterschied im Reibungskoeffizienten öliger und trockener Korkeinsätze nur 10% beträgt. (Gebrauchsmusterschutz der Lidgerwood Mfg. Co.)

Hauptabmessungen und Gewichte der Winde Abb. 150 s. Tabelle 61.

Weitere Steigerung der Geschwindigkeit läßt sich noch durch Vergrößerung des Trommeldurchmessers erreichen (es werden Winden bis zu 275 m Seilgeschwindigkeit gebaut), doch finden derartige Winden in der Hauptsache bei Baustoffaufzügen Verwendung, die hier nicht besprochen werden sollen.

Tabelle 61.

Windennummer	191	192	193	191¹/₄	192¹/₄
Trommel-Durchmesser . mm	254	356	407	407	407
„ Länge . . . . . „	482	560	661	712	712
Riemenscheiben-Durchm. . „	509	560	764	764	916
„ -Breite . . „	158	216	216	317	317
Zähnezahl des Ritzels	16	13	15	15	16
„ „ Antriebs	67	59	75	75	79
Seilzug (einfach) . . . . kg	450—680	900—1360	1800	2700	3600
Grundplatten-Breite . . . mm	1000	1140	1370	1450	1570
„ -Länge . . . „	740	915	1450	1450	1370
Frachtgewicht . . . . . kg	635	1090	1900	1980	2700
Umdrehungszahl d. Riemensch.	160—244	186—248	218—298	218—298	235—326
Übersetzung	1:4,2	1:4,54	1:5	1:5	1:4,94
Kraftbedarf ($\eta \approx 0{,}80$) . . PS	3,8—8,7	11,5—23,0	26,5—38	40—57	61—84
Normale Seilgeschwindig-keit . . . . m/min	30,5—46	46—61	53—76	53—76	61—84
Umdrehungszahl d. Trommel. .	38—58	41—55	42—60	42—60	48—66

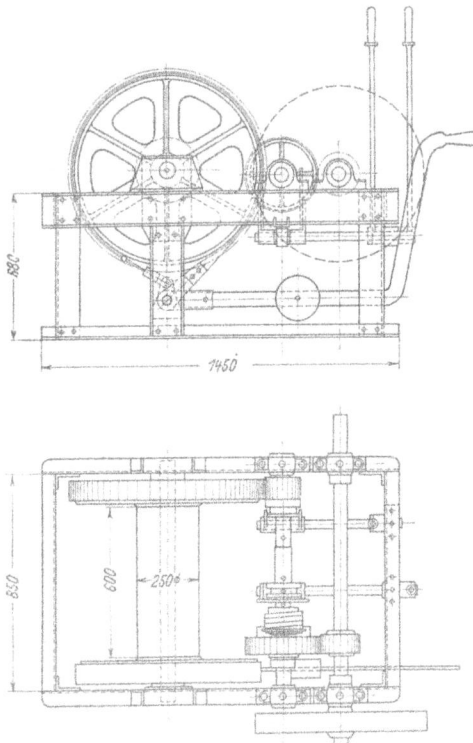

Abb. 153.

Nach demselben Prinzip sind die Winden der Mead-Morrison Mfg. Co. in Boston gebaut, sie unterscheiden sich lediglich in der Ausführung der Einzelheiten. Die Längsverschiebung der Trommel ge-

schieht hier durch eine doppelgängige Flachschraube und die Druck-
übertragung auf den Bolzen durch ein Druckkugellager. Die doppelt
konischen Reibungsklötze sind mit einer auswechselbaren Asbestmasse
belegt.

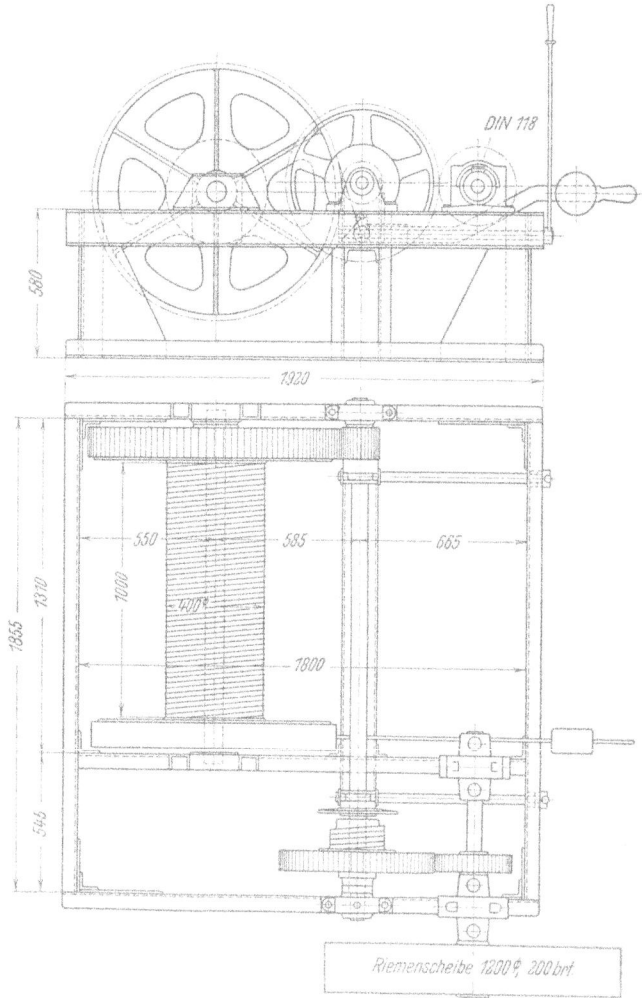

Abb. 154.

Von vorstehenden Konstruktionen in einigen Punkten abweichend
sind die einfachwirkenden stationären Räderwinden der Allgemeinen Baumaschinen-Gesellschaft, Leipzig, gebaut. Auch
bei ihnen läßt sich ein Trommelleerlauf erzielen, aber nur, nachdem
das Ritzel, welches das große Trommelzahnrad antreibt, ausgerückt ist.

Angaben über normale Ausführungsformen findet man in Tabelle 62. Die Gesamtanordnung der Typen von 2000 bis 3000 kg Tragkraft geht aus den Abb. 153 und 154 hervor.

Tabelle 62.

Trag-kraft	Seilgeschw. pro min	Kraft-bedarf	Riemenscheibe			Seiltrommel		Gewicht	Seemäßige Verpackung
			Touren pro min	Dmr.	Breite	Dmr,	Länge		
kg	m	PS	pro min	mm	mm	mm	mm	kg	m³
2000	ca. 20	ca. 11	300	Nach	Wahl	250	600	ca. 700	ca. 2,0
3000	,, 16	,, 13	300	bis 800	× 120	300	600	,, 900	,, 3,0
4000	,, 16	,, 18	300	900	150	300	600	,, 1000	,, 3,0
5000	,, 12	,, 17	300	1000	150	400	600	,, 1450	,, 3,0

Die angegebene Tragkraft gilt für die erste Seillage. Für jede weitere Seillage vermindert sich die Tragkraft um ca. 100—125 kg für jede 1000 kg.

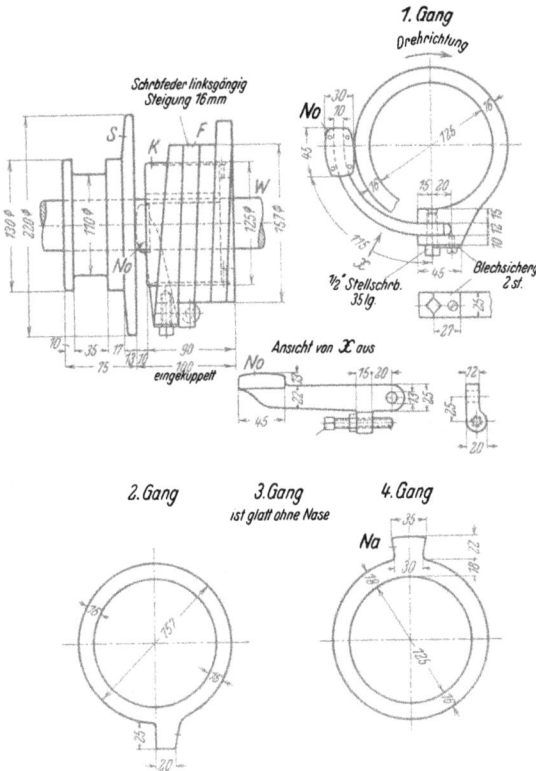

Abb. 155.

Besonders ausgezeichnet ist diese Winde durch die eigenartige Kupplung, die in Abb. 155 im einzelnen dargestellt ist. Die Wirkungsweise ist folgende: Auf der Vorgelegewelle *W* sitzen lose die Einrückscheibe *S* und die Stahl-Schraubenfeder *F*. Letztere ist mit dem ebenfalls lose auf der Welle laufenden Zahnrad durch die Nase des 4. Ganges *V,*

(s. Abb. 155) fest verbunden. Die Feder umschließt (im Ruhezustand mit geringem Spiel) einen gehärteten Stahlkolben K, der auf der Antriebswelle fest verkeilt ist. Wird nun die Einrückscheibe S gegen den Nocken N_0 der Feder gedrückt, so legt sich die Stellschraube St gegen die Nase $N_a{'}$ des 2. Federganges und zieht die Schraubenfeder dadurch zusammen, die sich nun fest um den Stahlkolben K legt und diesen und somit die Vorgelegewelle mitnimmt. Zum Senken von Lasten mit der leeren Trommel ist auf dem einen Trommelschild eine Bandbremse angebracht, deren Betätigung ohne weiteres aus den Abb. 153 und 154 hervorgeht; ebenso die Ausrückvorrichtung für das auf der Vorgelegewelle sitzende Ritzel.

e) **Mehrtrommelwinden.** Der Derrick-Betrieb erfordert im allgemeinen drei Bewegungen: 1. Heben und Senken, 2. Auslegereinziehen, 3. Auslegerschwenken. Dazu kommt noch bei Greiferbetrieb 4. Öffnen und Schließen des Greifers. Die hierbei verwendeten Winden sind daher mit der entsprechenden Anzahl Trommeln ausgerüstet. Das Schwenken des Derricks erfordert den geringsten Arbeitsaufwand. Der Schwenkantrieb wird daher oft von der eigentlichen Winde getrennt und von Hand oder durch einen kleineren Antriebsmotor betätigt. Wegen seiner großen Beliebtheit, der sich der Derrickbetrieb in Amerika erfreut, ist dieser Windentyp dort besonders vielseitig ausgebildet. Die im vorstehenden beschriebene Bauart, mit einer Leerlauftrommel und Doppelkonus-Reibungskupplung, wie sie u. a. von den Firmen Lidgerwood Mfg. Co.

Abb. 156.

und Mead-Morrison Mfg. Co. ausgeführt wird, hat sich für den Derrick-betrieb als außerordentlich praktisch erwiesen, weil man dabei jede Bewegung auf sehr einfache Weise unabhängig von der anderen, oder auch mehrere Bewegungen gleichzeitig vollziehen kann.

Im folgenden sind einige Ausführungsformen dieser Winden in ihren typischen Vertretern beschrieben:

Unmittelbarer Dampf- oder Druckluftbetrieb. Abb. 156: Lidgerwood-Zweitrommel-Dampfwinde. Leistungen und Abmessungen s. Tabelle 63.

Abb. 157.

Tabelle 63.

Maschinen-leistung	Abm. d, Zylinders		Abm. d. Trommel		Last am einfach. Seilstrang	Abm. d. Grundpl.		Gewicht
	Dmr.	Hub	Dmr.	Länge		Breite	Länge	
PS	mm	mm	mm	mm	kg	mm	mm	kg
8	127	203	305	355	910	965	1930	1780
12	159	203	355	406	1360	990	1930	2110
20	178	254	355	457	2270	1120	2240	2580
30	210	254	355	508	3630	1190	2240	2950
35	228	254	355	558	4080	1290	2240	3650
42	254	254	380	583	4750	1500	2360	5100
50	254	305	406	609	5090	1570	2710	5950
60	305	305	482	660	7250	1650	2790	7650

Die schnellaufende Dampfmaschine ist doppeltwirkend. Der Maschinenrahmen ist aus Gußeisen und so eingerichtet, daß ein Schwenkantrieb nach Abb. 157 ohne weiteres angeschraubt werden kann. Abmessungen s. Tabelle 64.

Tabelle 64.

Abmessungen der Schwenktrommel		Übersetzung von der vordersten Trommelwelle zur Schwenktrommelwelle	Ungefähres Gewicht
Dmr.	Länge		
mm	mm		kg
305	276	3,3 : 1	910
305	276	3,3 : 1	965
406	229	4,5 : 1	1820

Dieser Schwenkantrieb ist nach einem Patent von Covell gebaut. Die beiden Schwenktrommeln können hiernach abwechselnd, je nach Stellung des Handhebels, mit dem Hauptantrieb, der in diesem Falle von der zunächst liegenden Trommel ausgeht, durch Reibungskupplungen verbunden werden.

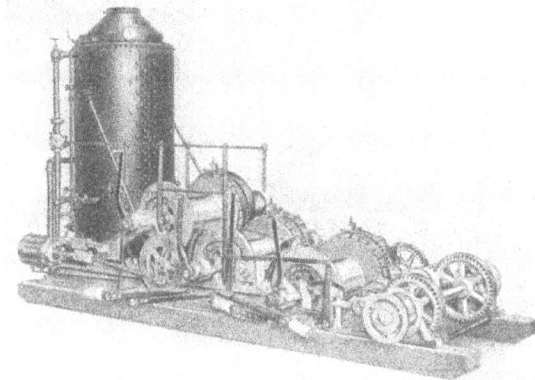

Abb. 158.

Abb. 159.

Abb. 158 zeigt eine Dreitrommelwinde mit Schwenkantrieb derselben Firma, als vollständige Windenausrüstung für Derrickbetrieb mit Selbstgreifern. Die Bedienung der vielen Hebel, einschließlich des Dampfventils, erfordert hierbei schon einige Umsicht. Immerhin ist die Hebelanordnung augenscheinlich so getroffen, daß die Bedienung durch einen Mann sich noch einigermaßen bequem bewerkstelligen läßt.

Unmittelbarer Antrieb durch Verbrennungsmotor. Bauart der Winde selbst grundsätzlich dieselbe wie beim Dampfantrieb. Als Beispiel ist in Abb. 159 eine Ausführung der Firma Mead-Morrison Mfg. Co. gegeben. Zwischen Motor-Kurbelwelle und Antriebsritzel ist eine besondere Reibungskupplung geschaltet.

Die Schwenktrommel wird hier durch einen Kettentrieb betätigt. Durch einen Hebel werden abwechselnd die an den Enden angebrachten Bandbremsen angezogen, wodurch eines der für die gewünschte Drehrichtung vorhandenen Planetengetriebe, die ebenfalls an den Enden sitzen, eingeschaltet wird. Leistungen und Abmessung s. Tabelle 65.

Tabelle 65

Motor-leistung PS	Seilzug	Seilgeschw.	Trommeln		
	am einfachen Strang		Durch-messer mm	Länge mm	Flansch-durch-messer mm
	kg	m/min			
20	1220	53	203	415	390
40	1900	53	254	406	465
55	2270	69	305	406	540
55	3170	53	330	457	652
85	3860	69	330	457	652

Abb. 160.

Beispiel für elektrischen Antrieb s. Abb. 160 und Tabelle 66. Bemerkenswert ist die Art, wie die Steuerwalze betätigt wird. Der dazu bestimmte Handhebel kann auf der Übertragungswelle in jeder für die Handhabung bequemsten Lage angebracht werden. Statt der Fußtritte für die Bandbremsen können auch Magnetbremslüfter eingebaut werden.

Abb. 161 zeigt eine besondere Ausführungsform für Derrickbetrieb, bei der eine äußerst zusammengedrängte Anordnung angestrebt wurde. Die Konstruktion weicht in Einzelheiten nur hinsichtlich der Hebelanordnung von der normalen ab. Die Winde besitzt zwei Reibungstrommeln normaler Bauart von je 305 mm Durchmesser und 500 mm Länge, Bandbremsen und Klinkengesperre. Antriebsmotor: 20-PS-Gleichstrom-Hauptstrommotor für 250 Volt mit Straßenbahn-Steuerwalze. Die Widerstände sind in der senkrecht

Tabelle 66.

| | Motor-lei-stung PS | Abmessung der Trommel | | Seilzug kg | Seilge-schwin-digkeit m/min | Abmessung der Grundplatte | | Ungefähres Gewicht kg |
		Durch-messer mm	Länge mm			Breite mm	Länge mm	
Gleich-strom 250—500 Volt	15	305	406	910	54	1040	2080	2500
	20	305	508	1135	54	1195	2000	2830
	25	355	660	1590	54	1400	2040	3540
	40	406	610	2270	61	1400	2360	4420
	50	406	762	3175	61	1525	2560	5350
Dreh-strom 2 phasig oder 3 phasig 60 Perio-den, 110, 220, 440 und 550 Volt	15	305	406	910	54	1040	2000	2260
	18	305	508	1135	54	1195	2000	2810
	22	355	660	1360	54	1400	2030	3190
	37	406	610	2040	61	1400	2360	4190
	52	406	762	2720	61	1525	2560	4920

stehenden Grundplatte der Winde untergebracht. Die Reibungskupp-lungen werden durch Handhebel betätigt, die durch Zahnsegmente festgehalten werden. Für die Bandbremsen sind Fußtritte vorgesehen. Der Schwenkantrieb ist auf der entgegengesetzten Mastseite befestigt.

Abb. 161.

Mittels Kegelradtrieb und vertikaler Welle treibt er ein Ritzel an, das in einem auf der Plattform befestigten gußeisernen Ring mit Innenverzah-nung läuft. Das Anlassen geschieht durch den horizontal stehenden Hebel. Die Winde besitzt eine größte Trag-fähigkeit von 1800 kg bei einer Seil-geschwindigkeit von 40 m/min. Es sind jedoch auch Winden derselben Art für 3150 kg Tragkraft und 45 m/min Seilgeschwindigkeit gebaut worden.

f) **Winden für besondere Zwecke.** Die größeren Krane (wie Turmdreh-krane, Kabelkrane usw.) werden meist von den ausführenden Firmen selbst mit einem besonderen Windwerk aus-gestattet, wobei der getrennte, mehr-motorige Antrieb heutzutage die Regel bildet. Es gibt aber auch Fälle, wo das Bedürfnis nach marktgängigen Zusammenstellungen vorliegt, die in größere Krankonstruktionen ohne weiteres eingebaut werden können. Ein solcher Fall ist z. B. bei Montage-

Bockkranen denkbar, die für bestimmte Bauten größeren Umfangs besonders zusammengebaut werden.

Ein Beispiel für solche Winden ist in Abb. 162 mit den dazu gehörigen Tabellen 67 und 68 dargestellt, die sich durch gedrängte, Platz sparende Anordnung auszeichnet. Als Antriebsmotor ist ein Gleichstrommotor vorgesehen. Die ausführende Firma (Pützer-Defries, Düsseldorf) empfiehlt hierfür Verbundwicklung, die den Zweck haben soll, den Motor bei gelüfteter Backenbremse vor dem Durchgehen zu schützen.

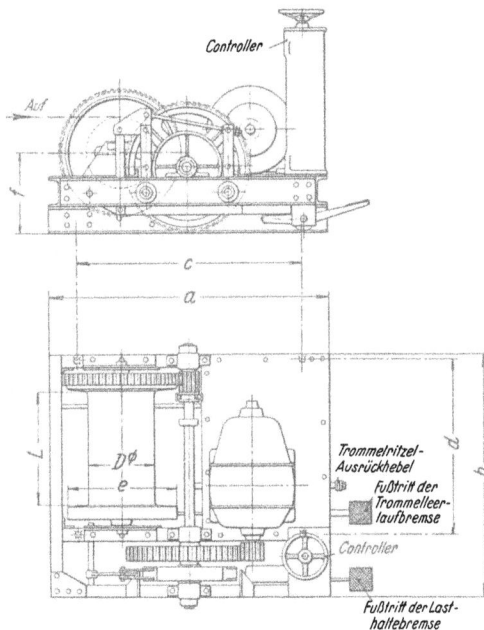

Abb. 162.

Die großen Elektrizitätsfirmen bauen aber derartige Typen für Hebezwecke nicht serienweise, und es dürfte sich gerade für den Baubetrieb immer empfehlen, sich ausschließlich an die marktgängigen Sorten zu halten, damit ein Ersatz jederzeit schnell möglich ist. Ist im übrigen, wie aus der Abb. 162 hervorgeht, die Trommel mit einer Leerlauf-Fußtrittbremse versehen, so daß zum schnellen Senkbetrieb der Motor stillgesetzt werden kann, so ist jede Gefahr nahezu beseitigt. Beim Heben und Senken des leeren Hakens mit Hilfe des Motors dürften die Widerstände des Getriebes vollauf genügen, um eine Überschreitung der höchstzulässigen Motordrehzahl zu verhüten. Die dargestellte offene Bauart des Motors und der Steuergeräte ist nur für geschlossene Räume (z. B. wenn besondere Bedienungshäuschen vorgesehen sind) zulässig. Für

Tabelle 67

Trag-kraft kg	D	L	e	Seil ⌀	Max. aufzu-wickelnde Seillänge bei 6 Lagen * A	B	Tragkraft bei 6. Seil-lage * A	B	a	b	c	d	f	Anker-loch ⌀	Gewicht ca. kg
							kg	kg							
250	200	400	400	6	291,8	283,6	194	192	736	800	636	581	220	14	180
500	250	500	450	8	348,4	328,4	382	379	923	1010	803	769	270	17	300
1000	300	500	500	10	337,2	317,4	755	750	1250	1060	1000	760	350	21	600
3000	350	600	600	16	312,2	293,2	2090	2060	1310	1243	1060	908	420	21	800
5000	400	700	650	20	339,8	321,2	3380	3330	1700	1350	1390	980	480	21	1400
7500	500	800	800	26	369,9	349,3	5020	4930	1950	1750	825/825	1407	500	23	1900
10000	600	800	900	30	311,2	286,4	7240	7130	2420	1750	1000/ 000	1407	580	23	3000

* A = glatte Trommel, B = mit eingeschnittenen Seilrillen.

Tabelle 68

Tragkraft unmittelbar an der Trommel bei erster Seillage kg	250	500	1000	3000	5000	7500	10000
Hebefähigkeit bei Verwendung eines Unterblockes am zwei-fachen Seilstrange . . . . kg	500	1000	2000	6000	10000	15000	20000
Tragkraft unmittelbar an der Trommel bei							
zweiter Seillage . . . kg	236	470	938	2750	4540	6800	9100
dritter Seillage . . . kg	223	443	883	2540	4170	6200	8330
vierter Seillage . . . kg	212	418	833	2370	3850	5720	7700
fünfter Seillage . . . kg	201	398	790	2190	3570	5300	7130
sechster Seillage . . . kg	192	379	750	2060	3330	4930	—
Aufzuwickelnde Seillänge in							
einer Seillage . . . ca. m	39,6	38,5	34,9	34,1	35,2	39,3	41,5
zwei Seillagen . . . ca. m	83,5	90,2	85,1	78,4	83,6	91,3	95,3
drei Seillagen . . . ca. m	129,9	145,0	138,4	126,5	136,4	149,2	154,1
vier Seillagen . . . ca. m	178,7	203,0	194,9	178,3	193,6	211,0	217,8
fünf Seillagen . . . ca. m	230,0	264,2	254,6	233,9	255,2	277,7	286,4
sechs Seillagen . . . ca. m	283,8	328,4	317,4	293,2	321,2	356,3	—
Angenommene Seilgeschwindig-keit bei erster Seillage . m/min	20	15	10	6	5	4	3
Hierzu erforderlicher Kraft-bedarf unter Zugrunde-legung eines Wirkungs-grades von 0,67 . . . PS	1,67	2,5	3,5	6	8,3	10	10
Maximal zulässige Seilge-schwindigkeit bei erster Seillage . . . . . . m/min	36	36	18	13	12	8	6
Hierzu erforderlicher Kraft-bedarf . . . . . . PS	3	6	6	13	20	20	20
Gewicht der Winde ohne elektrische Ausrüstung, jedoch einschl. Motor-ritzel . . . . kg	180	300	600	800	1400	1900	3000
Preis der Winde in Normal-ausführung ohne elektr. Ausrüstung, jedoch ein-schließlich Motorritzel . RM.	510.—	720.—	1200.—	1440.—	2400.—	3160.—	4800.—

Arbeiten im Freien müssen alle elektrischen Apparate staub- und feuchtigkeitsdicht eingekapselt sein. Schutzdächer allein genügen nicht!
   Die Anordnung der Doppelbackenbremse geht aus Abb. 162 hervor.
Sie wird bei der normalen Ausführung der Winde durch ein Gestänge
betätigt, das mit der Steuerwalze in Verbindung steht, und zwar wird
durch Einschalten der Steuerwalze die Bremse gelüftet und beim Abschalten wieder selbsttätig geschlossen. Besser ist ein Bremslüftmagnet,
der natürlich ebenfalls ohne weiteres eingebaut werden kann. Die Firma
überläßt dem Käufer der Winde die Wahl zwischen reiner Stirnrad-
und kombinierter Schnecken- und Stirnradübersetzung. Im allgemeinen

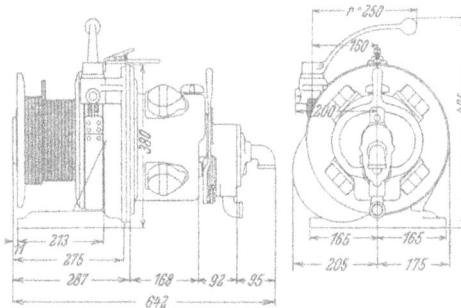

Abb. 163.

dürfte die erstere mehr zu empfehlen sein, besonders wenn das erste
Räderpaar mit geschnittenen Zähnen ausgeführt ist und im Ölbade läuft.
Gut, jedoch nicht unbedingt erforderlich, ist elastische Kupplung zwischen Motor und Vorgelege. Das Trommelritzel ist ausrückbar. Zum
Festhalten der Last bei ausgeschaltetem Vorgelege dient eine Fußtritt-
bandbremse, die auf dem als Bremsscheibe ausgebildeten Schildrand
der Trommel läuft.
   g) Zum Schluß sei noch auf eine **kleine Druckluftwinde** hingewiesen,
die von der Ingersoll-Rand Company ausgeführt wird. Sie kann
mit Vorteil natürlich nur in unmittelbarer Verbindung mit einem fahrbaren Kompressor verwendet werden, d. h. auf einer Baustelle, auf der
mit Druckluftwerkzeugen gearbeitet wird. Abb. 163 zeigt die Umrisse
dieser Winde, von der drei Größen (CU, DU und D 6 U) von 340, 450
und 565 kg Tragkraft hergestellt werden. Größte abwickelbare Kabellänge: rd. 100 m. Seildurchmesser: 8 mm. Gewicht ohne Seil: rd. 115 kg.
Rohranschluß- und Schlauchdurchmesser: $3/4''$. Durch Einfügung von
mehrsträngigen Seilrollen kann die Tragfähigkeit erhöht werden, bei
entsprechend verringerter Seilgeschwindigkeit. Über letztere gibt die
folgende Tabelle 69 Aufschluß. Der Antrieb geschieht durch vier radial
gestellte Zylinder, etwa nach Art der mit Druckluft betriebenen, rotierenden Bohrmaschinen (s. z. B. »Betriebshütte« S. 1034).

Tabelle 69.

	Last am einfachen Seil	Luftdruck in at				
		4,2	4,9	5,6	6,3	7.0
Größe CU	113	2′ 39″[1])	2′ 27″	2′ 15″	2′ 6″	2′ 0″
	227	4′ 38″	3′ 32″	2′ 57″	2′ 35″	2′ 34″
	340				4′ 5″	3′ 9″
	454					
	568					
Größe DU	113	3′ 5″	2′ 54″	2′ 45″	2′ 34″	2′ 28″
	227	4′ 6″	3′ 36″	3′ 20″	3′ 0″	2′ 44″
	340	6′ 26″	4′ 40″	3′ 0″	3′ 38″	3′ 20″
	454				5′ 27″	4′ 47″
	568					
	680					
Größe D6U	113	3′ 5″	2′ 43″	2′ 34″	2′ 22″	2′ 9″
	227	3′ 52″	3′ 23″	3′ 2″	2′ 49″	2′ 40″
	340	5′ 7″	4′ 24″	3′ 44″	3′ 20″	3′ 9″
	454		6′ 58″	5′ 5″	4′ 18″	4′ 15″
	568			7′ 42″	5′ 51″	4′ 44″
	680					7′ 5″

[1]) Ablaufgeschwindigkeit in Minuten (′) und Sekunden (″) von 100 m Seil für verschiedene Windengrößen und Luftdruckhöhen.

Ausführungsformen der Baukrane.

Kap. 11. Hebemaste.

a) **Allgemeines.** Die Hebemaste dienen zum Aufstellen von Bauteilen, wenn größere seitliche Bewegungen nicht auszuführen sind,
hauptsächlich bei der Montage von Hochbauten in Eisen oder Holz,
zum Aufrichten von Stützen und Masten, Verlegen von Trägern und
Bindern. Sie werden in Längen von 5,0 bis 15,0 m in Holz, darüber
hinaus auch in Eisen hergestellt. Ihre Beliebtheit beruht auf ihrer außerordentlichen Einfachheit. Ein hölzerner Hebemast läßt sich mit den
auf jeder Baustelle vorhandenen Mitteln improvisieren. Ein genügend
langes Rundholz, Drahtseile von geeigneter Länge zum Verankern der
Spitze, ein Flaschenzug und einige Vierkanthölzer sind alles, was man
im Notfall braucht. Durch eine geeignete Fußausbildung kann man es
so einrichten, daß der Mast eine geringe Neigung erhält, damit der
Flaschenzug freier hängt, doch muß man dann
acht geben, daß der dabei entstehende wage-
rechte Schub nicht zu groß wird, so daß der
Mast abgleiten kann.

b) Für die **statische Untersuchung** sind folgende Gesichtspunkte maßgebend:

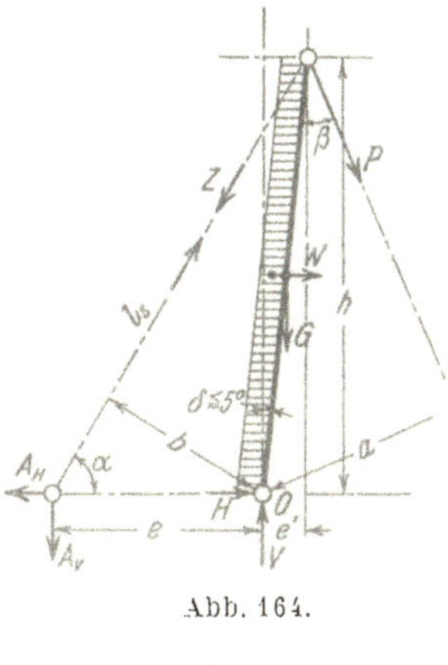

Der Winkel α der Abspannseile gegen die
Horizontale (s. Abb. 164) richtet sich im allgemeinen nach den örtlichen Verhältnissen, soll
aber nicht größer als etwa 60° sein, insbesondere
wenn Erdanker angeordnet werden müssen.
Kleinere Winkel ergeben günstigere Verhältnisse, sowohl bezüglich der Verankerung als
auch der Spannkräfte in den Drahtseilen und

Abb. 164.

im Hebemast. Die Neigung des Mastes soll 5° nicht überschreiten, sonst
wird die Gefahr des seitlichen Ausgleitens des Mastfußes zu groß. Im
übrigen kann man den Einfluß der Schrägstellung bei der statischen
Untersuchung vernachlässigen.

Ist der Lastzug schräg gerichtet (s. Abb. 164), so wird demnach:

$$Z = \frac{P \cdot \sin \beta}{\sin (90 - \alpha)}$$

$$V = P \cdot \cos \beta + Z \cdot \sin \alpha + G$$

worin G = Eigengewicht des Mastes (einschl. halbem Gewicht der Ankerseile und dem Gewicht des Flaschenzuges nebst Hakengeschirr).

c) **Eiserne Gittermaste** haben meistens die in Abb. 165 dargestellte Querschnittsform. Die Stöße werden durch volle Bleche gebildet. Übliche Länge der einzelnen Teile: 8,0 m mit Rücksicht auf Eisenbahnverladung. Die Spitzen- und Fußstücke sind häufig nach den Enden zu zusammengezogen. Werden diese Teile einzeln verwendet, so kann man als gefährlichen Querschnitt denjenigen ansehen, der von der Spitze aus gemessen in $\frac{1}{3}$ der Länge vorhanden ist. Besteht der Mast aus drei Teilen mit einem geraden Mittelstück, so genügt es, den Querschnitt dieses mittleren Teiles der Spannungsermittlung zugrunde zu legen. Bei den Gittermasten kommt zu der einfachen Druckbeanspruchung die Biegungsbeanspruchung infolge außermittiger Aufhängung der Last hinzu, die hier bedeutend größer ist als bei den einfachen Masten. Bei der Ermittlung der Windfläche empfiehlt es sich, mit Rücksicht auf die meist engen Vergitterungen die volle Umrißfläche als Windfläche einzusetzen.

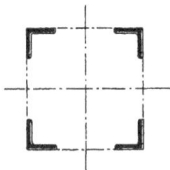

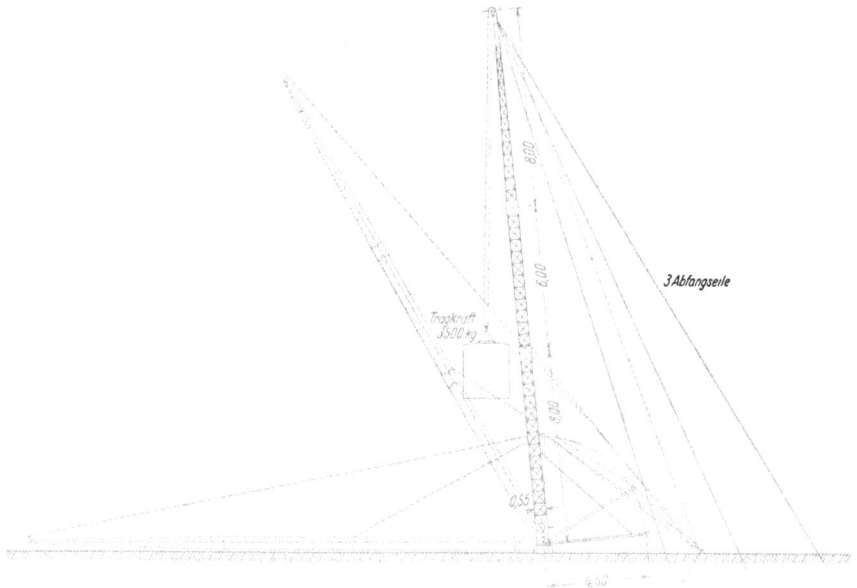

Abb. 165.

3 Abfangseile

Tragkraft
1500 kg

Abb. 166.

Die Aufstellung der Maste geschieht in den meisten Fällen mittels kleinerer Hilfsmaste. Das Aufzugsseil geht von einer Handkabelwinde über eine Rolle an der Spitze des Hilfsmastes und weiter zu der Spitze oder wenigstens zu einer passenden Stelle des oberen Teiles des aufzurichtenden Mastes.

d) **Beispiele.** Bemerkenswert ist die Ausführung des Mastes, den die Maschinenfabrik Otto Kaiser (St. Ingbert) zur Aufstellung ihrer Turmdrehkrane konstruiert hat. Wie aus Abb. 166 hervorgeht, ist in dem Fuß des Mastes eine Handwinde eingebaut, von welcher das Aufzugsseil nach einer an der Spitze befindlichen Rolle geht, außerdem ist am Fuß ein Dreiecksgestell mit einer Rolle angebracht, das in der liegenden Stellung des Mastes den Hilfsmast ersetzen soll. Das Seil geht über die Rolle dieses Dreiecks zu einem Erd-

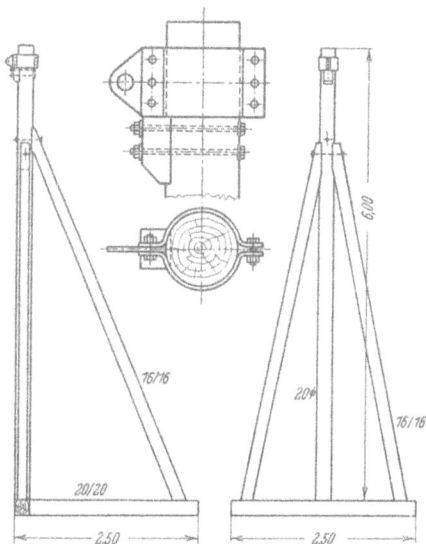

Abb. 167.

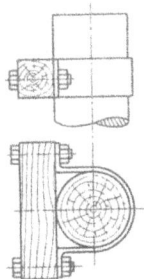

Abb. 168.

anker. Mit Hilfe der Handwinde kann dann der Mast auf sehr einfache Weise aufgerichtet werden.

Viel verwendet werden auch die sog. Holzständerbäume, namentlich beim Aufstellen von Eisenkonstruktionen. Sie unterscheiden sich von den einfachen Hebemasten dadurch, daß sie auf einem Holzkreuz stehen und durch Streben gehalten werden, so daß sie sich leichter bewegen lassen. Natürlich müssen auch sie im Betriebe verseilt werden, namentlich wenn sie wie beim Aufrichten von eisernen Stützen starke seitliche Kräfte auszuhalten haben. Abb. 167 zeigt eine einfache Ausführung. Statt der angegebenen Schelle am Kopf dient manchmal auch, besonders bei kleineren Modellen, einfach eine Drahtseilschlinge zum Befestigen des Rollenzuges. Damit die Schlinge nicht nach unten abgleiten kann, wird sie oberhalb eines Querholzes angebracht, das mittels einer halben Schelle an den Mast geklemmt wird (Abb. 168).

Anwendungen größerer Standbäume für die Montage großer Hallen s. »Eisenbau« 1915, S. 191 u. 192, ferner 1913, S. 400 f.

Die Abb. 169 u. 170 zeigen amerikanische Ausführungen von ein fachen bzw. Scherenmasten. Die Firma Dobbie Foundry & Machine Co., Niagara Falls, N. Y., stellt diese Maste in folgenden Größen her:

Tabelle 70.

Einfacher Hebemast von 1300 kg Tragkraft (Abb. 169)				
Abmessungen des Mastes . .	15/15	15/20	20/20	20/20
Höhe in m	5,0	6,0	7,5	8,5
Preis (in $)	80	88	96	108

Tabelle 71.

Scherenmast von 1800 kg Tragkraft (Abb. 170).				
Abmessungen der Masthölzer	15/15	15/15	15/15	15/15
Höhe in m	5,0	6,0	7,5	8,5
Trommel-Durchmesser (mm)	115	115	165	165
Trommel-Länge (mm) . . .	1000	1000	1000	1000
Preis (in $)	120.—	132.—	148.—	168.—

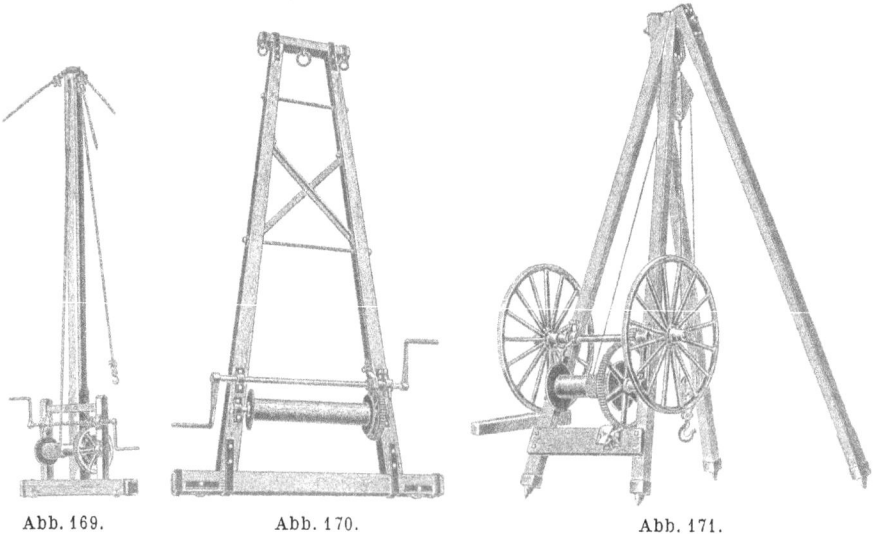

Abb. 169.　　　　Abb. 170.　　　　Abb. 171.

Schließlich mag noch in diesem Zusammenhange auf eine ameri kanische Hebebockkonstruktion, ähnlich den bekannten Drei bäumen, hingewiesen werden, die namentlich bei ausgedehnten Rohr verlegungen gute Dienste leistet. Sie besteht, wie Abb. 171 zeigt, aus einem Scherenmast, der sich gegen zwei hölzerne Ständer stützt. Am Scherenmast ist die Winde angebracht, die mittels zweier Wagenräder angetrieben wird. Im zusammengelegten Zustande kann dieser Bock

dann auf den Rädern weitergefahren werden. Er wird in zwei Größen
ausgeführt:

Tabelle 72.

Holzstärken cm	Höhe m	Tragkraft	Preis (in $) einschl. Flaschenzug und Seil
10/10	3,7	1600 kg	160,—
10/15	3,7	4500 »	200,—

Kap. 12. Derricks.

a) **Begriffsbestimmung und allgemeine Anordnung.** Durch Anfügen
eines Schwenkbaumes an einen gewöhnlichen Hebemast oder Standbaum
entsteht eine im Bauwesen außerordentlich viel benutzte Kranart.
Die von den Engländern und Amerikanern hierfür gebrauchte Bezeichnung »Derrick« soll auch im folgenden beibehalten werden, weil in der
deutschen Sprache eine kurze, das Wesen des Kranes treffende Bezeichnung fehlt.

Die Derricks werden in zwei Hauptformen verwendet, die sich
grundsätzlich durch die Art unterscheiden, wie der senkrechte Mast
festgehalten wird.

α) Der Mast wird am oberen Ende durch Ankerseile gehalten. Die
englisch-amerikanische Bezeichnung hierfür ist: Guy-Derrick, was
wörtlich übersetzt, soviel wie Trossen- oder Halteseil-Derrick
bedeutet.

β) Der Mast wird durch steife Streben abgestützt. Hierfür lautet
der englisch-amerikanische Name: Stiffleg-Derrick, was man kurz
mit Bock-Derrick übersetzen kann.

Beiden Ausführungsformen gemeinsam sind folgende Teile:

1. Der Mast mit der Haltekonstruktion; feststehend oder drehbar.

2. Der schräge Ausleger. Am unteren Ende beim feststehenden
Mast für sich drehbar oder beim drehbaren Mast mit diesem gelenkig
verbunden.

3. Die Schließe zur Verstellung des Auslegers, bestehend aus
einem Rollenzug.

Die Trossen-Derricks werden in den meisten Fällen so ausgeführt,
daß der Ausleger im vollen Kreise geschwenkt werden kann. Dies
bedingt, daß der Mast länger ist als der Ausleger und daß die Halteseile in genügender Höhe über den höchsten Auslegerendpunkt geführt
werden. In Fällen, wo dies nicht möglich ist, muß man sich darauf beschränken, die Seile wenigstens so hoch zu spannen, daß der Betrag, um
den der Ausleger gesenkt werden muß, um an den Halteseilen vorbeizu-
kommen, möglichst gering ausfällt. Eine Ausnahme bilden die Trossen-
Derricks mit festem Mast, bei denen der Schwenkwinkel beschränkt ist.

Volles Schwenken läßt sich auch bei den Bock-Derricks erreichen, wenn man den Rückhaltstützen eine besondere, geknickte Form gibt, jedoch wird diese reichlich umständliche Konstruktion für Bauzwecke wohl kaum verwendet. Im allgemeinen richtet sich die Größe des Schwenkwinkels nach der Form des Absteifgerüstes. Im Gegensatz zu den Trossen-Derricks macht man die Maste der Bock-Derricks meist erheblich kürzer als ihre Ausleger.

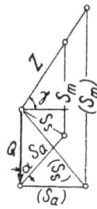

b) **Statische Berechnung.** α) Der Mast. Am besten übersieht man die Verhältnisse bei graphischer Ermittlung der Kräfte. Ausgehend von der Nutzlast Q, der Masthöhe l_m und der Auslegerlänge l_a als feste Werte und einem zunächst als fest angenommenen Winkel γ zwischen Halteseil bzw. Aussteifung gegen die Horizontale erhält man für eine beliebige Auslegerstellung unter dem Winkel α gegen den Mast den in Abb. 172 dargestellten Kräfteplan. Danach werden die im Mast auftretenden Kräfte um so größer, je flacher der Ausleger steht und je steiler die Halteseile bzw. Aussteifungen angeordnet werden. Praktisch bestehen hierfür gewisse Grenzen, indem der Ausleger über die horizontale Stellung nicht hinauskommt und der Winkel γ der Haltekonstruktion nicht größer als etwa 60° werden soll.

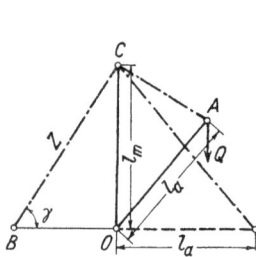

Abb. 172.

Nach dem Kräfteplan in Abb. 172 ist allgemein:

$$S_m = Q - S_a \cos \alpha + Z \sin \gamma,$$

worin

$$S_a = Q \cdot m \text{ und } Z = Q \cdot m \cdot \frac{\sin \alpha}{\cos \gamma},$$

wenn

$$l_a = m \cdot l_m, \text{ somit}$$

$$S_m = Q \cdot [1 - m (\cos \alpha - \sin \alpha \operatorname{tg} \gamma)],$$

bei $\alpha = 90°$ ist max $S_m = Q \cdot [1 + m \cdot \operatorname{tg} \gamma]$.

β) Ausleger und Schließe. Im vorstehenden ist zunächst stillschweigend vorausgesetzt, daß die Führung des Seiles so erfolgt, daß in der Schließe, die bei den Derricks für Bauzwecke stets aus einem Rollenzug besteht, nur Zugspannungen auftreten. Im folgenden sollen vorerst die Bedingungen hierfür aufgestellt werden.

Das Hubseil wird am Ende des Auslegers bei A (Abb. 173) über eine Rolle geführt. Hängt die Last einfach am freien Seilende und ist die Richtung des zur Hubwinde führenden Seilstranges beliebig, so üben (unter Außerachtlassung der Seil- und Zapfenreibung sowie des Eigengewichts des Auslegers) die beiden mit Q belasteten Seilenden auf den Rollenbolzen bei A einen Druck R aus, der gleich der Resultierenden aus den beiden Seilspannungen ist. Bringt man diese Resultierende in ihrer Richtung als äußere Kraft am Auslegerende an und zeichnet für den Punkt A den Kräfteplan, so ist ohne weiteres ersichtlich, daß zur Erfüllung der Bedingung, daß die Schließe S_s nur Zug erhält, $\not\subset \beta < \not\subset a$ sein muß. Wird $\not\subset \beta = \not\subset a$, so fällt die Resultierende genau in die Richtung des Auslegers, und die Schließenkraft wird gleich Null. Hängt die Last dagegen an einer losen Rolle oder an einem Rollenzug, so vermindert sich der Seilzug in dem nach der Winde führenden Seilende, und zwar wird bei Vorhandensein von n Seilen im Querschnitt a—b (Abb. 174)

$$Z_w = Q/\varphi,$$

worin der Faktor φ der Tabelle 18 oder 19 entnommen werden kann.

Das Hubseil wird nun bei den Derricks entweder über O—C—A oder einfach über O—A geführt.

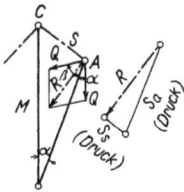

Abb. 173.

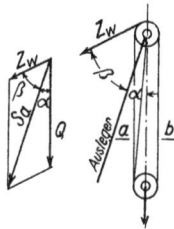

Abb. 174.

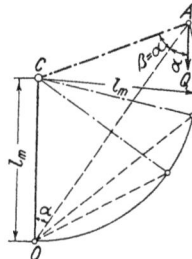

Abb. 175.

Fall a) Seilführung über O—C—A. In diesem Fall ist, wie aus Abb. 175 hervorgeht, die im vorstehenden gestellte Bedingung bei Aufhängung der Last am freien Seilende erfüllt, wenn die Länge der Schließe A—C gleich der Masthöhe O—C ist. Die Bedingung ist also für alle diejenigen Auslegerlängen und Stellungen erfüllt, bei denen der Auslegerendpunkt A auf dem Kreisbogen liegt, der mit C—O um C geschlagen wird. Der Winkel a, bis zu dem sich ein Ausleger von gegebener Länge l_a dem Mast von gegebener Länge l_m höchstens nähern darf, folgt dann aus: $\cos a = \dfrac{1}{2}\dfrac{l_a}{l_m}$. Hängt die Last an einem Rollenzug (Abb. 173 u. 174), so muß sein, damit die Resultierende in die Richtung des Auslegers fällt:

$$\overline{QC} : \overline{AC} = Q : Q/\varphi = \varphi.$$

Aus dieser Gleichung folgt zunächst: $l_s = l_m \cdot \varphi$. Ferner wird gesetzt: $l_a = m \cdot l_m$.

Der Kosinussatz für das Dreieck $\overline{OAC}$ lautet:

$$l_s^2 = l_m^2 + l_a^2 - 2\,l_m \cdot l_a \cdot \cos a.$$

oder mit den oben eingeführten Werten von l_s und l_a:

$$1/\varphi^2 = 1 + m^2 - 2\,m \cdot \cos \alpha,$$
$$2\,m \cdot \cos \cdot a = 1 + m^2 - 1/\varphi^2.$$

Dies ist aber die Gleichung des Schnittpunktes zweier Kreise, die mit dem Radius m um O bzw. mit $1/\varphi$ um C geschlagen werden, wobei $\overline{OC} = 1$. Praktisch wird nun immer sowohl die Auslegerlänge l_a als auch die Zahl φ, die von der Anzahl der Einscherungen im Rollenzug abhängt, gegeben sein. Dann ergibt sich der Winkel α, der die höchstzulässige Stellung des Auslegers anzeigt, ohne weiteres aus der obigen Gleichung. Hat man jedoch in der Wahl von m oder φ freie Hand, und will man etwa, wenn einer dieser Werte gegeben ist, die höchstmögliche Auslegerstellung ermitteln, so kann man die Abb. 176 benutzen. Hierin ist die Strecke $\overline{OC}$, welche der Masthöhe entspricht, gleich 1 gesetzt, und es sind um die Punkte O und C Kreise mit den Radien m und $\dfrac{1}{\varphi}$ geschlagen. Da, wo sich diese Kreise schneiden, liegt der End-

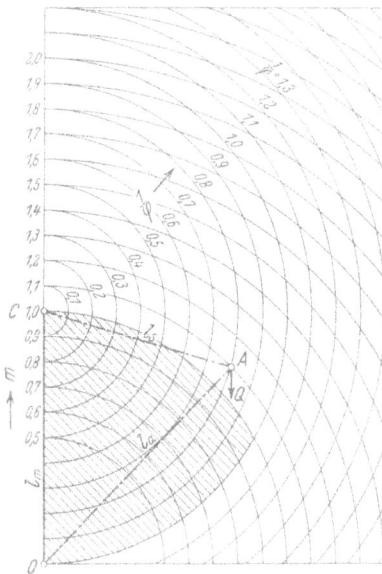

Abb. 176.

punkt des Auslegers in seiner höchstzulässigen Stellung bzw. steiler darf er bei den gegebenen Werten m und $\dfrac{1}{\varphi}$ nicht stehen. Wie aus Abb. 176 ersehen werden kann, entsprechen gegebenen Werten von m innerhalb gewisser Grenzen gewisse Größtwerte von $\dfrac{1}{\varphi}$ und umgekehrt. Die rechnerische Bestimmung der Maximalwerte geschieht am einfachsten aus der Gleichung

$$\cos \alpha = \frac{m}{2} + \frac{1}{2\,m} - \frac{1}{2\,m\,\varphi^2}.$$

Nimmt man wieder m als veränderlich (also als gesucht) an, so bestimmt sich nach den Regeln der Differentialrechnung der Maximalwert von m aus:

$$0 = 1 - \frac{1}{m^2} + \frac{1}{m^2 \cdot \varphi^2}$$

$$m^2 = 1 - \frac{1}{\varphi^2}; \quad \text{oder umgekehrt:} \quad \frac{1}{\varphi^2} = 1 - m^2.$$

Damit sich aus diesen Formeln reelle Werte von m bzw. φ ergeben, muß sein: $m < 1$ bzw. $\dfrac{1}{\varphi} < 1$, Beziehungen, die sich auch ohne weiteres aus Abb. 176 ablesen lassen, denn von den Punkten O und C lassen sich nur innerhalb gewisser Grenzen (s. die schraffierten Flächen) Tangenten an die Kreise um C bzw. O ziehen. Wird $m > 1$, so wird mit abnehmendem Winkel α auch der Wert $\frac{1}{\varphi}$ immer kleiner, bis bei $\alpha = 0$ ein Grenzwert erreicht ist, der sich aus der Gleichung für $\cos \alpha$ ermitteln bzw. auf der verlängerten Senkrechten $\overline{OC}$ ohne weiteres ablesen läßt. Umgekehrt ist der Grenzwert von m bei $\alpha = 90^0$ und $\varphi > 1$ auf der Horizontalen durch O abzulesen.

Für Werte, die unterhalb der vorstehend ermittelten Grenzen liegen, folgt nach Abb. 177 die Kraft im Ausleger aus

$$\frac{Q}{S_a} = \frac{l_m}{l_a}; \text{ somit } S_a = Q \cdot m,$$

bleibt also für alle Stellungen konstant, d. h. die Druckkraft im Ausleger ist nur abhängig von der Nutzlast und dem Verhältnis der Masthöhe zur Auslegerlänge, nicht aber von der Stellung des Auslegers.

Dagegen ändert sich die Zugkraft in der Schließe entsprechend dem Winkel α, denn es ist

$$S_s = \frac{l_s}{l_m} \cdot Q$$

worin l_s sich bestimmt aus

$$l_m{}^2 + l_a{}^2 - 2\, l_m\, l_a \cos \alpha = l_s{}^2$$

$$l_s = \sqrt{l_m{}^2 + l_a{}^2 - 2\, l_m\, l_a \cos \alpha} \text{ oder mit } l_a = m \cdot l_m$$

$$l_s = l_m \cdot \sqrt{1 + m^2 - 2\, m \cos \alpha}$$

somit

$$S_s = Q \cdot \sqrt{1 + m^2 - 2\, m \cos \alpha}.$$

Hieraus folgt, daß die Schließenkraft infolge Nutzlast am größten wird für $\cos \alpha = 0$, also $\alpha = 90^0$, und zwar ist für diesen Fall

$$\max S_s = Q \cdot \sqrt{1 + m^2}.$$

Hierbei ist aber zu beachten, daß in dem Wert Q auch das Eigengewicht des Auslegers, der Schließe und des Lastseiles nebst Aufhängevorrichtung enthalten sein muß, wobei die Eigengewichte von Ausleger und Schließe je zur Hälfte ihres Gesamtgewichtes einzuführen sind.

Fall b) Seilführung über $O\!-\!A$. Es sei gleich der allgemeinere Fall betrachtet, daß die Last am Seilrollenzug vom Wirkungsgrad $\frac{1}{\varphi}$ hängt.

Wie die Kräftezusammensetzung nach Abb. 178 zeigt, wird die Kraft in der Schließe ebenso groß, wie im Fall a), dagegen vergrößert sich die Kraft im Ausleger um den Wert $Q \cdot \varphi = $ dem Seilzug des nach der Winde

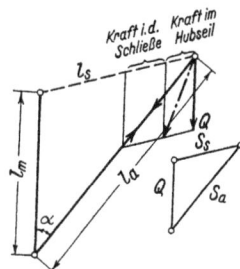

führenden Seilendes. Bei dieser Seilanordnung ist jede beliebige Auslegerlänge und Stellung möglich. Sie wird daher stets bei Trossen-
Derricks verwendet, bei denen der Ausleger kürzer ist als der Mast.

γ) Einfluß des Windes. Für die Belastung der Derrickteile
durch Wind ist einzusetzen:

a) bei belastetem Derrick: 50 kg/m²;
b) bei unbelastetem Derrick: 100 kg/m² bis 15 m Höhe,
                                       150   »   über 15 »   »

entsprechend der allgemein üblichen Annahme, daß bei einem Winddruck über 50 kg/m² ein Arbeiten mit dem Kran nicht mehr möglich ist.

Für die Beanspruchungen der Derrickteile ist in fast allen Fällen
Fall a) maßgebend, während Fall b) nur für die Beurteilung der
Standsicherheit in Frage kommt.

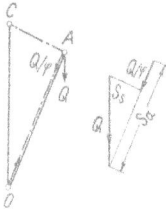 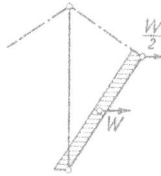 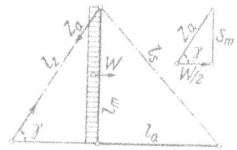

Abb. 178.   Abb. 179.   Abb. 180.

Der in Abb. 179 dargestellte Belastungsfall ergibt zusätzliche Zugkräfte im Ausleger und der Schließe, die sich leicht graphisch ermitteln
lassen. Dazu kommen Biegungsbeanspruchungen im Ausleger, indem
man letzteren als Balken auf zwei Stützen ansieht. Ist der Wind senkrecht zur Auslegerstellung gerichtet, so erfordert die Art der unteren
Befestigung des Auslegers unter Umständen eine Berechnung als unten
eingespannten Balken. Alle diese Einflüsse kommen jedoch nur bei
größeren Ausführungen in Frage. Bei den kleineren Typen wird die
Wirkung des Windes gerade dann am größten, wenn der Einfluß der
Nutzlast am geringsten ist, so daß mit Sicherheit mindestens auf einen
Ausgleich dieser Einflüsse gerechnet werden kann.

Für die Ermittlung des Windeinflusses auf Mast und Halte- bzw.
Absteifkonstruktion ist ebenfalls nur die Auslegerstellung maßgebend,
welche die größten Kräfte infolge Nutzlast ergibt, also die Horizontal-
stellung. Hierbei kann demnach der Wind auf den Ausleger und die
Schließe unberücksichtigt bleiben, und es bleibt als Belastung durch
Winddruck nur diejenige auf den Mast nach Abb. 180. Beträgt der
gesamte Winddruck auf den Mast W kg, so folgt aus dem Kräfteplan:

für den Mast: $S_m = W\, 2 \cdot \mathrm{tg}\, \gamma$,
für die Haltekonstruktion: $Z_a = W\, 2 \cdot 1\, \cos \gamma$.

Es muß noch ein Wort über den Winddruck auf die Nutzlast gesagt werden. Es ist allgemein üblich, ihn zu vernachlässigen, und sein Einfluß ist in der Tat meist unbedeutend, zumal bei dem Winddruck von 50 kg/m², der ja für diesen Belastungszustand maßgebend ist. Dazu kommt noch, daß beim Derrick der Einfluß der Nutzlast gerade dann am geringsten wird, wenn der Winddruck auf die Nutzlast am größten ist, nämlich in der höchsten Stellung des Auslegers, und wenn die Last dicht an der oberen Rolle hängt. Aber selbst in diesem Falle könnte der Winddruck nur dann von erheblichem Einfluß sein, wenn die Fläche der Nutzlast im Verhältnis zum Gewicht sehr groß ist, also wenn z. B. große Holz- oder Blechtafeln zu heben sind. Ein Blick auf die Abb. 181 zeigt, daß ein derartiger Winddruck allenfalls als Zusatzkraft für die Schließe, hauptsächlich aber für die Haltekonstruktion in Betracht käme, deren

Abb. 181.

Beanspruchung sich aus dem Kippmoment $M_k = Q \cdot r_h + W \cdot r_v$ bestimmt. Da $r_h = l_a \cdot \sin \alpha$ und $r_v = l_a \cdot \cos \alpha$, so ist

$$M_k = l_a \cdot (Q \sin \alpha + W \cos \alpha),$$

und dieser Ausdruck wird zum Maximum, wenn

$$dM/da = Q \cdot \cos \alpha - W \cdot \sin \alpha = 0,$$

also $Q/W = \mathrm{tg}\,\alpha$. Hieraus läßt sich der Winkel bestimmen, bei dem für ein gegebenes Verhältnis Q/W das Kippmoment zu einem Maximum wird.

Bei einem I-Träger NP 50 von 6,0 m Länge ist z. B. $Q = 6 \cdot 141,3 = 850$ kg; $W = 6 \cdot 0,5 \cdot 50 = 150$ kg; $Q/W = 5,66 = \mathrm{tg}\,\alpha$; $\alpha = 80^0$; $M_k = l_a \cdot (850 \cdot 0,985 + 150 \cdot 0,174) = 863\,l_a$.

Ohne Berücksichtigung des Windes wäre $M_k = 850\,l_a$. Der Unterschied ist also verschwindend.

Bei einer Holztafel von 1,0 m² Fläche und 1 cm Stärke ist $Q/W = 7,5/50 = 0,15$, was auch ungefähr einer Blechtafel von 1 mm Stärke entspricht. Hat man beispielsweise eine Schalungstafel von durchschnittlich 5 cm Stärke und 1 m² Fläche hochzuziehen, so ist $Q/W = 0,75$; $\alpha = 37^0$; $\sin \alpha = 0,6$; $\cos \alpha = 0,8$; $Q = 37,5$ kg; $W = 50$ kg

$$M_k = l_a \cdot (37,5 \cdot 0,6 + 50 \cdot 0,8) = 62,5 \cdot l_a$$

bzw. ohne Wind: $M_k = 37,5 \cdot l_a$.

In letzterem Falle würde also der Wind eine erhebliche Rolle spielen. Es ist jedoch zu bedenken, daß man zwar im allgemeinen als Grenze der Arbeitsfähigkeit von Kranen einen Winddruck von 50 kg/m² annimmt, daß sich aber ein Arbeiten mit so großflächigen Stücken schon bei erheblich niedrigerem Winddruck als unmöglich herausstellt. Man

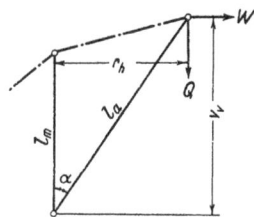

kann damit rechnen, daß dies schon bei einem Winddruck von 25 kg/m²
der Fall sein wird. Damit würde also selbst bei Holztafeln, bei denen
sich die Verhältnisse in dieser Beziehung am ungünstigsten gestalten,
das größte Kippmoment durch Wind und Last zugleich immer noch
kleiner werden als das größte Kippmoment durch Last allein, wenn im
letzteren Falle der Ausleger sich in der hierfür ungünstigsten, d. h. horizontalen Stellung befindet. Aus dem Vorstehenden kann somit geschlossen werden, daß eine Berücksichtigung des Winddruckes auf die
Nutzlast sich bei Derrickkranen im allgemeinen erübrigt, wenn bei
Ermittlung der Stabkräfte in den Derrickteilen von der ungünstigsten
Auslegerstellung für die Belastung durch Nutzlast allein ausgegangen
wird.

c) **Halte- bzw. Absteifkonstruktion.** α) Trossen-Derrick. Im
allgemeinen sind mehrere Verankerungsseile angeordnet. Die Anzahl
richtet sich nach den örtlichen Verhältnissen. Die geringste erforderliche Zahl sind 3 Seile, die in der Grundrißprojektion gegenseitig Winkel
von 120⁰ einschließen sollen. Angeordnet werden in der Regel mindestens 4 Seile, da sich die Forderung hinsichtlich der Winkel von 120⁰
praktisch nur selten erfüllen läßt. Ebenso richtet sich der Winkel, den
die Seile mit der Horizontalen einschließen, ganz nach den örtlichen
Verhältnissen. Die Spannungen sind, wie schon im vorstehenden angedeutet, um so größer, je steiler die Seile stehen. Beim Trossen-
Derrick mit drehbarem Mast, der im vollen Kreise schwingen soll, ist
es üblich, die Seile in einer Entfernung vom Mastfußpunkte vom 0,8-
bis 1½ fachen der Masthöhe zu verankern. Auf jeden Fall aber ist anzunehmen, daß, selbst wenn 4 oder mehr Seile vorhanden sind, nur ein
Seil die gesamte im folgenden ermittelte Kraft aufnimmt, nämlich das-
jenige, in dessen Ebene der Ausleger gerade steht. Alle anderen Seile
sind als schlaff anzusehen. Es ist dies, wie sich in der Praxis heraus-
gestellt hat, eine für die Sicherheit sowohl des Seiles als auch der Verankerung unbedingt notwendige Maßnahme.

Unter Berücksichtigung des Vorstehenden ergibt sich somit der
Seilzug des Rückhaltseiles für einen Trossen-Derrick mit drehbarem
Mast zu

$$Z_a = Q \cdot m \cdot \frac{\sin \alpha}{\cos \gamma}.$$

Hierbei ist unter Q die am Ende des Auslegers angreifende Nutzlast, einschließlich des Eigengewichtes des halben Auslegers, der halben
Schließe, des Tragseiles und des Greifgerätes zu verstehen. Der Einfluß des Windes ist bereits auf S. 122 untersucht worden.

Ist der Mast des Trossen-Derricks nicht schwenkbar, so ist eine
Änderung gegen das Vorstehende nur insofern zu erwarten, als der
Winkel der Rückhaltseile gegen die Horizontale steiler werden kann.

β) Bock-Derrick. Die Rückhaltgerüste der Bock-Derricks werden fast immer so angeordnet, daß zwei Dreieckböcke im Grundriß unter 90° gegeneinander stehen. Zuweilen wird dieser Winkel auch verkleinert, um einen größeren Schwenkwinkel zu erhalten, eine Anordnung, die man besonders bei fahrbaren Derricks findet. Für die Berechnung der schrägen Streben ist es belanglos, welche von diesen Anordnungen vorhanden ist. Es ist vielmehr, wie bei den Trossen-Derricks, immer so zu rechnen, daß nur eine Strebe die gesamte Last erhält, und zwar in diesem Falle sowohl Druck als auch Zug. Ist *γ* der Winkel gegen die Horizontale, so ist:

$$D = +Q \cdot m \sin \alpha / \cos \gamma.$$

Der Fuß der Strebe wird entweder an einem Betonklotz verankert oder durch Gegengewichte beschwert, je nachdem es sich um einen

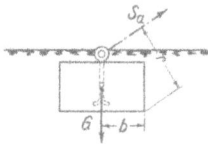

Abb. 182.

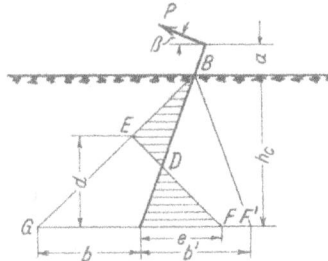

Abb. 183.

feststehenden Derrick handelt oder eine größere Beweglichkeit erwünscht ist. Die senkrecht wirkende Ankerkraft ist in diesem Falle:

$$Z_v = +Q \cdot m \cdot \sin \alpha \operatorname{tg} \gamma.$$

Ankerschrauben sind mit 800 kg/cm², bezogen auf den Kernquerschnitt, zu beanspruchen. Ist *G* die Größe des Gegengewichtes, so muß mindestens sein

$$G = 1,5\, Z_v.$$

d) Verankerungen. In vielen Fällen wird es möglich sein, die Rückhalttrossen an einem festen Bauteil zu verankern; es ist dann lediglich darauf zu achten, daß die Verbindungteile den Zug aufnehmen können. Sind solche festen Punkte auf dem Bau nicht ohne weiteres gegeben, so müssen sie geschaffen werden.

Handelt es sich um einen Kran, der voraussichtlich längere Zeit auf ein und derselben Stelle stehen bleibt (z. B. am Lagerplatz der Baustoffe), so lohnt es sich unter Umständen besondere Betonklötze herzustellen, deren Gewicht die Ankerkräfte aufnimmt. Es ist dabei nur die einfache Bedingung zu erfüllen (s. Abb. 182), daß $G \cdot b = 1,5 \cdot S_a \cdot r$ wobei das erforderliche Gewicht *G*, falls das Eigengewicht des Betonklotzes nicht ausreichen sollte, leicht durch aufgelegte Belastung (Eisenträger, Barren oder Steine) erzielt werden kann.

Soll der Kran beweglicher sein, so werden die Ankerseile an Pfählen oder an Bohlwänden, die man in die Erde eingräbt, befestigt. Über die Tragfähigkeit der schrägstehenden Pfähle und Bohlwände finden sich in der Literatur leider nur sehr spärliche Angaben. Für den vorliegenden Zweck brauchbar ist u. a. die Berechnungsweise von Krey[1]), bei der angenommen wird, daß die Wand auf ihrer im Erdreich steckenden Länge einen Drehpunkt D besitzt (s. Abb. 183) und das Einspannungsmoment durch den passiven Erddruck auf die Flächen ober- und unterhalb dieses Drehpunktes erzeugt wird. Bei Angriff einer Kraft P am oberen Ende der Bohlwand entsteht die in Abb. 183 dargestellte Druckfigur, wobei b und b' die Ordinaten des passiven Erddrucks für $\gamma = 1,0$ t/m³, unter Abzug der allerdings verhältnismäßig geringfügigen Ordinate des aktiven Erddrucks, bedeuten. Es kommt nun darauf an, die Lage der Geraden EF so zu bestimmen, daß der passive Erddruck an der Unterkante der Bohlwand, in Abb. 183 durch die Strecke e dargestellt, nicht größer wird als der größtmögliche, durch die Ordinate b' dargestellte passive Erddruck. Nach Krey, S. 175, bestimmt sich die Lage der Geraden aber aus den Gleichgewichtsbedingungen[2]) wie folgt (l bedeutet die Länge der Bohlwand senkrecht zur Zeichenebene):

$$P \cdot \cos \beta \frac{\gamma \cdot b \cdot h_c}{2} \cdot l + \frac{\gamma \cdot (b + e) \cdot d}{2} \cdot l = 0$$

$$P \cdot \cos \beta \cdot (a + h_c) - \frac{\gamma \cdot b \cdot h_c{}^2}{6} \cdot l + \frac{\gamma \cdot (b + e) \cdot d^2}{6} \cdot l = 0,$$

hieraus folgt:

$$d = \frac{\gamma \cdot b \cdot h_c{}^2 \cdot l - 6 P \cos \beta \, (a + h_c)}{\gamma \cdot l \cdot b \cdot h_c - 2 P \cos \beta}$$

und

$$e = \frac{\gamma \cdot l \cdot b \, (h_c - d) - 2 P \cos \beta}{\gamma \cdot l \cdot d}.$$

Die Ordinaten b und b' können dabei, soweit sie sich nicht unmittelbar aus den Tabellen von Krey ablesen lassen, mit dem bekannten zeichnerischen Verfahren leicht ermittelt werden (s. a. Krey a. a. O. S. 75 ff.). Die praktische Anwendung obigen Verfahrens wird am besten an Hand eines Beispiels gezeigt.

Gegeben sei eine Ankerzugkraft von 10 t, 40 cm über Erdboden angreifend. Die Bohlwand von 2,0 m Länge (senkrecht zur Bildebene)

[1]) »Erddruck und Erdwiderstand«, 3. Aufl., S. 173 ff.

[2]) Es sei ausdrücklich darauf hingewiesen, daß hier nur das Gleichgewicht der Horizontalkomponenten aller Kräfte berücksichtigt ist, was mit Rücksicht auf die ohnehin nur überschlägliche Berechnungsweise berechtigt erscheint.

stecke 2,0 m tief im Erdboden, dessen Böschungswinkel $\varrho = 35^0$ und dessen spezifisches Gewicht $\gamma = 1{,}6$ kg/m³ sei. Der Reibungswinkel δ werde entsprechend dem Vorschlage von Krey für die linke Seite zu $\delta = \varrho = 35^0$ und für die rechte Seite zu $\delta = 0^0$ angenommen. Der Winkel β der Bohlwand gegen die Vertikale betrage 20^0. Mit diesen Werten ist die zeichnerische Ermittlung der Erddruckordinaten in

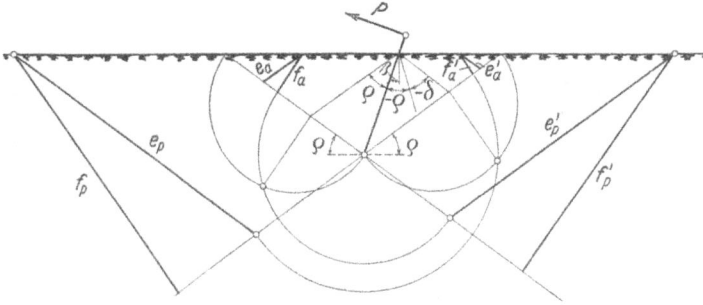

Abb. 184.

Abb. 184 vorgenommen worden. Es ergibt sich danach: Aktiver Erddruck $e_a = 1{,}7$; $f_a = 1{,}0$; $e_a' = 0{,}70$; $f'_a = 0{,}65$. Passiver Erddruck links: $e_p = 5{,}6$; $f_p = 5{,}4$; rechts: $e'_p = 5{,}6$; $f'_p = 5{,}2$.

Ferner ist:

$$b = \frac{1}{2{,}0} \cdot (5{,}6 \cdot 5{,}4 - 1{,}7 \cdot 1{,}0) = 14{,}3,$$

$$b' = \frac{1}{2{,}0} \cdot (5{,}6 \cdot 5{,}2 - 0{,}7 \cdot 0{,}65) = 14{,}35,$$

$$d = \frac{1{,}6 \cdot 14{,}3 \cdot 2{,}0^2 \cdot 2{,}0 - 6 \cdot 10{,}0 \cdot 0{,}94 \cdot 2{,}4}{1{,}6 \cdot 2{,}0 \cdot 14{,}3 \cdot 2{,}0 - 2 \cdot 10 \cdot 0{,}94}$$

$$= \frac{183 - 135}{91{,}6 - 18{,}8} = \frac{48}{72{,}8} = 0{,}66,$$

$$e = \frac{1{,}6 \cdot 2{,}0 \cdot 14{,}3 \cdot 1{,}34 - 18{,}8}{1{,}6 \cdot 2{,}0 \cdot 0{,}66} = \frac{61{,}4 - 18{,}8}{2{,}11} = 20{,}2.$$

Wie man sieht, ist dieser Wert von e zu groß. Er darf aus Sicherheitsgründen nicht größer als $14{,}35 : 1{,}5 = 9{,}6$ werden. Man kann nun diesen Wert entweder durch Vergrößerung von γ, d. h. durch Aufbringen einer Auflast oder durch Verlängerung der Bohlwand erreichen. Eine dahin gehende Rechnung zeigt aber, daß man in vorliegendem Fall besser tut, die Bohlen etwas tiefer (etwa 2,5 m) in den Boden einzusetzen.

Die Berechnung der Bohlen und Pfosten selbst ist so einfach, daß sie hier wohl übergangen werden kann.

Allgemein muß aber zu dieser Art der Verankerung, die man häufig ausgeführt findet, gesagt werden, daß ihre Berechnung in Anbetracht der zweifelhaften Gültigkeit der Annahmen reichlich umständlich ist und dabei nicht einmal die Sicherheit bietet, die man hier unter allen Umständen verlangen muß. Beruht die Ermittlung des passiven Erddrucks schon an sich auf sehr unsicherer Grundlage, so wird seine Wirksamkeit noch mehr durch unvermeidliche, oft ruckweise Schwankungen in der Größe des Ankerzuges P beeinträchtigt. Auf jeden Fall ist aber bei dieser Anordnung mit der größten Sorgfalt zu verfahren. Da die Verankerung nicht eingerammt, sondern wegen ihrer Breitenausdehnung immer eingegraben werden muß, so ist dafür zu sorgen, daß die wieder eingefüllte Erde gut festgestampft wird. Außerdem wird man immer gut tun, auch da, wo die Verankerung an sich rechnerisch genügt, eine zusätzliche Belastung, z. B. durch Ziegelsteine im Umfange der ausgehobenen Erde, namentlich aber nach der Seite hin aufzubringen, nach welcher der Ankerzug gerichtet ist.

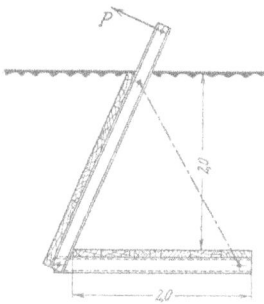

Abb. 185.

Wesentlich sicherer wird diese Verankerung, wenn man nach Abb. 185 eine horizontale Bohlenlage anordnet, die man mittels Drahtseilen oder Rundeisen an den Pfosten der schrägen Bohlwand aufhängt. Die auf dieser horizontalen Bohlenlage stehende Erde wirkt dann gewissermaßen als Gegengewicht. Bei der Berechnung dieser Verankerung könnte man annehmen, daß ihr Drehpunkt an der unferen linken Ecke der Abb. 185 liegt. Auf die linke Seite wirkt dann unter Zugrundelegung derselben Abmessungen wie vorher der passive Erddruck:

$$E_p = 1/2 \cdot 5,6 \cdot 5,4 \cdot 1,6 \cdot 2,0 = 48 \text{ t.}$$

Auf der rechten Seite kann der geringe aktive Erddruck vernachlässigt werden. Das Gewicht der senkrecht über der horizontalen Bohlenplatte stehenden im Querschnitt trapezförmigen Erde beträgt:

$$G = 1,6 \cdot (1,32 \cdot 2,0 + 0,68 \cdot 2,0/2) \cdot 2,0 = 8,5 + 2,2.$$

In bezug auf den angenommenen Drehpunkt besteht somit die Gleichung

$$P \cdot 0,94 \cdot 2,4 = 48 \cdot 2,0/3 \cdot 0,94 + 8,5 \cdot 1,34 + 2,2 \cdot 2/3 \cdot 0,68$$

hieraus

$$P = 13,3 + 5,0 + 0,4 = 18,7 \text{ t.}$$

Diese Verankerung könnte also bei einem Sicherheitsgrad von 1,5 eine Halteseilzugkraft von 18,7/1,5 = 12,5 t aufnehmen, während die Verankerung nach Abb. 183 für einen Ankerzug von 10 t noch bei weitem nicht ausreichte.

Zu einer wesentlich einfacheren und auch hinsichtlich der Kräfte-
aufnahme klareren Anordnung kommt man, wenn man auf die Mit-
wirkung des passiven Erddrucks ganz verzichtet und nur einen horizontalen Bohlenrost in genügender Tiefe verlegt (Abb. 186), an dessen
Querbalken das Ankerzugseil unmittelbar angreift. Nimmt man wieder

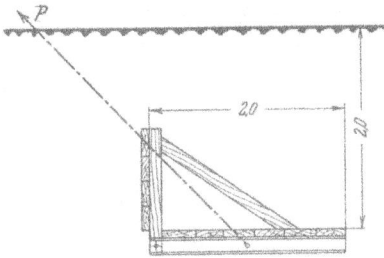

Abb. 186.

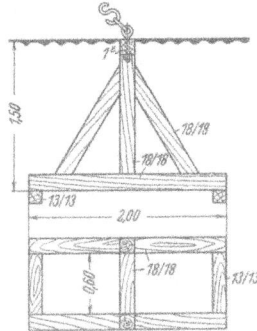

Abb. 187.

an der linken Ecke einen Drehpunkt an, so wird, wenn man nur das
Gewicht der über dem Rost stehenden Erde berücksichtigt:

$$P \cdot 0{,}707 = 2{,}0^3 \cdot 1{,}6,$$

somit $P = 18{,}1$ t, also annähernd ebensoviel, wie bei der oben beschriebenen Anordnung nach Abb. 185. Nachteilig ist allerdings, daß
die Ankertrossen zum Teil in der Erde stecken, wobei sie sehr stark
dem Verrosten ausgesetzt und der unmittelbaren Beaufsichtigung ent-
zogen sind. Zum mindesten müßten diese Trossenenden, falls mit einem
längeren Gebrauch der Verankerung gerechnet werden muß, durch
einen Teeranstrich oder noch besser durch Umwickeln mit geteerten
Hanfstricken geschützt werden. Zur Über-
tragung der Horizontalkomponente des Ankerzuges sind am linken Ende noch senkrechte
Bohlen anzuordnen.

Bei geringeren Ankerzügen sowie bei der
Verankerung von Ablenkrollen wird häufig ein in Abb. 187 u. 188 dargestellter einfacher Bock eingegraben. Eine derartige Konstruktion entzieht sich natürlich ebenso wie

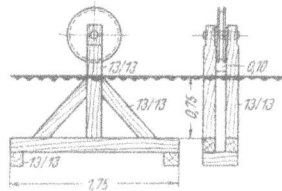

Abb. 188.

die einfachen Pfähle einer auch nur angenäherten rechnerischen Ermittlung. Man kann sich hier hinsichtlich der Abschätzung der Tragfähigkeit lediglich auf die Erfahrung und das Gefühl verlassen.

e) **Die einzelnen Derrickformen.** a) Trossen-Derricks mit fest-
stehendem Mast. Diese Ausführungsform findet man sehr häufig
bei der Montage hoher Eisenkonstruktionen. Es kommen hierbei Aus-

legerlängen bis zu 40 m vor. Dies erfordert natürlich entsprechend hohe
Maste, damit die Ausleger nicht zu schwer werden, denn, wie im vorstehenden S. 121 gezeigt, wächst die Druckkraft im Ausleger im umgekehrten Verhältnis zur Masthöhe, während die Druckkraft im Mast
mit der Höhe verhältnismäßig nur wenig zunimmt. Außerdem kann
man bei der Anordnung eines festen Mastes durch Anbringen von
Zwischenverankerungen die Knicklänge verringern. Dies ist ein Vorteil
des festen Mastes. Sein Hauptnachteil ist die Unmöglichkeit, den Ausleger im vollen Kreise zu schwingen.

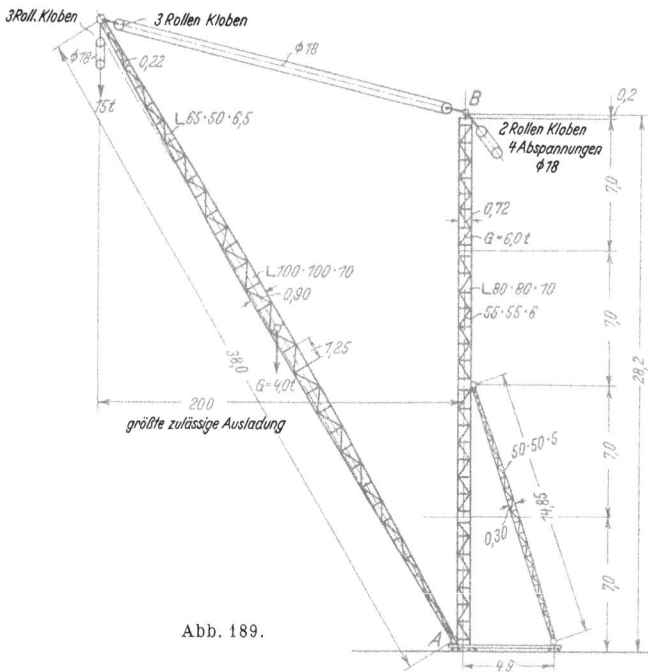

Abb. 189.

Eine zur Aufstellung von Eisenkonstruktionen vielfach
verwendete Ausführungsform zeigt Abb. 189. Der Ausleger ist bei *A*
drehbar gelagert; die Schließe greift an einem Drehzapfen bei *B* an.
Hierbei fällt zunächst als nachteilig auf, daß die Drehachsen der unteren
und oberen Drehzapfen nicht in eine Gerade fallen. Da sie bei einer
Schwenkbewegung des Auslegers jedoch das Bestreben haben, sich in
diese Verbindungsgerade einzustellen, so müssen Zwängungen entstehen, die eine ungünstige Beanspruchung und einen raschen Verschleiß der Bolzen zur Folge haben. Die Schließe übt, namentlich in
den höheren Stellungen des Auslegers, einen Zug nach oben auf den
oberen Drehbolzen aus; es muß also eine gute Sicherung dagegen vorhanden sein, daß das Schließenende nicht nach oben abgleiten kann.

Am besten ist eine aufgeschraubte und gesicherte Schraubenmutter nach Abb. 190. Nicht empfehlenswert ist die Ausführung nach Abb. 191, bei der nur ein Splint die Sicherung übernehmen soll. Das Schwenken

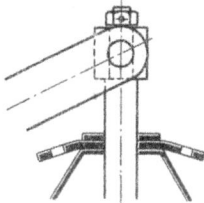

Abb. 190 u. 191.

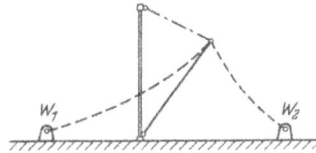

Abb. 192.

des Auslegers ist ein Problem, das bei dieser Art von Derricks meist nicht in zufriedenstellender Art gelöst ist. Sehr häufig findet man die in Abb. 192 dargestellte Anordnung. Am oberen Auslegerende werden

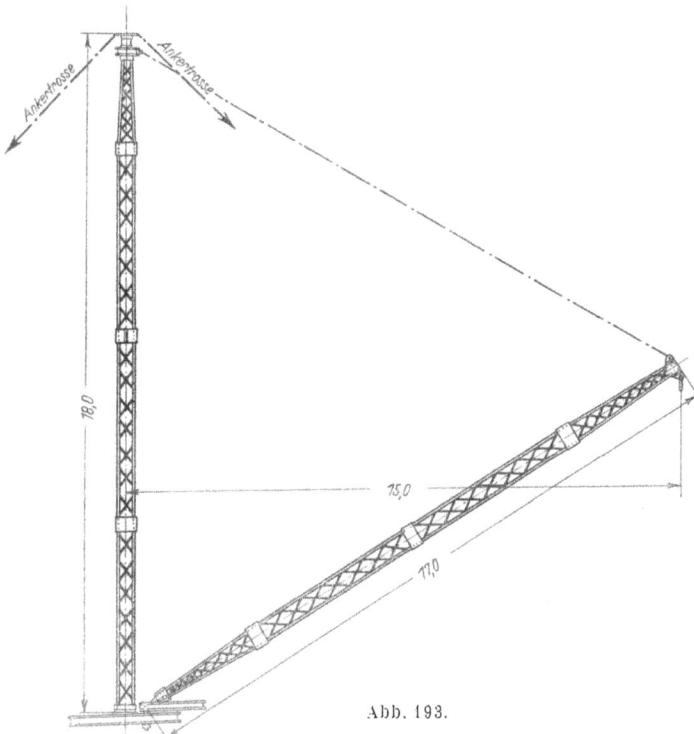

Abb. 193.

Seile befestigt, die zu Handwinden W_1 und W_2 führen und dort je nach der Schwenkrichtung abwechselnd angezogen bzw. nachgelassen werden. Soll z. B. der Ausleger nach der Winde W_1 hin geschwenkt werden, so ist bei der Winde W_2 die Sperrklinke zu lösen, und es besteht die

9*

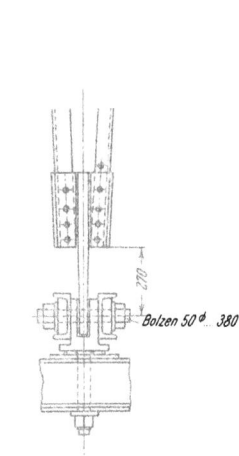

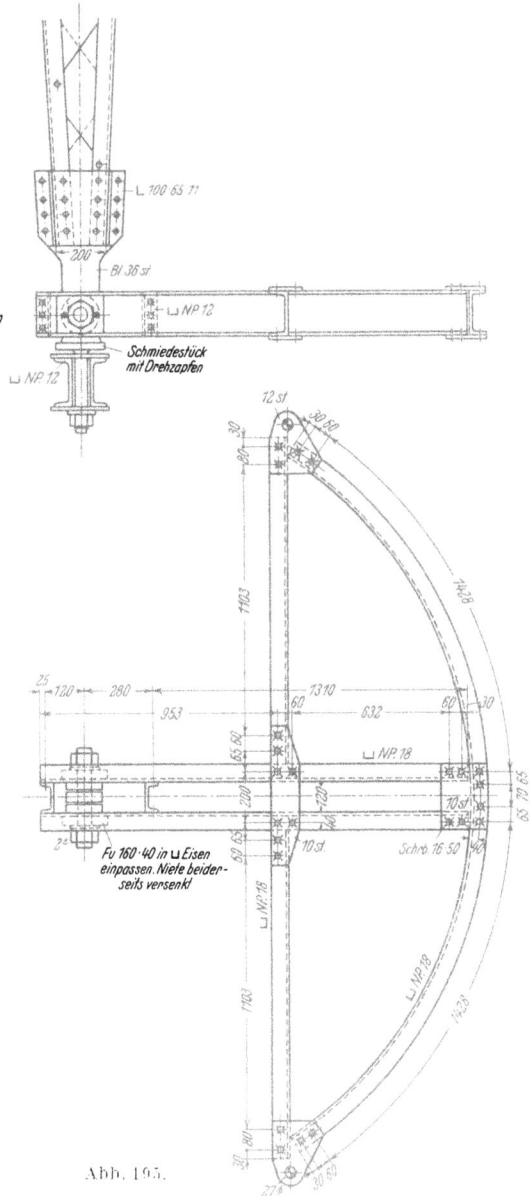

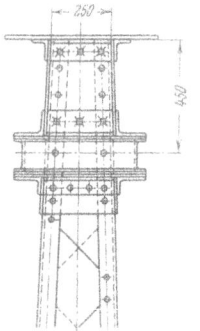

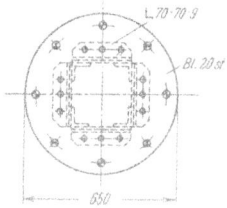

Abb. 194.   Abb. 195.

Gefahr, daß dies einmal vergessen wird. Die Folge davon ist, daß beide
Seile Spannungen erhalten, die, falls der Kran an und für sich schon
durch eine schwere Nutzlast voll beansprucht ist, eine Zusatzlast ergeben, die entweder den Ausleger zum Ausknicken oder die Schließenseile zum Reißen bringt. Geschieht außerdem noch die Sicherung der

Schließenbefestigung an der Mastspitze nach Abb. 191 nur durch einen Splint, so wird die Möglichkeit eines Unfalles noch näher gerückt.

Bei dem in Abb. 193 dargestellten Trossen-Derrick der Firma C. H. Jucho, Dortmund, von 15 t Tragkraft, 17 m Auslegerlänge und 18 m Masthöhe, sind die oben erwähnten Schwierigkeiten zum größten Teil überwunden. Der Mast erhält hier eine etwas schräge Stellung nach vorn, so daß die Mastspitze senkrecht über der Drehachse des Fußbolzens am Ausleger liegt. Dadurch werden die Zwängungen dieses Bolzens fast vollständig beseitigt. Außerdem ist am Fuße des Auslegers zum Schwenken ein Kreissegment aus U-Eisen angebracht, um das ein zu einer Winde führendes endloses Seil gelegt wird. Einzelheiten: Abb. 194 Mastspitze, Abb. 195 Auslegerfuß mit Schwenksegment, Abb. 196 Auslegerspitze mit den Bügeln zum Anschluß der Schließe und zum Anhängen der Lastseilkloben. Es liegt hier eine Konstruktion vor, die sich schon dem Trossen-Derrick mit drehbarem Mast stark annähert und jedenfalls eine geschickte und brauchbare Lösung darstellt.

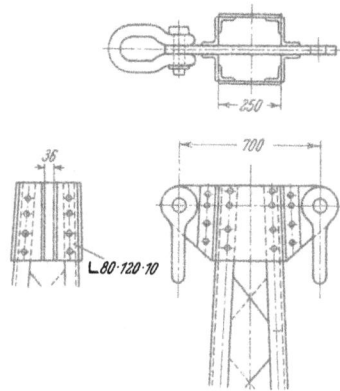

Abb. 196.

β) Trossen-Derricks mit drehbarem Mast. Wie schon erwähnt, sind die Derricks in allen Formen hauptsächlich in Amerika verbreitet. Sie bilden dort einen besonderen Fabrikationszweig der großen Hebezeugfirmen und sind in den Einzelheiten und Zubehörteilen auf Massenherstellung zugeschnitten, wodurch das komplette Einzelgerät natürlich erheblich billiger geliefert werden kann. Besonders zeigt sich dies in der reichlichen Verwendung von Gußteilen, die beim Eisenkonstrukteur eigentlich nicht sonderlich beliebt sind, weil sie schwer werden und wegen ihrer Sprödigkeit zu Brüchen neigen. Anderseits erleichtern sie die Massenherstellung und damit den schnellen Ersatz gebrochener Stücke, wenn sie von den herstellenden Firmen auf Lager gehalten werden.

Abb. 197 zeigt eine Konstruktion der Firma Lidgerwood Manufacturing Co. (New York), die noch stark an die im vorstehenden beschriebenen Trossen-Derricks mit festem Mast erinnert. Der Mast dreht sich hierbei unten in einem Spurlager und oben in einem Halslager, an welchem mittels einer gelochten Scheibe die Ankertrossen befestigt werden. Die Abmessungen entsprechen etwa denjenigen des Juchoschen Trossen-Derricks (s. Abb. 193). Das Schwenken geschieht von Hand mittels eines horizontalen Balkens, der durch die Eisen bei A gesteckt wird. Die Ankertrossen werden so hoch gespannt, daß der Derrick im vollen Kreise schwingen kann.

Abb. 198 Trossen-Derrick in Holzkonstruktion für Selbstgreiferbetrieb (Lidgerwood) mit einem bei fast allen amerikanischen
Derricks vorhandenen Schwenkrad am Fuße des Mastes. Diese Trossen-
Derricks können, wie schon gesagt, im vollen Kreise schwingen. Dazu
ist aber nicht unbedingt erforderlich, daß die Ankerseile in der höchsten

Abb. 197.

Auslegerstellung über die Auslegerspitze hinweggehen. Man wird es
im allgemeinen so einrichten, daß der Raum, innerhalb dessen der
Ausleger am meisten beschäftigt ist, von Ankerseilen möglichst frei
bleibt. Soll dann der Kran weiter geschwenkt werden, so ist der Ausleger gegebenenfalls etwas zu senken, um an den Ankerseilen vorbei-
zukommen. Als Regel gilt im allgemeinen, daß die Seile in einer Entfernung von der Drehachse befestigt werden, die etwa $1/5$ der Masthöhe
beträgt. Ist auf ein häufigeres Schwenken des Kranes im vollen Kreise
zu rechnen, so ist diese Entfernung auf das 1,5fache der Masthöhe zu
vergrößern. Diese Derricks werden gemäß Tabelle 73 in vier verschiedenen Größen ausgeführt.

Tabelle 73. **Trossen-Derrick für Selbstgreiferbetrieb** (Lidgerwood). Abb. 198.

Gewicht des Selbstgreifers (einschl. Füllung) . . kg	1360	3640	4540	5450
Mast Querschnitt . cm	30/36	36/36	36/40	40/40
größte Länge . m	20	20	20	20
Ausleger Querschnitt . cm	30/30	30/36	36/36	36/40
größte Länge . m	18	18	18	18
Rollenzug der Schließe . . .	2 Roll. 1 Rolle	2 Roll. 1 Rolle	3 Roll. 2 Roll	3 Roll. 2 Roll.
	3 Seile	3 Seile	5 Seile	5 Seile
Rollendurchmesser . . . mm	355	355	355	355
Seildurchmesser . . . . »	16	16	16	16
Greifer-Seile φ . . . . . »	16	16—19	19	22

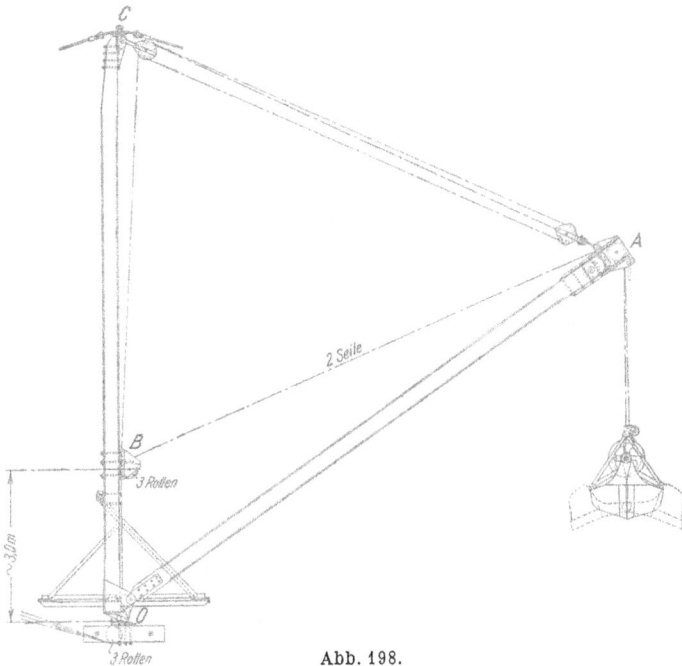

Abb. 198.

Das Schwenkrad am Fuße des Mastes ist in Abb. 199 in größerem Maßstabe dargestellt. Der Ring besteht aus einem Winkeleisen, dessen vertikaler Schenkel etwas nach dem horizontalen Schenkel zu gebogen ist, um ein Abgleiten des Seiles zu verhüten. Um den Umschließungswinkel und damit die Seilreibung , zu vergrößern, werden in den zur Winde führenden Seilenden Leit- oder Spannrollen angeordnet. Der erforderliche Seilzug Z zum Drehen des Derrickmastes ergibt sich aus dem größten Druck P des Spurlagers, den Radien R und r des Spurzapfens (bei der in Abb. 200 schematisch dargestellten üblichen Aus-

Abb. 199.

bildung des Spurlagers), aus der Reibungsziffer μ für die Zapfenreibung und dem Durchmesser D des Schwenkrades zu

$$Z \cdot \frac{D}{2} = \frac{2}{3}\,\mu \cdot P \cdot \frac{R^3 - r^3}{R^2 - r^2}.$$

Hierin kann $\mu = 0{,}15$ (Gußeisen auf Bronze) gesetzt werden[1]) (Beispiel s. später bei den Derricks der Dobbie F. & M. Co.).

Seilführung: Bei O (Abb. 201) sind 3 Rollen nebeneinander angeordnet. Die eine Rolle ist für das Schließenseil bestimmt, das unmittelbar von O nach C führt.

Die beiden anderen Rollen sind für das Aufhängeseil und das Seil zum Öffnen und Schließen des Greifers und führen von O über D nach A. Sieht man von den geringen Reibungsverlusten in der Rolle an der Auslegerspitze ab, so ist auch in dem Seil $\overline{DA}$ der Zug Q vorhanden. Für die Mastspitze gilt dann der Kräfteplan der Abb. 201.

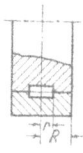

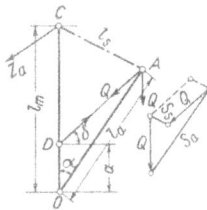

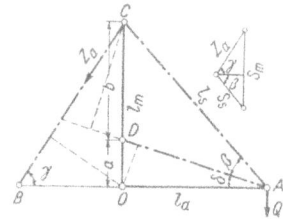

Abb. 200.   Abb. 201.   Abb. 202.

Zur rechnerischen Bestimmung von S_a kann man die Momentengleichung in bezug auf Punkt C aufstellen:

$$Q \cdot [l_a \sin \alpha + (l_m - a) \cos \delta] = S_a \cdot l_m \cdot \sin \alpha$$

worin sich der Winkel δ aus $\operatorname{tg} \delta = \dfrac{l_a \cos \alpha - a}{l_a \sin \alpha}$ ermitteln läßt.

Der Ausleger erhält demnach hier seine größte Druckkraft bei senkrechter Auslegerstellung, jedoch sind die Abweichungen von der in Abb. 172 dargestellten normalen Anordnung gering (1,7 Q bei horizontaler und 2 Q bei senkrechter Stellung).

Die Druckkräfte im Mast werden am größten bei horizontaler Stellung des Auslegers (Abb. 202), und zwar, wenn angenommen wird, daß das Seil D—A spannungslos ist (z. B. wenn es sich an der Ausleger-

---

[1]) Siehe »Hütte« I. 25. Aufl., S. 281.

rolle einklemmt). Es ist hier jedoch noch der andere Fall zu untersuchen, daß der Mast durch den Seilzug bei D Biegungsspannungen
erhält. Man kann hierbei auch der Einfachheit halber als ungünstigsten
Fall denjenigen des horizontal gestellten Auslegers annehmen, obschon
dabei die Biegungsmomente nicht ganz ihren Höchstwert erreichen.

Eine der ältesten amerikanischen Firmen, die sich besonders mit
der Herstellung von Derrickkranen für Bauzwecke befaßt, ist die
Dobbie Foundry & Machine Company in Niagara (im Staate
New York). Als besonders lehrreiches Beispiel für die Serienfabri-
kation derartiger Geräte sollen sie im folgenden ausführlich besprochen
werden.

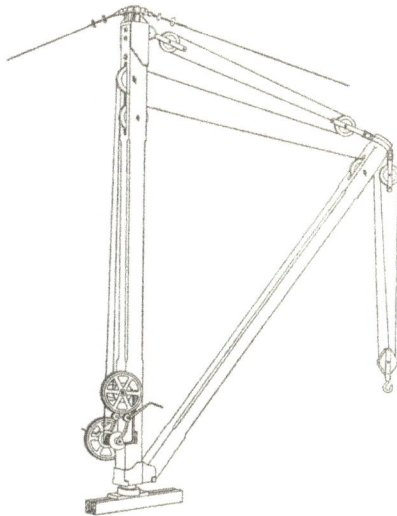

Abb. 203. Abb. 204.

Tabelle 74. **Trossen-Derrick in Holzkonstruktion für Eisenhochbau (Dobbie)**
(Abb. 203).

Nutzlast (t)	5,0	9,0	15,0
Mast- und Auslegerstärken . . . . . cm	30/30	36/36	40/40
Rollenzug des Hubseiles	1 Rolle / 4 Seile / 2 Rollen	2 Rollen / 5 Seile / 2 Rollen	2 Rollen / 6 Seile / 3 Rollen
Hubseil-Durchmesser . . . . mm	13	13	13
Rollenzug der Schließe	3 Roll. 2 Roll. / 5 Seile	3 Roll. 3 Roll. / 6 Seile	4 Roll. 3 Roll. / 7 Seile
Schließenseil-Durchmesser . . . . . mm	11	13	14
Rollen-Durchmesser . . . . »	350	400	450
Ankertrossen-Durchmesser . . . . . . »	22	28	33

Abb. 203 Trossen-Derrick für Eisenhochbau. Nutzlasten und Abmessungen s. Tabelle 74. Die Längen von Mast und Ausleger sind unter Zugrundelegung einer etwa 8fachen Knicksicherheit nach Euler zu ermitteln (also $J_{erf.} = 80\ Pl^2$).

Für die folgenden Trossen-Derricks sind die Hauptabmessungen, d. h. die Querschnittsabmessungen und Längen der Maste und Ausleger in Tabelle 75 zusammengestellt.

Tabelle 75.

Nutz-last (t)	Querschnitt		Grenzlängen bei 8facher Knick-sicherheit		Anzahl der Seile im Rollenzug	
	Mast	Ausleger	Mast	Ausleger	Schließe	Hubseil
4,5	25/25	20/20	9,0	8,0	4	3
4,5	30/30	25/25	12,0	10,0		
9,0	30/30	25/25	9,0	10,0	5	4
9,0	36/36	30/30	12,0	13,0		
14,0	36/36	30/30	10,0	11,0	6	5
14,0	40/40	36/36	13,0	15,0		
18,0	40/40	36/36	11,5	13,0	7	6
18,0	46/46	40/40	14,0	17,0		
27,0	46/46	40/40	11,5	14,0	8	7
27,0	50/50	46/46	14,0	17,0		

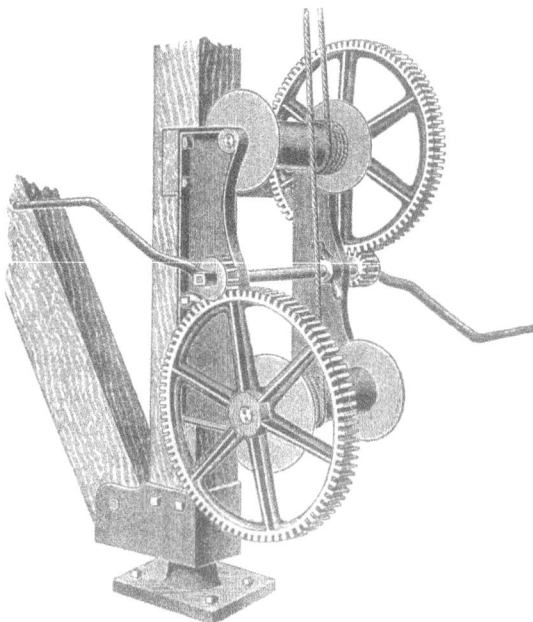

Abb. 205.

Außerdem werden die Trossen-Derricks noch in folgenden besonderen Ausführungsformen hergestellt:

Abb. 204 Trossen-Derrick für Handbetrieb. Die Handwinde wird nach Abb. 205 und mit den Maßen der Tabelle 76 ausgeführt.

Tabelle 76.

Nr.	Trommel		Zahnräder Dmr.		Seilzug bei zwei Mann an einer Kurbel	Seil-geschw.
	Dmr.	Länge	gr.	kl.	kg	m/min
1	152	532	710	102	910	2,05
2	152	660	710	102	910	2,05
3	228	406	710	102	680	3,05
4	228	532	710	102	680	3,05

Die weitere Untersuchung dieses Derricks und besonders des Betriebes mit der Handwinde ergibt folgendes:

Bei Winde Nr. 1 und 2.

Seilzug: 910 kg, somit Kurbeldruck: $\frac{1}{4} \cdot 910 \cdot \frac{76}{355} \cdot \frac{51}{350} \cdot \frac{1}{0,9} =$ rd. 8 kg für jeden Mann.

Der Hub-Rollenzug hat 3 Seile, somit beträgt bei Dauerbetrieb die höchste zulässige Nutzlast:

$$0,91 \cdot 2,7 = \text{rd. } 2,5 \text{ t (s. Tabelle 19).}$$

Seilgeschwindigkeit: 2,05 m/min, somit Umdrehungszahl der Trommel:

$$n_t = \frac{2,05}{\pi \cdot 0,152} = 4,3 \text{ je Min.}$$

Umdrehungszahl der Kurbel:

$$n_k = 4,3 \cdot \frac{355}{51} = 30 \text{ je Min.}$$

Geschwindigkeit der Kurbelarme:

$$v_k = \frac{30 \cdot 0,7 \cdot \pi}{60} = 1,1 \text{ m/s.}$$

Arbeitsleistung für einen Mann:

$$L = 1,1 \cdot 8 = 8,8 \text{ mkg/s.}$$

Hubgeschwindigkeit der Last (nach Kap. 5 c):

$$v_\varrho = v_z/n_s = 2,05 : 3 = \text{rd. } 0,7 \text{ m/min.}$$

Abb. 206 Trossen-Derrick für allgemeine Hebezwecke, angetrieben durch Zweitrommelwinde. Das am Fuße angebrachte Schwenkrad (Ausführung nach Abb. 207 oder 208) wird von einer besonderen Schwenktrommel betätigt, die entweder mit dem übrigen Getriebe in Verbindung steht (s. Lidgerwood Abb. 164) oder einen besonderen kleinen Motor erhält.

Ausführungsgrößen s. Tabelle 75.

Der Kraftbedarf für das Schwenken des 9,0-t-Derricks ermittelt sich wie folgt:

Die erforderliche Zugkraft im Schwenkseil ist nach S. 136

$$Z \cdot \frac{D}{2} = \frac{2}{3} \cdot \mu \cdot P \cdot \frac{R^3 - r^3}{R^2 - r^2};$$

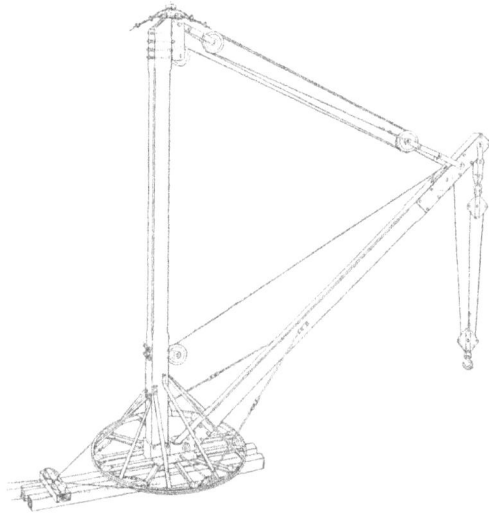

Abb. 206.

hierin ist:

$D =$ Durchmesser des Schwenkrades $= 370$ mm,
$R =$ äußerer Radius des Spurzapfens $= 110$ mm,
$r =$ innerer   »   »   » $= 70$ mm,
μ, wie schon auf S. 136 angegeben $= 0,15$,
$P =$ Zapfendruck ($l_a/l_m = 0,80$, $\gamma = 60°$)
    $= 9,0 \cdot [1 + 0,80 \cdot 1,732]$ $= 21,5$ t
dazu das Eigengewicht des Derricks   rd.   3,5 t
                                        zus.   25,0 t

$$Z \cdot 18,5 = \frac{2}{3} \cdot 0,15 \cdot 25,0 \cdot \frac{1331 - 343}{121 - 49}$$

$$Z = 1,85 \, t.$$

Macht man hierzu noch einen Zuschlag für die Reibung des oberen Zapfens, so rechnet man sehr reichlich, wenn man die Zugkraft im Seil zu 2,5 t annimmt. Der Berechnung des Antriebsmotors möge die Stellung zugrunde gelegt werden, bei welcher der Derrick voraussichtlich am häufigsten gebraucht wird, im vorliegenden Falle also, wenn

die Last sich in etwa 12 m Entfernung von der Mastdrehachse befindet.
Als Lastgeschwindigkeit werde $v = 60 \text{ m/min} = 1 \text{ m/s}$ angenommen,
somit Umfangsgeschwindigkeit des Schwenkrades $= 1{,}0 \cdot \dfrac{1{,}85}{12} =$
$0{,}155 \text{ m/s}$ und die Arbeitsleistung je Sekunde: $2{,}5 \cdot 0{,}155 = $ rd. $0{,}4$ PS.
(NB. am Umfange des Schwenkrades.)

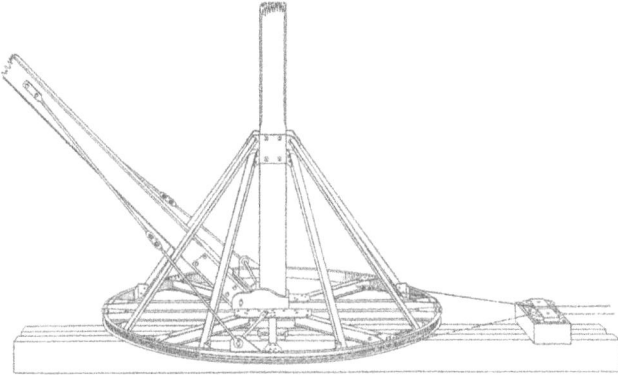

Abb. 207.

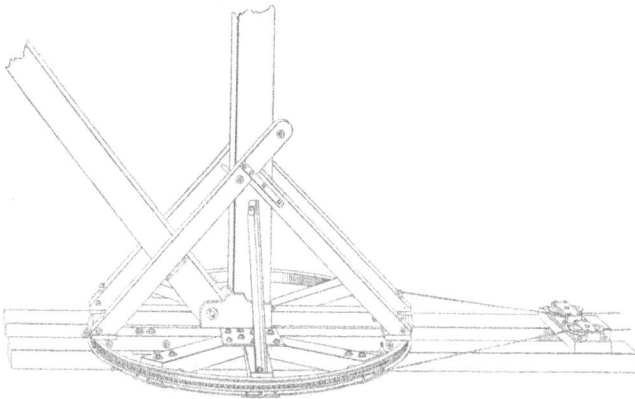

Abb. 208.

Die Rücksicht auf den Wirkungsgrad der Seilzüge, des Getriebes,
der Winde und des Antriebsmotors verlangt selbstverständlich für die
PS-Zahl des Motors einen weit höheren Betrag, auch ist in diesem
Falle eine nicht unbeträchtliche Erhöhung der Anzugskraft zur Überwindung der Massenwiderstände in Betracht zu ziehen. Für das Drehmoment zur Einleitung der Bewegung ist zu setzen:

$$M = 2 \cdot \frac{\Sigma J \cdot \omega_1}{t_1}$$

worin $\omega_1 =$ Winkelgeschwindigkeit nach Anlauf, $t_1 =$ Anlaufzeit. Ist $G_a =$ Eigengewicht des Auslegers $=$ rd. 1 t, so wird

$$\Sigma J = \frac{1000}{9,81} \cdot \frac{12,0^2}{3} + \frac{9000}{9,81} \cdot 12,0^2 = 4900 + 132000 = 136900 \text{ kgms}^2$$

$$\omega_1 = 1,0 : 12 = 0,0833 \text{ 1/s}$$

$$t_1 = 3 \text{ s (geschätzt)}$$

$$M = 2 \ \frac{136900 \cdot 0,0833}{3} = \text{rd. } 7600 \text{ kgm}$$

somit die Anzugskraft am Schwenkrad

$$7600 : 1,85 = 4100 \text{ kg}.$$

Hiernach ist der Motor zu wählen.

γ) Bock-Derricks. Abb. 209 Normal-Bock-Derrick von Lidgerwood zeigt die typische, am meisten in Gebrauch befindliche Form dieser Geräte. Wegen ihrer Handlichkeit, ihrer außerordentlich leichten Beweglichkeit und ihres verhältnismäßig geringen Raumbedarfs sind sie wohl noch weit beliebter als die Trossen-Derricks.

Das Bockgerüst besteht aus zwei rechtwinklig zueinander stehenden Dreiecken. Der Ausleger schwingt in einem Kreisbogen von 260°. Sein Arbeitsbereich ist also für die Stelle, an der er gerade steht,

Abb. 209.

beschränkter als derjenige eines gleich großen Trossen-Derricks. Dafür ist er aber beweglicher und insbesondere für solche Baustellen unentbehrlich, wo das Anbringen von langen Ankertrossen unmöglich ist. Die äußeren Enden der Schwellen müssen selbstverständlich entweder nach unten verankert oder durch Gewichte beschwert werden. Zu diesem Zweck dienen Betonfundamente oder roh gezimmerte Holzkästen, die mit Steinen oder Abfalleisen gefüllt werden. In Tabelle 77 sind die Ausführungsformen und die Seilanordnungen angegeben. Die Auslegerlänge soll das Anderthalbfache der Masthöhe nicht überschreiten. Die niedrigeren Werte der Nutzlast gelten für horizontal gestellten Ausleger, die höheren für eine Stellung, bei der die Nutzlast in einer Entfernung gleich der Masthöhe von der Mastdrehachse hängt. Der Winkel γ, d. h. der Winkel der schrägen Rückhaltstrebe gegen die Horizontale beträgt fast immer etwa 50°.

Tabelle 77. Bock-Derrick in Holzkonstruktion (Lidgerwood).

Nutzlast (t)		2,7—3,6	4,5—6,4	9,0—11,0	13,6—18,2	18,2—22,7
Mast	Querschn. (cm) .	20/25	25/30	30/36	36/36	40/40
	Länge (m) . . .	9,0	11,0	11,0	12,0	12,0
Ausleger	Querschn. (cm) .	20/25	30/30	30/36	36/36	40/40
	Länge (m) . . .	13,0	15,0	15,0	16,0	16,0
Rollenzug des Hubseils		1 R. 3 S. 1 R.	1 R. 4 S. 2 S.	2 R. 5 S. 2 R.	2 R. 5 S. 2 R.	2 R. 6 S. 3 R.
Hubseil ϕ (mm)		13	16	16	16	19
Rollenzug der Schließe		1 R. 1 R. 2 S.	1 R. 1 R. 4 S.	2 R. 2 R. 6 S.	3 R. 3 R. 6 S.	4 R. 4 R. 8 S.
Schließenseil ϕ (mm) . . .		13	16	16	16	19
Rollendurchmesser		305	355	355	405	405

Bemerkt sei noch, daß bei diesen Derricks nach S. 118 ff. zu untersuchen ist, ob die Schließe immer Zugspannungen erhält. Im ungünstigsten Falle ist nach Tabelle 77 : $m = 1,46$; $1 : \varphi = 1 : 2,73 = 0,37$. Sucht man hiermit nach Abb. 176 die höchste Auslegerstellung, so findet man, daß die den obigen Zahlen entsprechenden Kreise sich nicht schneiden, daß also die Schließe bis zur senkrechten Auslegerstellung Zugkräfte erhält.

Der in Abb. 210 dargestellte Bock-Derrick (Dobbie) für Handbetrieb (amerikanisch Jinniwink) besitzt als Bockgerüst einen A-Rahmen mit einer Rückhaltstrebe. Er wird für 2,7 und 4,5 t Tragkraft gebaut. Die dazu gehörige Handwinde ist in Abb. 211 gezeigt. Ihre Abmessungen gehen aus Tabelle 78 hervor.

Tabelle 78.

Trommel		Zahnräder Durchmesser		Seilzug am einfachen Seil	Kurbeldruck		Seil- geschwind. m/min an der Trommel	Preis $
Dmr. mm	Länge mm	groß	klein	kg	kg			
102	203	280	64	227	13,3	1 Mann	3,65	25,—
127	305	356	64	227	12,9		3,65	34,—
102	406	406	102	545	34,2		2,35	40,—
102	406	610	102	612	26	2 Mann	1,6	46,—
102	610	610	102	612	26		1,6	50,—
152	533	610	102	408	26		2,35	50,--
152	533	710	102	910	49,5		2,05	60,—
152	762	710	102	910	49,5	4 Mann	2,05	66,—
229	406	710	102	680	56		2,05	60,—
229	533	710	102	680	56		3,05	64,—

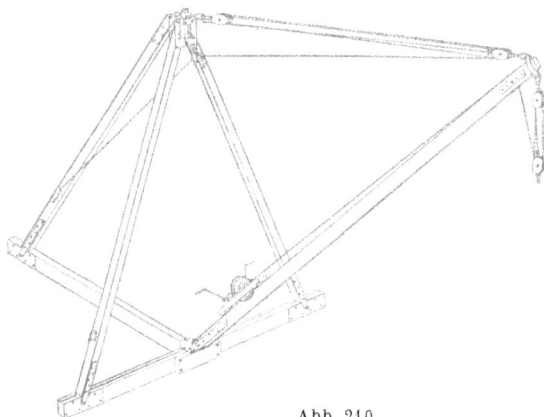

Abb. 210.

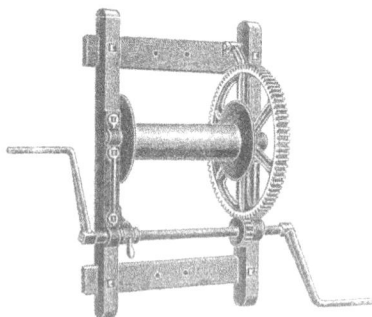

Abb. 211.

Für die Bock-Derricks in Normalausführung der Dobbie F.&M.
Co. sind in Tabelle 79 die Hauptabmessungen und Beanspruchungen zusammengestellt, wobei wieder am Schluß
die zulässigen Grenzlängen bei 8facher
Knicksicherheit angegeben sind. Der
Winkel der schrägen Rückhaltstreben
gegen die Horizontale beträgt rd. 53°,
somit tg $\gamma = 1,33$.

Es ist also bei horizontaler Auslegerstellung:

$$\max S_m = Q \cdot (1 + 1,33 \, m)$$

und bei senkrechter Auslegerstellung:

$$\max S_g = 2 \, Q.$$

Tabelle 79. **Normale Bock-Derricks (Dobbie).**

Nutzlat (t)	Querschnitt		Grenzlängen		Nutzlast (t)	Querschnitt		Grenzlängen	
	Mast	Ausleger	Mast	Ausleger		Mast	Ausleger	Mast	Ausleger
3,0	25/25	20/20	9,5	7,0	9,0	40/40	36/36	13,5	12,0
2,0	25/25	20/20	10,5	8,0	6,5	40/40	36/36	14,5	14,5
3,0	30/30	25/25	13,0	10,5	13,5	40/40	36/36	11,5	10,0
2,0	30/30	25/25	13,0	10,5	9,0	40/40	36/36	12,5	12,5
4,5	30/30	25/25	10,5	9,0	13,5	46/46	40/40	13,5	13,5
3,5	30/30	25/25	10,5	10,0	9,0	46/46	40/40	14,5	16,0
4,5	36/36	30/30	14,5	13,0	18,0	46/46	40/40	11,5	12,0
3,5	36/36	30/30	14,5	13,0	13,5	46/46	40/40	12,5	13,5
9,0	36/36	30/30	10,5	9,5	18,0	51/51	46/46	14,5	14,5
6,5	36/36	30/30	11,5	11,0	13,5	51/51	46/46	15,0	17,0

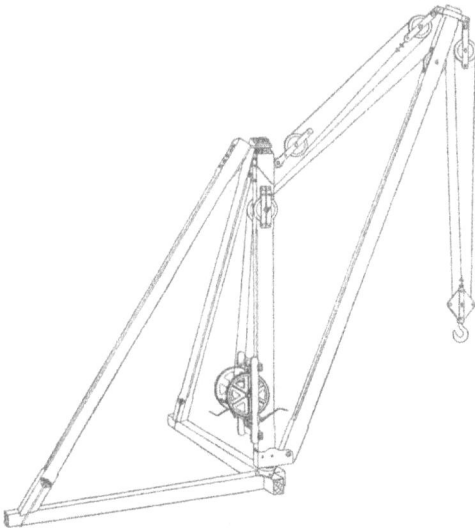

Abb. 212.

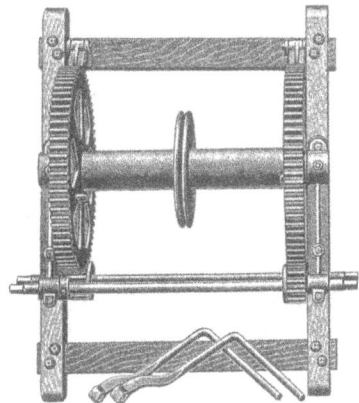

Abb. 213.

Einzelausführungen:

Abb. 212 Bock-Derrick für Handbetrieb und leichte Lasten. Ausgeführte Größen nach Tabelle 80.

Tabelle 80.

Nutzlast (t)	0,9	2,7	4,5
Maststärken	20,3	25,4	30,5
Anzahl der Seile im Rollenzug der Schließe . . .	3	4	5
des Hubseils	2	3	4

Winde nach Abb. 213. Mit nebeneinander liegenden Trommeln und abwechselnder Betätigung durch Umstecken der Kurbeln. Abmessungen nach Tabelle 81.

Tabelle 81.

Trommel		Zahnräder ϕ		Seilzug	Seil-geschwind. a. d. Trommel	Preis
Dmr.	Länge	gr.	kl.	2 Mann		$
127	254	405	100	450	2,6 m/min	70
127	304	660	100	1130	1,5 »	90

Abb. 214 Bock-Derrick für Selbstgreiferbetrieb. Hier ist der Derrick in Verbindung mit der Windenanlage gezeigt. Das Öffnen und Schließen des Zweiseilgreifers geschieht mit Hilfe einer selbst-

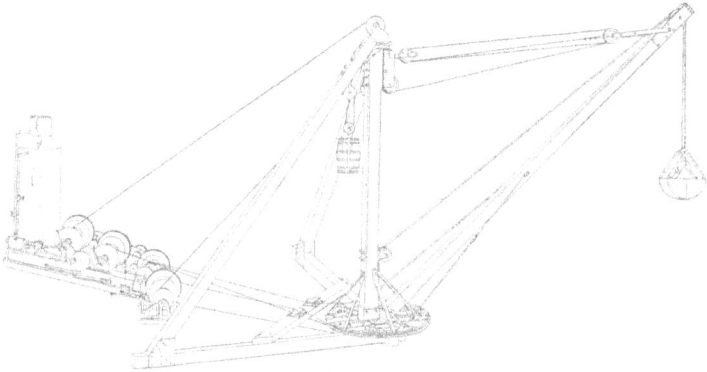

Abb. 214.

tätigen Haltetrommel, die in Abb. 215 noch einmal vorgeführt ist und in zwei Größen ausgeführt wird (s. Tabelle 82). Auf der größeren Trommel, der sog. Haltetrommel, liegt das Seil, das zu einem festen Punkt des Greiferbügels führt. Auf der kleinen Trommel wird das Seil des Gegengewichts G abgewik- kelt, das das Halteseil stets in Span- nung hält. Mittels einer Bandbremse kann die Haltetrommel festgehalten werden. Das Heben und Senken des Greifers geht stets bei gelöster Halte- trommel, das Öffnen und Schließen des Greifers dagegen immer bei fest- gehaltener Haltetrommel vorsich. Ein Greiferspiel wickelt sich nach der schematischen Darstellung der Abb. 216 folgendermaßen ab (W_1 ist die Trommel zum Öffnen und Schließen des Greifers, die von der gemein- samen Dampfmaschine angetrieben wird, und W_2 die Haltetrommel):

Abb. 215.

Tabelle 82.

| Haltetrommel | | Gegengew.-Trommel | | Kraft im Halteseil | Preis |
Dmr.	Länge	Dmr.	Länge		$
446	305	254	305	3,2 t	275,—
446	305	254	305	6,4 t	400,—

Ausgangsstellung: Greifer steht geschlossen in einer gewissen Höhe über dem Fördergut. W_2 wird festgehalten, W_1 in ⟳-Richtung gedreht. Dabei öffnet sich der Greifer. Beim Weiterdrehen in gleicher Richtung wird W_2 gelöst, wobei sich der geöffnete Greifer senkt, und zwar bis auf das Fördergut. Nun wird wiederum W_2 festgehalten und W_1 in ⟲-Richtung gedreht; dabei schließt sich der Greifer, d. h. er füllt sich mit dem Fördergut, indem er sich gleichzeitig etwas hebt. Ist der Greifer ganz geschlossen, so wird W_2 wieder gelöst und beim Weiterdrehen in der ⟲-Rich-tung gehoben. Von hier ab wiederholt sich dann das Spiel von Anfang.

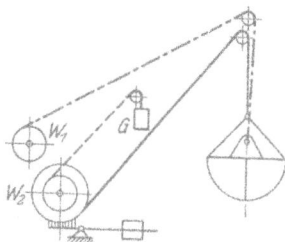

Abb. 216.

Konstruktive Einzelheiten. Eine be-sondere Konstruktionseigentümlichkeit aller Bock-Derricks bilden die Bügel, welche die oberen Enden der schrägen Bockstreben mit

Abb. 217.

dem Halslager der Mastspitze verbinden (Abb. 217) (amerikanische Be-zeichnung: Gooseneck = Gänsehals). Sie werden in folgenden Größen ausgeführt (Tabelle 83):

Tabelle 83.

Nr.	Querschnitt an der Biegung	W cm³	Stärke des Drehzapf. mm	Bügeldicke am Zapfenloch	Befest. Bolzen φ	Anzahl	Preis (mit Bolzen) $
1	127 · 38	30,7	64	38	19	6	18,—
2	152 · 51	62	76	51	22	7	28,—
3	203 · 51	88	89	51	25	8	40,—
4	152 · 76	147	102	51	28,5	10	60,—
5	203 · 76	196	114	51	28,5	12	90,—
6	254 · 76	245	127	51	31,6	13	120,—
7	305 · 102	530	152	76	38	13	170,—
8	406 · 144	880	229	95	38	15	320,—

Der gefährliche Querschnitt des Bügels liegt augenscheinlich an der Biegung, wo er auch am stärksten ausgeführt ist. Die Entfernung dieses Querschnitts von Mitte Drehzapfen kann zum etwa 2- bis $2\frac{1}{2}$ fachen des Zapfendurchmessers angenommen werden. Als Beispiel für die Berechnung eines solchen Bügels sei der in Abb. 212 dargestellte Derrick von 18 t Nutzlast gewählt. Für diesen sei $l_m = 8,00$ m, $l_a = 12,0$ m.

somit $m = 1,5$, $a=90^0$, $\gamma = 50^0$, so daß nach S. 125 die Kraft in der schrägen Strebe:

$$D = \pm\, 18,0 \cdot \frac{1,5}{0,6428} = 42,0 \text{ t.}$$

Die am Zapfen angreifende Kraft des Bügels kann in eine vertikale und in eine horontale Komponente zerlegt werden. Die für die Biegung des Bügels maßgebende Komponente ist die vertikale:

$$D_v = 42 \cdot \sin\gamma = 42 \cdot 0,766 = \text{rd. } 32 \text{ t.}$$

Durchmesser des oberen Drehzapfens = 127 mm; somit Biegungsmoment des Bügels am gefährlichen Querschnitt (an der Krümmung) = $32 \cdot 2,5 \cdot 0,127 = 10,25$ tm. Nimmt man an, daß die Bügel aus

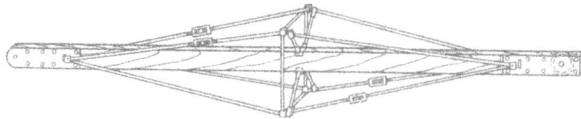

Abb. 218.

gutem, zähem Flußstahl hergestellt sind, so kann man unbedenklich eine Biegungsspannung von 1200 kg/cm² zulassen. Das erforderliche Widerstandsmoment ist also: $W_{\text{erf}} = \dfrac{1025000}{1200} = 855$ cm³. Der größte der in Tab. 83 vorgeführten Bügel ist demnach ausreichend.

Um das Ausknicken sehr langer Auslegerbalken zu verhindern, wird vielfach die in Abb. 218 dargestellte Versteifungskonstruktion angebracht. Bei ausreichender Bemessung (Rundeisen 19 bis 25 mm) und guter Verspannung wird dadurch die Knicklänge des Stabes auf die Hälfte verringert. Bei sehr großen Längen findet man auch zwei Aussteifungskreuze, so daß die ganze Balkenlänge in drei Teile geteilt wird.

Abb. 219 gibt eine Vorstellung von der ausgiebigen Verwendung der Derricks in den Vereinigten Staaten. (Bau der Federal Reserve Bank in New York durch die Foundation Company, New York.) Bemerkenswert ist die Vereinigung von 4 Derricks an einem und demselben Gerüst.

Von deutschen Hebezeugfabriken, die sich eigens mit dem Bau von Derrickkranen befassen und dabei auch schon in den Einzelheiten zu bemerkenswerten Konstruktionen gekommen sind, ist besonders die Firma F. Roßdeutscher in Breslau zu erwähnen. Von ihr stammen die im folgenden abgebildeten und erläuterten Einzelheiten sowohl von Trossen- als auch von Bock-Derricks.

Abb. 220 Mastfuß für einen hölzernen Derrick, bei dem das Windwerk für Schließen- und Hubseilbetätigung vereinigt und meist

Abb. 219.

am Mast angebracht ist (wie z. B. beim Dobbie-Derrick Abb. 212). Die gußeiserne Spurlagerplatte ist wohl eigentlich für ein gemauertes oder Betonfundament gedacht, doch ließe sie sich auch ohne weiteres auf einem Schwellrost befestigen. Bei Abb. 221 ist an der Platte noch eine Rolle befestigt, welche zur Überleitung des Lastseiles von der getrennt stehenden Lastwinde dient. Die Winde zur Betätigung der Schließe muß dann unmittelbar am Mast befestigt sein. Wie man sieht,

ist hier der Mast nicht nur um eine vertikale Achse, sondern auch am
Fuß um eine horizontale Achse drehbar gemacht worden, eine Anordnung, die wohl nur für das Aufstellen von Wert ist, im übrigen aber,

Abb. 223.

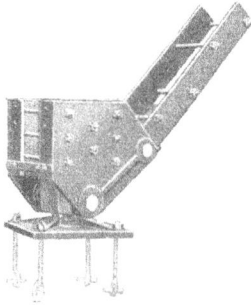

Abb. 220.

Abb. 224.

Abb. 221.

Abb. 225.

Abb. 222.

Abb. 226.

namentlich wenn der Mast nach rückwärts geneigt ist, leicht zu labilen
Gleichgewichtszuständen des Auslegers führen kann.

Abb. 222 Mastköpfe für Trossen-Derricks. An die obere drehbare, kreisrunde Platte werden die Ankertrossen angeschlossen. Abb. 223

zeigt ein Spannschloß für die Ankertrossen. Bemerkenswert ist ferner die in Abb. 224 bis 227 dargestellte Ausbildung der Mastköpfe für Bock-Derricks. Während sich die Ausbildung in Abb. 224 nicht wesent-

Abb. 227.

Abb. 229.

Abb. 228.

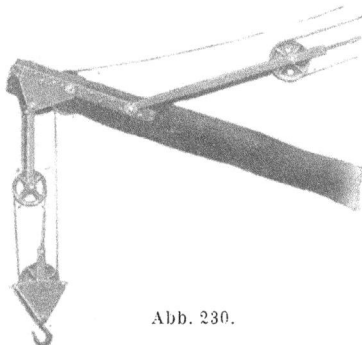

Abb. 230.

Abb. 231.

lich von der amerikanischen unterscheidet, erkennt man bei den Abb. 225 bis 227 deutlich das Bestreben, die Bügel, die einen schwachen Punkt dieser Konstruktion bilden, besser biegungsfest zu machen. Bei Abb. 226 und 227 ist oben noch eine Rolle angebracht, für den Fall, daß die Auslegerwinde von der Lastwinde getrennt steht. Abb. 228 Streben

fuß. Abb. 229 u. 230 zeigen zwei verschiedene Ausbildungen der Aus-
legerköpfe. Es werden hier durchweg geschmiedete Teile verwendet.
Schließlich zeigt Abb. 231 ein Drehwerk mit einem Schwenkrad,
das den amerikanischen ebenfalls sehr ähnlich ist. Man beachte die
Seilführung zur Winde, die infolge geeigneter Stellung der Schwenkwinde nur eine Ablenkrolle erfordert.

Zum Schluß seien auf den Konstruktionsblättern II und III noch
Möglichkeiten für einfachen Handbetrieb von Derricks vorgeführt.

Konstruktionsblatt II. Für 1000 kg Tragkraft, Trommeln für
Heben und Einziehen nebeneinander auf einer Welle. Zum Antrieb
dienen zwei Kurbelwellen mit je einem Ritzel, so daß durch Umstecken
der Kurbeln entweder die Hub- oder die Einziehtrommel betätigt werden kann. Abmessungen der Trommeln und Hubgeschwindigkeiten
wie bei der Handwinde auf Konstruktionsblatt I (s. a. S. 89).

Konstruktionsblatt III. Antrieb für einen Derrick von 5000 kg
Tragkraft. Winde: Last am 5fachen Strang, Seilzug 1200 kg (unter
Berücksichtigung der Seilreibung nach Tabelle 19 S. 27). Einziehen
am 8fachen Strang. Drehwerksbremse (Backenbremse durch Fußtritt
lösbar). Für Heben und Einziehen je eine Trommel mit Trommel- und
Zwischenvorgelege. Gemeinschaftliche Kurbelwelle. Auf den Vor-
gelegewellen Sperradbremse, so daß Kurbelwelle entlastet ist und Um-
schalten (Verschieben der Kurbelwelle) auch unter Last erfolgen kann.
Im Spurlagerkörper Kugellager für Vertikal- und Horizontalkräfte.
Kugellager mit Einstellring. Spurlager durch geteilten Deckel mit
Filzdichtung staubdicht abgeschlossen. Seil 12 Dmr. Trommel 250 Dmr.
Zahnräder: $t = 8\pi$; $z = 80/13$; bzw. $t = 6\pi$; $z = 60/18$. Kurbeldruck

$$P_k = \frac{1200 \cdot 12{,}5 \cdot 13 \cdot 18}{80 \cdot 60 \cdot 40{,}0 \cdot 0{,}70} = 26 \text{ kg, also } 11 \text{ kg je Kurbel.}$$

Hubgeschwindigkeit:

$$\text{Kurbeldrehzahl } n_k = \frac{1{,}0}{2 \cdot 0{,}4\pi} = 0{,}4 \text{ je Sek.}$$

$$\text{Trommeldrehzahl } n_{Tr} = \frac{0{,}4 \cdot 13 \cdot 18}{80 \cdot 60} \cong 0{,}02 \text{ je Sek.}$$

Seilgeschwindigkeit: $v_1 = 0{,}25 \cdot \pi \cdot 0{,}02 = 0{,}0158 \text{ m/s} = 0{,}95 \text{ m/min.}$

Lastgeschwindigkeit: $v_2 = \dfrac{0{,}95}{5} = 0{,}19 \text{ m/min.}$

Um kleine Lasten schneller heben zu können, erhalten die Vor-
gelegewellen beiderseitigen Vierkant zum Aufstecken der Kurbeln, so
daß dann die Geschwindigkeit wird:

$$n_{Tr} = \frac{0{,}4 \cdot 13}{80} = 0{,}065 \text{ je Sek.}$$

Seilgeschwindigkeit:

$$v_3 = 0{,}25 \cdot \pi \cdot 0{,}065 = 0{,}051 \text{ m/s} = 3{,}06 \text{ m/min}.$$

Lastgeschwindigkeit:

$$v_4 = \frac{3.06}{5} = 0{,}612 \text{ m/min}.$$

Bei demselben Kurbeldruck von 26 kg kann dann eine Last von

$$P = \frac{26 \cdot 40{,}0 \cdot 80 \cdot 0{,}70}{13 \cdot 12{,}5} \cdot 5 = 1800 \text{ kg}$$

gehoben werden.

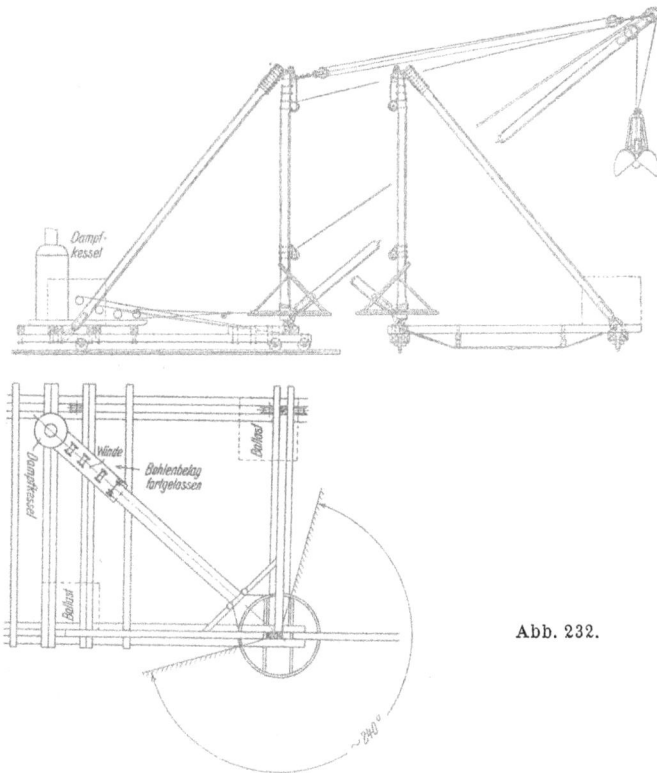

Abb. 232.

δ) Fahrbare Derricks. Der Gedanke, das Gerüst eines Bock-Derricks (nur um einen solchen kann es sich hier handeln) fahrbar zu machen, liegt nahe, wenn Arbeiten verrichtet werden sollen, die ein beständiges Vorrücken des Derricks erfordern (Kanalarbeiten, Damm-arbeiten, Eisenbahnarbeiten u. a. m.). Im Grunde genommen kann man natürlich jeden Bock-Derrick auf eine bewegliche Unterlage stellen. Es treten hierbei aber besonders zwei Schwierigkeiten auf, nämlich

einmal die Mitnahme des Windenapparates und dann die Erzielung
der Standsicherheit. Die Winde kann man allerdings stehen lassen,
wenn der Derrick sich nicht um größere Strecken zu entfernen braucht.
Sind die Strecken aber zu groß, so wird das Seil zu lang und außerdem
auch noch auf der Baustelle hinderlich. Dann ist also die Winde auf der
Derrickplattform mitzunehmen. Die Erzielung der Standsicherheit
durch Verankerung nach unten würde bei häufigerem Stellungswechsel
des Derricks sehr hinderlich sein, und je häufiger sie gelöst und wieder
befestigt werden muß, mit um so größerer Wahrscheinlichkeit ist damit
zu rechnen, daß dies Lösen und Befestigen nachlässig gehandhabt
wird. Man ist daher gezwungen, soweit das Gewicht der Winde einschließlich des Motors nicht ausreicht, die Plattform des Derricks mit

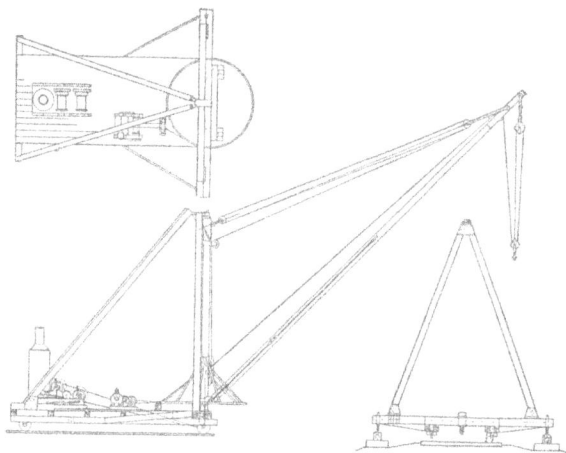

Abb. 233.

Ballast zu beschweren. Diese Erfordernisse haben schließlich dazu geführt, daß man besondere Ausführungsformen für diese Derrickart
herausbildete, wobei zu betonen ist, daß es sich hier zunächst um solche
Geräte handelt, die keinen eigenen Fahrantrieb, im übrigen aber eine
eigene Fahrbahn in Gestalt von untergelegten Bohlen oder Längs-
schwellen oder eines Feldbahngleises besitzen.

Der in Abb. 232 dargestellte fahrbare Derrick für Selbstgreiferbetrieb oder für allgemeine Lasthebezwecke (Lidgerwood) ist ein gewöhnlicher Bock-Derrick mit rechtwinklig zueinander
stehenden Steifen, dessen drehbarer Mast auf einer Ecke der Plattform
steht. Die Diagonalstellung der Winde ergibt die günstigste Seilführung.
Das Arbeitsfeld dieses Kranes ist zur Gleisachse einseitig orientiert,
was bei der Art der oben angeführten Arbeiten sehr häufig vorkommt.
Vorteilhaft ist bei dieser Ausführungsform der große Arbeitsbereich,
weil sich infolge der Anordnung des Mastes an einer Ecke der Ausleger
im Winkel von 240⁰ schwenken läßt.

Bei der Anordnung in Abb. 233 (Dobbie) liegt das Arbeitsfeld symmetrisch zur Gleisachse, der größte Schwenkwinkel beträgt hierbei nur etwa 160°. Auch die Winde steht symmetrisch zur Gleisachse. Das Bockgerüst besteht aus einem hölzernen »A«-Rahmen und zwei schrägen Rückhaltsteifen. Hat der Derrick große Lasten bei ungünstigster Stellung senkrecht zur Gleisachse zu fördern, so können, falls die vorhandenen Gegengewichte hierfür nicht ausreichen, die verlängerten Enden der unteren Querschwellen am »A«-Rahmen durch Schraubenwinden unterstützt werden. Diese Geräte leisten besonders da vorzügliche Dienste, wo beiderseits Material abzutragen und auf Wagen abtransportiert werden soll, die entweder unmittelbar auf den Gleisen des Derricks oder auch auf besonderen, in der Mitte verlegten Feldbahngleisen herangefahren werden können. Ausgeführte Größen nach Tabelle 84.

Tabelle 84.

Trag-fähigk. t	Holzstärken und größte Auslegerlängen (cm)			
	Mast	Ausleger	„A"-Rahmen	Steifen
2,7	30,5 · 30,5	25,4 · 25,4 · 1800	25,4 · 25,4	20,3 · 20,3
4,5	35,6 · 35,6	30,5 · 30,5 · 2000	30,5 · 30,5	25,4 · 25,4
6,3	40,6 · 40,6	35,6 · 35,6 · 2000	35,6 · 35,6	30,5 · 30,5
10,8	45,7 · 45,7	40,6 · 40,6 · 1900	40,6 · 40,6	35,6 · 35,6

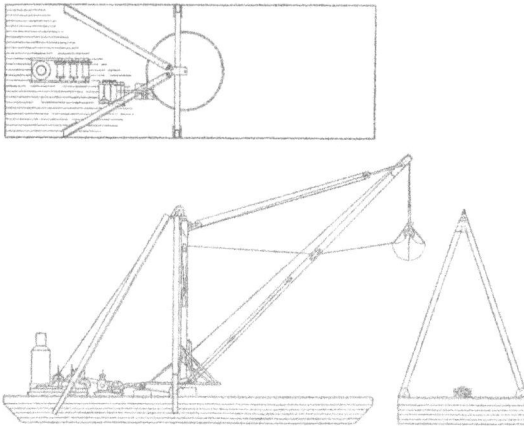

Abb. 234.

Schließlich sei noch eine besondere Ausführungsform erwähnt, die man ebenfalls zu den fahrbaren rechnen kann, nämlich der in Abb. 234 dargestellte Schwimm-Derrick. Sowohl für Wasserbauten als auch zum Verladen von Baustoffen findet dieses Gerät ausgedehnte Verwendung. Die Dobbie F. & M. Co. stellt einen kleineren Typ dieser Art mit den auf Lager gehaltenen Zubehörteilen der im vorstehenden beschriebenen Bock-Derricks mit den Größenverhältnissen nach Tabelle 85 her. Besonders hervorzuheben ist die in Abb. 235 dargestellte Spitze des »A«-Rahmens für diesen Kran.

Tabelle 85.

Greifer-Inhalt m³	Abmessungen				
	Mast Stärke (cm)	Ausleger Stärke (cm)	Länge (m)	A-Rahmen Stärke (cm)	Steifen Stärke (cm)
0,38	30,5/30,5	25,4/25,4	18,0	25,4/25,4	20,4/20.4
0,76	35,5/35,5	30,5/30,5	20,0	30,5/30,5	25,4/25,4
1,15	40,6/40,6	35,5/35,5	20,0	35,5/35,5	30,5/30,5
1,90	45,7/45,7	40,6/40,6	19,0	40,6/40,6	35,5/35,5

Zu der Erhaltung der Standsicherheit kommt hier noch diejenige der Schwimmfähigkeit.

Nach Andrée (»Statik des Kranbaus«, 2. Aufl., S. 292) ergibt sich die Schrägstellung eines rechteckigen Prahmes (s. Abb. 236) angenähert aus der Gleichung

$$\operatorname{tg} a = \frac{24 \cdot t \cdot n}{2\,l^2 + 12\,t^2 - 24 \cdot t \cdot m}$$

worin n der horizontale Abstand der Resultierenden aller senkrechten Lasten (Eigengewicht und Nutzlast) des Kranes, also des Lastschwerpunktes von der Mittelsenkrechten, m die Höhenlage dieses Schwerpunktes von der Unterkante des Schwimmkastens und t die mittlere Eintauchtiefe ist, also diejenige, welche vorhanden sein würde, wenn der Schwerpunkt aller Lasten genau in den Sym-

Abb. 235.

Abb. 236.

metriemittelpunkt des Prahmes fallen würde. Besteht der Prahm, wie hier angenommen, aus einem Kasten mit rechtwinklig zueinander stehenden Wänden, so ergibt sich t einfach aus

$$R = t \cdot b \cdot l.$$

Bei anderen Formen des Prahmes ist die Berechnung natürlich wesentlich umständlicher, meist ist jedoch durch entsprechende Vereinfachungen eine Zurückführung auf die einfache Rechteckform möglich. Der ungünstigste Fall tritt im allgemeinen dann ein, wenn der Lastschwerpunkt nicht auf einer Symmetrieachse des Kastengrundrisses liegt (s. Abb. 237). Bei beliebiger Lage von R ist, wenn man die Komponenten R_x und R_y jede für sich allein wirksam denkt, und α_x die Schiefstellung um die y-Achse, α_y die Schiefstellung um die x-Achse bedeutet:

$$\operatorname{tg} \alpha_x = \frac{24 \cdot t \cdot n_x}{2\,l^2 + 12\,t^2 - 24\,t\,m},$$

$$\operatorname{tg} \alpha_y = \frac{24 \cdot t \cdot n_y}{2\,b^2 + 12\,t^2 - 24 \cdot t \cdot m}.$$

Die Eintauchtiefe an der Ecke A ist also

$$T = t + \frac{l}{2} \cdot \operatorname{tg} \alpha_x + \frac{b}{2} \cdot \operatorname{tg} \alpha_y.$$

Diese Gleichung gilt aber nur, solange die Ecke C nicht über Wasser tritt, ein Fall, der überaus selten und bei der Bemessung des Schwimmkastens zu vermeiden ist. Der Grenzwert hierfür ist gegeben durch die Beziehung $t = \frac{l}{2} \cdot \operatorname{tg} \alpha_x + \frac{b}{2} \cdot \operatorname{tg} \alpha_y$.

Hierauf ist zu achten und gegebenenfalls die Bordhöhe zu vergrößern oder durch Einbringen von Ballast die Schwerpunktslage zu verändern. Auch muß selbstverständlich der Wert T der Eintauchtiefe noch um einen angemessenen Betrag unterhalb der Bordhöhe bleiben.

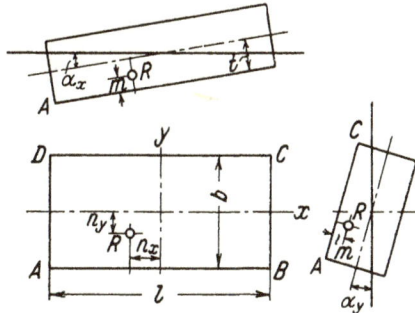

Abb. 237.

Der Einfluß einer horizontalen Kraft H im Abstande h von der Unterkante des Schwimmkastens ist nach Andrée mit genügender Genauigkeit, falls sie in die Richtung der y-Achse fällt,

$$\operatorname{tg} \alpha_y = \frac{24 \cdot t \cdot n_y + 24\,t \cdot H/R \cdot (h - t/2)}{2\,b^2 + 12\,t^2 - 24 \cdot t \cdot m}.$$

Wirkt sie in einer beliebigen Richtung, so kann wieder wie oben eine Zerlegung in die x- und y-Richtung vorgenommen und beide Wirkungen summiert werden. Die so ermittelte Eintauchtiefe infolge H kommt zu der infolge senkrechter Lasten hinzu.

Kap. 13. Fahrzeug-Drehkrane.

a) **Allgemeine Anordnung und Verwendung.** Unter dieser Bezeichnung sollen im folgenden alle diejenigen Baukranarten beschrieben werden, die aus einem regelrechten Fahrgestell oder Unterwagen und einem auf diesem drehbaren Oberteil bestehen. Der Unterwagen enthält das Fahrgetriebe und gegebenenfalls auch den Fahrmotor, der Oberteil den fast ausnahmslos wie bei den Derricks verstellbaren Ausleger und den zur Betätigung aller Kranbewegungen erforderlichen Windensatz nebst Antriebsmotoren.

Es haben sich hier namentlich in letzter Zeit Ausführungsformen herausgebildet, die eine außerordentliche Mannigfaltigkeit hinsichtlich ihrer Verwendung auf der Baustelle gestatten. Sie unterscheiden sich grundsätzlich eigentlich nur durch die Bauart ihres Fahrgestelles voneinander, nämlich:

1. Eisenbahnwagen-Fahrgestelle,
2. Lastkraftwagen-Fahrgestelle,
3. Raupenketten-Fahrgestelle.

Der auf diesen Fahrgestellen aufgebaute Oberteil kann ausgebildet sein:

1. als Kran für Stückgutförderung mit Lasthaken oder Schekel,
2. als Kran für Schüttgutförderung mit Transportgefäßen oder Selbstgreifern,
3. als Schleppschaufelbagger,
4. als Grabenbagger,
5. als Löffelbagger.

Nachstehend sollen nur die unter 1. und 2. angeführten Verwendungsmöglichkeiten behandelt werden. Die Ausführungsformen unter 3. bis 5. gehören in das allgemeine Gebiet der Baumaschinen und würden über den Rahmen dieses Buches hinausgehen.

In sehr vielen Fällen wird der gesamte Fahrzeugkran eigens für einen der unter 1. bis 5. aufgeführten Zwecke ausgebildet, man findet jedoch auch Konstruktionen, die sich durch verhältnismäßig einfachen Umbau in das eine oder andere Gerät umwandeln lassen. Dies geht so weit, daß schließlich ein Universalgerät entsteht, das nur durch Auswechslung entsprechender Teile alle Verwendungsarten umfaßt.

In allen diesen Fällen bleibt das Fahrgestell als solches bestehen, und es kann die Frage gestellt werden, aus welchen Gründen das eine oder andere dieser Fahrgestelle zu bevorzugen ist.

1. Das Eisenbahn-Fahrgestell wird in der Hauptsache dort Verwendung finden, wo es sich um die Bewältigung großer Lasten handelt, wo also Raddrücke zu erwarten sind, die denen von Eisenbahnwagen oder Lokomotiven gleichkommen. Es erfordert dies selbstverständlich eine entsprechende Gleisanlage auf Querschwellen und, wenn auch keine Schotterpackung als Unterlage, so doch eine Fahrbahn, die gegenüber den Auflagerpressungen der Schwellen unnachgiebig ist. Der Wirkungsbereich dieser Gleiskrane ist durch die Gebundenheit an das Gleis entsprechend eingeschränkt.

2. Lastkraftwagen-Fahrgestelle. Hier können naturgemäß nur kleinere Nutzlasten in Frage kommen, dagegen haben diese Krane den Vorzug größerer Beweglichkeit. Sie beanspruchen jedoch immerhin eine gewisse Widerstandsfähigkeit des zu befahrenden Geländes gegen Einsinken der Räder, sie sind also im allgemeinen ebenfalls an gewisse Fahrwege gebunden.

3. Fahrgestelle auf Raupenketten. Diese Krane besitzen die größte Beweglichkeit und infolgedessen auch den größten Wirkungsbereich. Die Raupenketten machen ihn von der Beschaffenheit der Fahrbahn bis zu einem hohen Grade unabhängig. Die Tragfähigkeit wird im allgemeinen jedoch noch etwas geringer sein als beim Lastkraftwagen-Gestell, weil bei sehr weichem Boden die Möglichkeit entfällt, den Kran noch anderweitig zu unterstützen.

b) Die **Leistungsfähigkeit** der Fahrzeug-Drehkrane hängt ab: a) von dem Verhältnis der Tragfähigkeit zur Ausladung und zur Hubhöhe, β) von den Arbeitsgeschwindigkeiten für Heben und Senken, Drehen und Fahren.

Zu a). Die Veränderung der Ausladung und der Hubhöhe werden erzielt durch Heben und Senken des Auslegers. Die Fahrzeugdrehkrane werden im allgemeinen so gebaut, daß einer bestimmten Ausladung auch eine bestimmte Tragfähigkeit entspricht. Die Seilführung entspricht der in Kap. 12. b) β) Fall a) bei den Derricks erörterten. Demgemäß ist der Ausleger für die größte vorgesehene Nutzlast (ohne Rücksicht auf die Auslegerstellung) zu bemessen, während die Schließenkraft sich nach dem Winkel a richtet, den der Ausleger mit der lotrechten Drehachse des Oberteils bildet. Einen eigentlichen Mast besitzen die Fahrzeug-Drehkrane nicht; die Schließenseile werden an einem Bockgerüst mit dreieckförmig angeordneten Streben befestigt, das seinerseits mit dem oberen Rollenkranz der Drehscheibe in fester Verbindung steht. Die Zentrierung der Drehbewegung geschieht durch den sogenannten „Königszapfen", der entweder im Unterwagen oder im oberen Rollenkranz fest angeordnet werden kann.

Das Verhältnis der Nutzlast zur Ausladung bestimmt außer der Bemessung dieser Konstruktionsteile auch noch im hohen Maße die Kippsicherheit des Fahrzeug-Drehkranes. Zunächst kann ein Kippen des oberen Teiles für sich in Höhe des Rollenkranzes eintreten. Obwohl hierbei der Königszapfen eine gewisse Sicherheit infolge seiner Biegungsfestigkeit und seiner Wirkung als Verankerung bietet, ist es doch üblich, den Oberteil ohne Rücksicht auf den Königszapfen für sich standsicher zu machen und letzteren lediglich als zusätzliche Sicherheit zu betrachten. Es genügt dann die Annahme einer etwas geringeren Kippsicherheit (1,2—1,3 fach).

Die ungünstigste Stellung des Kranes muß von Fall zu Fall ermittelt werden, wobei die Wirkung des Windes nicht unberücksichtigt bleiben darf. Für den im Betrieb befindlichen Kran kann bei äußerster Ausnutzung der Tragfähigkeit mit einem Winddruck von 50 kg/m² getroffener Fläche gerechnet werden, während für den unbelasteten Kran ein Winddruck von 150 kg/m² anzunehmen ist, der wie üblich in den Sturmgebieten auf 200—250 kg/m² erhöht werden muß.

Der rechnerische Nachweis der Kippsicherheit geschieht oft in der Weise, daß man diejenige Last (die sogenannte »Kipplast«) bestimmt, bei der ein Kippen des Kranes eben eintritt. Für gewöhnlich soll diese Kipplast das anderthalbfache der Nutzlast betragen. Die Drehmomente sämtlicher lotrechten und wagrechten Kräfte werden dabei auf die Kippkante bezogen. Für den oberen, drehbaren Teil ist dies die Verbindungslinie der unteren Berührungspunkte zweier benachbarter Rollen der Drehscheibe. Übersichtlicher und bequemer ist es jedoch, die Momente sämtlicher Kräfte auf den Schnittpunkt der lotrechten Drehachse mit der wagerechten Kippebene zu beziehen, weil einmal schon ein erheblicher Teil der Krankonstruktion zu diesem Punkt symmetrisch liegt, und weil außerdem dann auch der Belastungsfall: unbelasteter Kran, Winddruck 150 kg/m² besser zu erfassen ist. Bezeichnet man den Abstand des Bezugspunktes von der Kippkante mit b, die Entfernung der Resultierenden aller lotrechten und wagerechten Kräfte von dem Bezugspunkt mit e, so ist die Standsicherheit einfach $= b : e$.

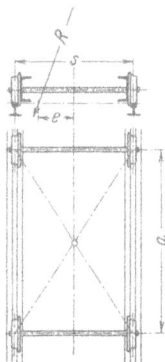

Abb. 238.

Ähnlich liegen die Verhältnisse für das Kippen des ganzen Kranes im Zusammenhang mit dem Unterwagen oder Fahrgestell. Da der Gleisabstand oder die Spurweite meist kleiner ist als die Achsenentfernung, so besteht die größte Kippgefahr fast immer senkrecht zur Gleisachse. In diesem Fall sind also alle Drehmomente auf diese Achse ($x =$ Achse in Abb. 239) zu beziehen, im andern Fall auf die dazu senkrechte Achse ($y =$ Achse in Abb. 239). Ist s die Spurweite und e wiederum der Abstand der Resultierenden von dem Bezugspunkt (s. Abb. 238), so ist die Kippsicherheit $= \dfrac{s}{2} : e$. Die Kippsicherheit des belasteten Kranes soll nach der allgemein üblichen Annahme mindestens 1,5 fach sein. Beim unbelasteten Kran und bei Annahme eines Winddruckes von 150 kg/m² in ungünstigster Stellung kann man sich im allgemeinen mit einer 1,1 fachen Standsicherheit begnügen, jedoch ist zu empfehlen, den außer Betrieb befindlichen Kran zur Sicherheit stets zu verankern.

Winden und Antriebsmaschinen nebst Dampfkessel oder Brennstoffbehälter werden im Grundriß stets so angeordnet, daß sie dem Lastmoment als Gegengewicht entgegenwirken. Zuweilen werden auch noch zur Erhöhung der Tragfähigkeit besondere Gegengewichte angebracht.

Schließlich sind noch folgende Gesichtspunkte zu beachten: Bei belastetem Kran wird die Kippgefahr am größten, wenn das Windmoment im gleichen Sinne wirkt, wie das Moment der Nutzlast. Bei unbelastetem Kran kann auch der Fall in Betracht kommen, daß die Kippsicherheit am geringsten wird, wenn das Windmoment im gleichen Sinne wirkt, wie das Moment der Gegengewichte. Unter Umständen ist auch seitlicher Wind auf den unbelasteten Kran zu berücksichtigen, wenn hier große Windflächen vorhanden sind. Der Inhalt der Betriebsstoffbehälter (Dampfkessel, Benzintanks u. a.) ist nur dann in Rechnung zu stellen, wenn er im ungünstigen Sinne wirkt.

Zur Ermittlung des größten Raddruckes sei bei einer beliebigen Stellung die Lage der Resultierenden auf der Längsachse des drehbaren Oberteils ermittelt. Ist α der Winkel dieser Achse gegen die Gleisachse, so wird mit den Bezeichnungen der Abb. 239

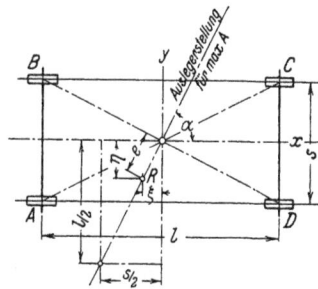
Abb. 239.

bei ausschließlicher Wirkung des Momentes um die y-Achse

$$A_\eta = 1/2\,R \cdot \frac{\eta + l/2}{l}$$

und bei ausschließlicher Wirkung des Momentes um die x-Achse

$$A_\xi = 1/2 \cdot R \cdot \frac{\xi + s/2}{s}.$$

Aus der Summierung beider Wirkungen ergibt sich

$$A_\eta + A_\xi = A = \frac{1}{4} \cdot R\left(\frac{2\eta + l}{l} + \frac{2\xi + s}{s}\right)$$

$$= \frac{R}{2\,l\,s} \cdot (\eta\,s + \xi\,l + l\,s)$$

Es ist nun: $\xi = e \cdot \sin\alpha$ und $\eta = e \cos\alpha$, somit

$$A = \frac{R}{2\,l\,s} \cdot [e \cdot (s\cos\alpha + l\sin\alpha) + l\,s].$$

Dieser Wert wird zu einem Maximum, wenn

$$\frac{dA}{d\alpha} = s \cdot \sin\alpha - l\cos\alpha = 0, \text{ also: } \operatorname{tg}\alpha = l/s.$$

Setzt man

$$s \cdot \cos\alpha = \frac{s^2}{\sqrt{l^2 + s^2}} \quad : l\sin\alpha = \frac{l^2}{\sqrt{l^2 + s^2}}.$$

so ergibt sich schließlich der größte Raddruck aus

$$\max A = \frac{R}{2} \cdot (1 + \frac{e\,\sqrt{l^2 + s^2}}{l\,s}).$$

Der Vollständigkeit halber sei die gleiche Untersuchung auch für einen **Fahrzeugkran auf Kraftwagengestell** durchgeführt. Hier liegt die Drehachse des Kranes nicht im Schnittpunkt der Verbindungslinie der 4 Räder, sondern ziemlich nahe am hinteren Räderpaar. Das Kippmoment des Oberteils sei wieder ausgedrückt durch die Resultierende R mit ihrem Hebelarm e von der Drehachse. Bei der in Abb. 240 gezeichneten Stellung des Kranes ist der größte Raddruck bei A zu erwarten. Der Rechnungsgang ist der gleiche wie vorher.

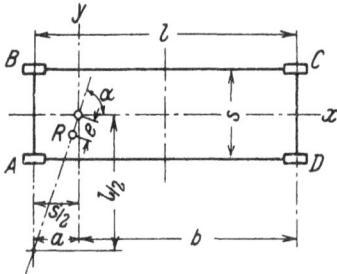

Abb. 240.

Bei Drehung um die y-Achse

$$A' = \frac{1}{2} R \cdot \frac{b + e \cos \alpha}{l}.$$

Bei Drehung um die x-Achse

$$A'' = \frac{2}{1} R \cdot \frac{s/2 + e \sin \alpha}{s},$$

$$A' + A'' = \frac{R}{2 \, s \, l} \cdot [e \cdot (s \cdot \cos \alpha + l \sin \alpha) + s \cdot (b + l/2)]$$

Der Winkel α ist also derselbe wie vorhin. Es ist wieder tg $\alpha = l/s$. Dagegen ändert sich jetzt max A um den Betrag

$$\frac{R}{2} \cdot \frac{b - l/2}{l}.$$

Zu β). Der Bauausführende verspricht sich von der Verwendung seiner maschinellen Hilfsmittel vor allen Dingen eine erhebliche Abkürzung der Bauzeit. Er wird daher auch den **Hub-, Dreh- und Fahrgeschwindigkeiten** der Fahrzeugkrane die größte Aufmerksamkeit schenken.

Hier ist zunächst ein Wort über den **Antriebsmotor** zu sagen. Die beliebteste und bisher fast allgemein gebräuchliche Antriebskraft für den Fahrzeugdrehkran ist die Dampfmaschine. Es gilt für diesen Antrieb vor allem das, was bereits in Kap. 7 e gesagt wurde. Die an und für sich schwere Maschine und der Kessel mit seiner Wasserfüllung geben ein gutes Gegengewicht und lassen ohne weiteren Ballast größere Ausladungen bzw. Nutzlasten zu. Anderseits kann das große Gewicht aber auch lästig werden. Neuerdings bürgert sich für diese Kranart immer mehr der Betrieb mit kompressorlosen Rohölmotoren ein (S. 46). Dringend zu erstreben ist, wie gesagt, möglichste Steigerung aller Arbeitsgeschwindigkeiten. Anderseits bringt es der Betrieb dieser Krane mit sich, daß jede einzelne Bewegung nur von verhältnismäßig kurzer Dauer ist. Sollen also die zu erzielenden größten Geschwindigkeiten ausgenutzt werden, so sind große Beschleunigungskräfte anzuwenden.

mit Hakentraverse

mit Greifer

mit Unterflasche

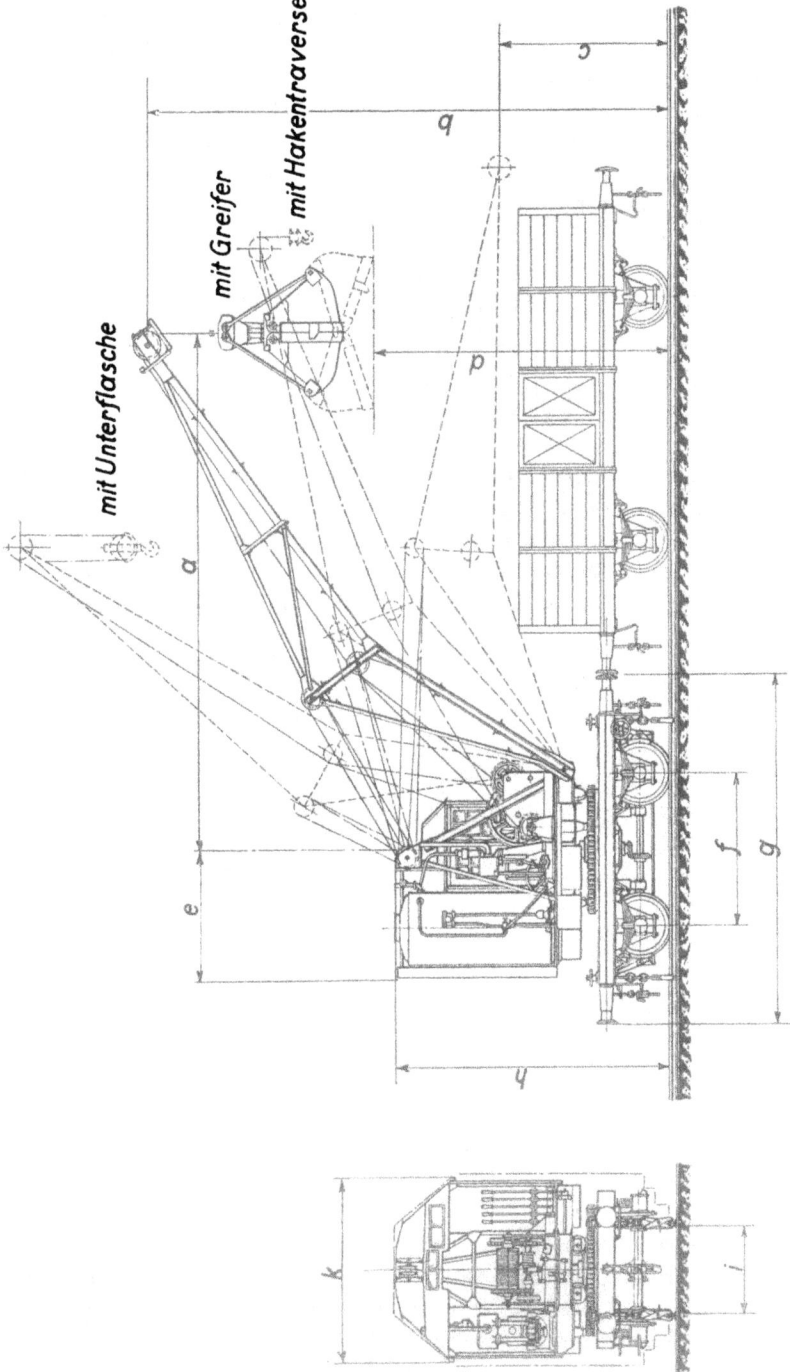

Abb. 241. Normaler Dampfgreiferkran der Ardeltwerke, Eberswalde.

Hierzu gerade ist die Dampfmaschine wegen ihrer Überlastbarkeit in weiten Grenzen besonders geeignet. Die Verbrennungsmotoren sind im allgemeinen nur in gewissen Grenzen überlastbar. Man ist daher gezwungen, von vornherein einen kräftigeren Motor einzubauen als dem normalen Betriebe entspricht, wobei allerdings immer im Auge behalten werden muß, daß normale Verhältnisse beim Betrieb mit diesen Kranen selten während einer längeren Zeitspanne zur Wirksamkeit kommen.

Tabelle 86. (Hauptmaße in m)

	Trag-fähigk.	a	b	c	d	e	f	g	h	i	k
bei Stückgut	6 t	5	11				2,1					
	bis 2 t	10	6,9	2,8	5,0		bis	2,5	5,65	4,65	1,435	2,9
bei Greifer	3 t	8,5	6,8				2,4					

c) **Beispiele ausgeführter Fahrzeug-Drehkrane.** 1. Krane mit Eisenbahnwagen-Untergestellen. Abb. 241 Normaler Dampfgreiferkran der Ardeltwerke, Eberswalde. Tragfähigkeiten und sonstige Angaben s. Tabelle 86. Übliche Spurweite: Normalspur von 1435 mm. Kurzer Radstand, um Kurven leicht befahren zu können.

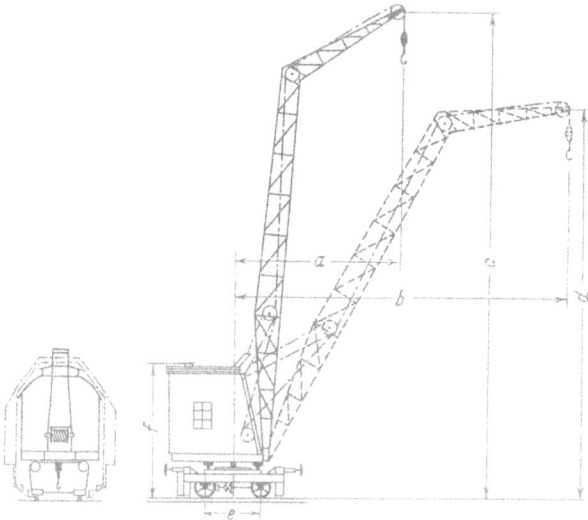

Abb. 242.

Bis 3000 kg wird die Last am einfachen Strang mittels Haken gehoben, der durch ein Kugelgewicht beschwert ist. Für größere Lasten ist eine Unterflasche am doppelten Strang erforderlich. Abmessungen der Zwillingsdampfmaschine: Zylinderdurchmesser = 165 mm, Hub = 180 mm, Umdrehungszahl = 180 bis 200 je min. Eine besondere Kon struktion der Steuerung gestattet es, die Dampfmaschine als Kompressor arbeiten zu lassen, wodurch eine weitgehende Regulierung der Senkgeschwindigkeit möglich wird. Kessel: 8 m Heizfläche, 8 at Überdruck, Antrieb mit Lamellenreibungskupplung. Für Greiferbetrieb ist eine besondere Entleerungstrommel erforderlich, ähnlich wie S. 146 beschrieben. Die Firma hat zur Umwandlung des Kranes vom Greiferbetrieb in

Abb. 243.

Stückgutbetrieb sog. Seileinziehwinden gebaut, mit Hilfe deren der Umbau in etwa 8 bis 10 min erfolgen kann.

Abb. 242 stellt einen Kran mit besonders hohem Ausleger dar. Ursprünglich für Werftbetrieb bestimmt, mit Rücksicht auf die hohen Schiffswände, kann er, wie Abb. 243 zeigt, auch sehr gut für Hochbauten verwendet werden. Dampfmaschine und Getriebe wie bei dem vorstehend beschriebenen Drehkranen. Die Enden des Unterwagens sind als Gegengewichtskästen ausgebildet. Hubwerk: Stirnrädergetriebe mit Bandbremse zum Halten und Senken der Last. Es können folgende Bewegungen gleichzeitig ausgeführt werden: Heben und Drehen. Heben und Fahren, Heben und Einziehen, Fahren und Drehen, Drehen und Einziehen.

Abb. 244 8rädriger Eisenbahn-Fahrzeug-Drehkran der Orton & Steinbrenner Co., Chicago. Ausmaße siehe Tabelle 87, Tragfähigkeiten und Ausladungen siehe Tabelle 88.

Tabelle 87.

Typ	A	B	C	D	E	F	G	H	K		L	M
„E" Ausleger m Greifer m³	12,2 0,77	2,57	5,8	1,27	2,97	1,70	1,24	4,42	5,0	Max Nor Min	12,8 10,7 3,66	Nor 8,85	Nor 6,4
„B" Ausleger m Greifer m³	13,7 1,15	2,76	6,7	1,72	3,35	1,91	1,36	4,60	5,29	Max Nor Min	14,3 12,2 3,66	9,45	7,0
„D" Ausleger m Greifer m³	15,3 1,53	2,80	6,86	1,72	3,44	2,17	1,50	4,74	5,40	Max Nor Min	15,85 13,70 3,66	10,1	7,6
„N" Ausleger m Greifer m³	15,3 1,53	2,80	6,86	1,72	3,44	2,17	1,50	4,74	5,40	Max Nor Min	15,85 13,70 3,66	10,1	8,25
„O" Ausleger m Greifer m³	15,3 1,53	3,42	7,32	1,85	3,66	1,78	1,66	4,75	5,41	Max Nor Min	15,85 13,70 3,66	10,7	8,25
„P" u. „Y" Ausleger m Greifer m³	15,3 1,91	3,42	7,62	1,85	3,81	1,78	1,66	4,75	5,41	Max Nor Min	15,85 13,70 3,66	10,7	8,25

Tabelle 88. **Tragfähigkeit normaler Lokomotiv-Krane**

(Orton & Steinbrenner Co.) in t. (Die folgenden Lasten können mit Sicherheit ohne Verseilungen oder Schienenzangen aufgenommen werden.)

Ausladung m	Bauart „V" 4 Räder 6,1 m Ausleger	Bauart „T" 4 Räder 10,7 m Ausleger	Bauart „E" 4 u. 8 Räder 12,2 m Ausleger	Bauart „B" 4 u. 8 Räder 13,7 m Ausleger	Bauart „D" 8 Räder 15,3 m Ausleger	Bauart „N" 8 Räder 15,3 m Ausleger	Bauart „O" 8 Räder 15,3 m Ausleger	Bauart „P" 8 Räder 15,3 m Ausleger	Bauart „Y" 8 Räder 15,3 m Ausleger
3,05	4,3	7,3	12,5						
3,35	4,2	6,4	11,0	16,4					
3,65	3,25	5,7	9,75	14,6	17,8	20,3	24,4	28,4	32,5
4,27	2,7	4,6	8,0	11,9	14,5	16,5	19,8	23,2	26,4
4,67	2,4	4,2	7,3	10,9	13,3	15,1	18,1	21,2	24,4
5,19	2,0	3,6	6,2	9,3	11,3	12,9	15,5	18,1	20,3
6,10	1,6	2,9	5,0	7,5	8,75	10,5	12,6	14,7	16,8
7,62	1,2	2,25	3,95	5,6	6,90	7,8	9,5	11,2	12,6
9,15	0,95	1,80	3,15	4,7	5,45	6,2	8,9	8,9	9,9
10,70		1,40	2,55	3,8	4,70	5,0	7,3	7,3	8,1
12,20		1,20	2,10	3,2	4,05	4,45	6,1	6,1	7,3
13,70		0,90	1,80	2,7	3,50	3,80	5,4	5,4	6,2
15,20		0,80	1,50	2,25	2,90	3,30	4,7	4,7	5,5
16,80		0,60	1,25	1,90	2,50	2,85	4,05	4,05	4,65
18,30		0,50	1,05	1,60	2,10	3,05	3,05	3,5	4,05

Die Firma baut die kleinere 4rädrige Ausführung auch als gleis-
losen Fahrzeug-Drehkran auf Stahlgußrädern mit breiten Flanschen. Dieser Kran ist in Abb. 245 dargestellt und die Außenmaße
in Tabelle 89 angegeben.

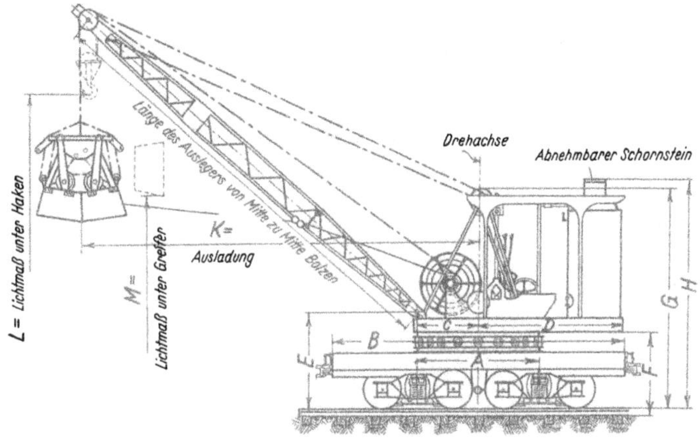

Abb. 244.

2. Krane mit Lastkraftwagen-Fahrgestell. Diese Krane
werden hauptsächlich in Amerika hergestellt und sind dort wegen ihrer
großen Beweglichkeit und außerordentlichen Vielseitigkeit sehr beliebt.
Haupthersteller ist die Universal Crane Co.

Abb. 245.

Tabelle 89.

Typ	Antrieb	A	B	C	D	E	F	G	H	Breite	L
„V"	Verbr. M. od. Elektr. M.	} 3,0	2,15	0,86	2,07	0,75	0,71	0,61	2,06	1,94	6,1—8,0
„T"	Verbr. M. od. Elektr. M.	} 3,55	2,28	} 1,28	2,71	1,29	0,86	0,76	2,37	2,13	9,15—12,2
	Dampf	3,88	2,60								
„E"	Verbr. M. od. Elektr. M.	} 3,69	2,30	} 1,39	2,94	1,52	0,86	0,76	2,75	2,78	10,7—15,3
	Dampf	4,47	2,63								

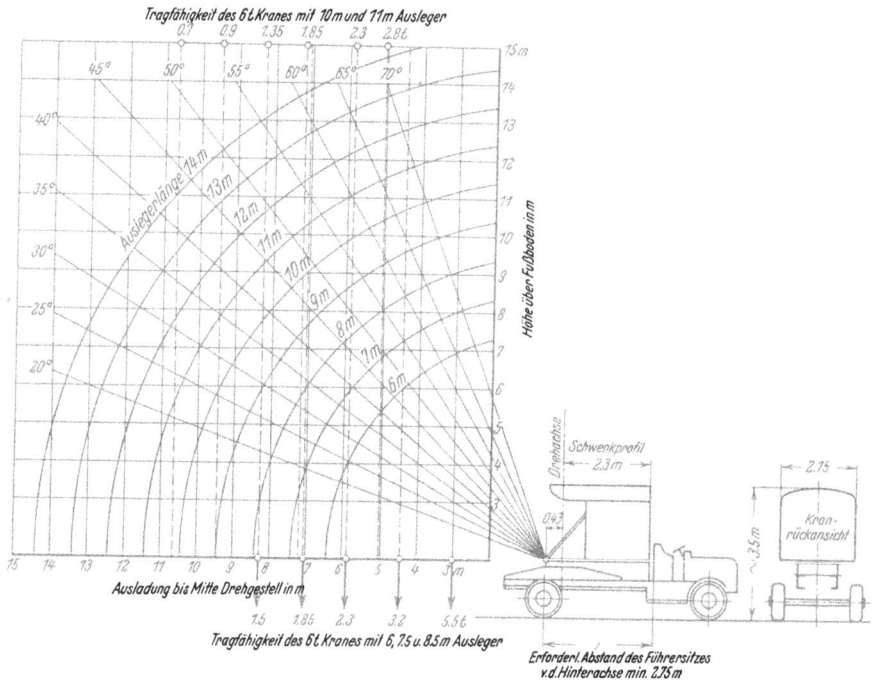

Abb. 246.

Abb. 246 zeigt das Schema für Tragkraft und Ausladungen sowie die Hauptaußenmaße. Die Ausleger sind 4,9 bis 8,5 m lang. Hierbei ergibt sich die Tragfähigkeit nach Tabelle 90. Für ausschließliche Arbeit mit Lasthaken kann der Ausleger auf etwa das Doppelte verlängert werden. Die Tragfähigkeit bei den verschiedenen Ausladungen wird dabei etwas geringer, wie Tabelle 90a zeigt. Für das Arbeiten mit Greifer kann am Auslegerfuß ein Stück von etwa 2,5 m eingefügt werden. Die dabei zulässigen Nutzlasten ergeben sich gleichfalls aus Tabelle 90a.

Tabelle 90. **Universal-Kraftwagen-Krane.**
Tragfähigkeit für Auslegerlängen von 4,9 — 8,5 m.

Ausladung	4,5-t-Kran	5,5-t-Kran	6,8-t-Kran	Ausladung	4,5-t-Kran	5,5-t-Kran	6,8-t-Kran
3,05 m	4,75 t	5,5 t	6,8 t	7,3 m	1,50 t	1,85 t	2,3 t
4,6 „	2,70 „	3,2 „	3,8 „	8,5 „	1,20 „	1,35 „	1,9 „
6,1 „	1,95 „	2,3 „	2,7 „	9,8 „	1,04 „	1,30 „	1,6 „

Tabelle 90a. **Auslegerverlängerungen.**

Lasthakenbetrieb Auslegerverlängerung rd. 5,0 m am Kopf		Greiferbetrieb Auslegerverlängerung durch Zwischenstück von rd. 2,5 m am Fuß			
Ausladung	Tragf. für Verlänge- rung auf 12—13 5 m	Ausladung	Tragfähigkeit für Verlängerung auf 10,0—11,0 m		
			4,5 t-Kr.	5,5 t-Kr.	6.8 t-Kr.
4,6	2,0	5,2	2,3	2,8	3,3
6,1	1,5	6,1	1,9	2,3	2,7
7,3	1,1	7,3	1,5	1,9	1,9
8,5	0,9	8,5	1,2	1,4	1,4
9,8	0,8	9,8	0,8	0,9	1,0
11,0	0,6	11,0	0,6	0,7	0,8
12,2	0,5				

Das Gesamtgewicht des Kranes beträgt etwa 5,5 t. Antrieb durch 45-PS-Waukesha-Motor mit 115 mm Zylinderdurchmesser und 160 mm Hub. Schwenkgeschwindigkeit: 6 Umdrehungen in der Minute. Die Hubgeschwindigkeit des 4,5-t-Modells beträgt:

am einfachen Strang mit 2,25 t Seilzug: 43 m/min,
am doppelten Strang mit 3,65 t Seilzug: 21,5 m/min,
am dreifachen Strang mit 4,75 t Seilzug: 14,4 m/min.

Abb. 247.

Gesamtansicht des Kranes mit zweiachsigem Fahrgestell s. Abb. 247. Abb. 248 zeigt den Kran beim Montieren der Eisenkonstruktion von Werkstatthallen. Hierzu kann der Ausleger durch ein hölzernes Verlängerungsstück um etwa 5 m auf 12 bis 13,5 m verlängert werden, gegebenenfalls für außergewöhnliche Höhen durch ein Verlängerungsstück aus Holz sogar bis auf 17 m. Der Kran holt die Eisenteile von der Werkstatt bzw. der Bahnstation ab, lädt sie dort auf einen Anhänge- wagen, fährt sie zur Baustelle und montiert sie dort sogleich. Auf diese Weise wurde eine Spitzenleistung von rd. 55 t in 10stündiger Arbeitszeit erreicht.

Abb. 248.

Konstruktionseinzelheiten. Um die Wirkung der Hinterachs- federn beim Arbeiten mit dem Kran auszuschalten, sind zwischen Kran- plattform und Hinterachsfedern Schraubenwinden angeordnet, die an- gezogen werden, wenn der Kran in Betrieb gesetzt werden soll, dabei die Federn zusammendrücken und gleichzeitig das Kranobergestell so weit heben, daß die verstellbaren Klemmplatten (s. Abb. 249) zur Wirkung kommen. Auf diese Weise wird zwischen Kran und Hinterradachse eine starre Verbindung hergestellt. Der Kran ist dann imstande, die Höchstlasten bei weitester Ausladung ohne Verankerung zu heben und, wenn auch mit verminderter Geschwindigkeit, weiter zu fahren.

Abb. 250 zeigt das Bockgerüst des Kranes und den damit ver- schraubten Maschinenrahmen. Die aus Temperguß hergestellte Grund

platte dreht sich um einen Zapfen und wird durch 4 Rollen mit ein-
seitigem Flansch unterstützt, der dazu dienen soll, den Drehzapfen
von Seitenschüben zu entlasten. Rollendurchmesser: 180 mm, Rollen-
spurkranz: 100 mm breit, 1,20 m Dmr. Die Rollen können mit der
leicht herausnehmbaren Lagerschale jederzeit ausgewechselt werden,
ohne daß der Kran angehoben zu werden braucht.

An die drehbare Grundplatte ist der Maschinenrahmen mit Hilfe
von Hängestangen bei *A* gelenkig angehängt. Auf diese Weise ist eine
gewisse Unabhängigkeit dieses Rahmens von der Gerüstkonstruktion

Abb. 249.   Abb. 250.

und damit die Fernhaltung von Deformationen erreicht, die sich bei
der Arbeit des Kranes ergeben.

Abb. 251 stellt die Windenwelle mit den zwei nebeneinander
liegenden Trommeln dar. Jede Trommel kann durch eine Bandbremse
für sich eingeschaltet werden. Die Wellen haben etwa 94 mm Dmr.
Jede Trommel kann 27,5 m Kabel von 13 mm Dmr. aufnehmen.
Die erste Seillage hat eine Geschwindigkeit von 43 m/min, während
die zweite Lage eine Geschwindigkeit von 46·m min erreicht. Trommeldurchmesser: 390 bzw. 305 mm. Das Verhältnis der Seilstärke
zum Trommeldurchmesser ist also im ungünstigsten Falle 1 : 24.
Dieses Maß wird von der Regierung der Vereinigten Staaten als Maximum
empfohlen, um zu vermeiden, daß bei der Biegung des Seiles die Elasti-
zitätsgrenze überschritten wird. Alle Kranteile werden aus Stahl ge-
fertigt, mit Ausnahme der Trommeln, die aus grauem Gußeisen hergestellt sind. Man hat die Erfahrung gemacht, daß dieses Material die
Bremsbänder der Bandbremse am meisten schont.

Abb. 252 zeigt die Schwenkwelle. Von dieser aus wird der Kran je nach Schaltung gedreht, der Fahrantrieb in Bewegung gesetzt, der Spillkopf angetrieben oder die Winde für das Auslegereinziehen betätigt. Zum Schwenken dient das Kegelradgetriebe in der Mitte, das durch abwechselndes, der Drehrichtung entsprechendes Einschalten einer der beiden Kupplungen in Tätigkeit gesetzt wird. Das senkrechte

Abb. 251.

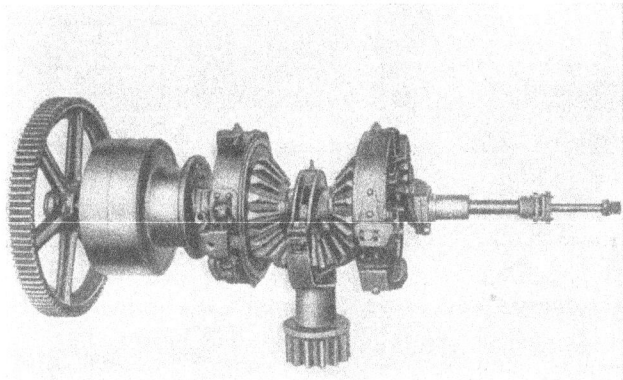

Abb. 252.

Ritzel greift in den Zahnkranz ein, der mit dem Untergestell fest verbunden ist. Soll der Fahrantrieb oder der Antrieb für die Spillkopfwinde in Tätigkeit gesetzt werden, so muß die drehbare Grundplatte des Oberteils gegen den Unterwagen verriegelt werden. Hierzu dient eine Vorrichtung, die vom Führerstand aus durch Handhebel betätigt wird. Auf dem Rahmen des Unterwagens ist eine Reihe von Zähnen angegossen, in die ein Riegelzahn eingreift. Auch beim Fahren über Land wird der Kran auf diese Weise verriegelt. Für manche

Zwecke ist jedoch auch ein unmittelbares Festhalten der Schwenk-
vorrichtung und ein feineres Einstellen der Kranlängsachse erwünscht
(z. B. bei der Montage von Eisenkonstruktionen). Hierzu dient eine
auf der Schwenkwelle besonders angebrachte Schwenkbremse, die
ebenfalls vom Führerstand aus mittels Fußtritt in Tätigkeit gesetzt
werden kann. Ferner sitzt auf der Schwenkwelle noch das Planetengetriebe und die Reibungstrommel für das Einziehen des Auslegers.
Der Ausleger kann damit in der Minute um 100° bei der vollen ange-
hängten Last gehoben werden. Die Schließe besteht aus einem vier-
teiligen Seilrollenzug, dessen Seile 18 mm stark sind. Das Ausleger-
einziehgetriebe ist mit der Schwenkwelle durch eine Sicherheitsvorrichtung stets fest verbunden. Der Ausleger kann
sich also nicht schneller senken als die Umdrehungszahl der Welle (22 Umdrehungen in der
Minute) gestattet. Auch ein Herabfallen des
Auslegers bei etwa unbeabsichtigtem Auslösen
des Handhebels für das Auslegereinziehen ist
nicht möglich, weil die Welle sich in diesem
Fall nicht drehen kann.

Abb. 253.

Abb. 253 zeigt die Ausbildung des Aus-
legerkopfes mit seinem Schutzgehäuse, das die Rollen gegen Beschädi-
gung schützt, wenn der Greifer gegen die Auslegerspitze stößt. Zugleich verhindert es das Herausspringen der Seile.

Umwandlung des Kraftwagenfahrgestells in Raupen-
kettenbetrieb. Um den Kran auch auf weichem Boden und überhaupt
überall da verwenden zu können, wo das Fahren mit gewöhnlichen
Lastkraftwagenrädern Schwierigkeiten bereitet, ist eine Vorrichtung
vorgesehen, die es gestattet, auf der Hinterachse ein Raupenketten-
gestell anzubringen. Zu diesem Zwecke werden zunächst die beiden
normalen Hinterachsenräder entfernt und durch ein Räderpaar ersetzt,
das auf dem Umfang geschlitzt ist und in diesem Schlitz 6 gleichmäßig verteilte Rollen trägt, in deren Zwischenraum die Zähne der
Raupenkette eingreifen. Vor der eigentlichen Hinterachse wird nun
noch eine Hilfsachse befestigt (s. Abb. 254), auf welche mittels Hebels B
die Lasten der bei C aufgesteckten neuen Räder übertragen werden. Durch
einen Waghebel D wird die Last gleichmäßig auf die beiden neuen,
ungleich großen Räder verteilt. Alle Räder haben Vollgummibereifung.
Hiermit ist der ganze Kran zunächst auf 8 Räder mit Gummibereifung
gestellt, womit er eine Fahrgeschwindigkeit von etwa 25 km je Stunde
erreichen kann. Von der Gesamtlast des Kranes sind 80 % auf das
hintere Ende verteilt, und zwar gleichmäßig auf 6 Räder. Dabei werden
sowohl die Räder wie auch die Federn und schließlich auch die Wege
geschont. Das Aufmontieren der Raupenketten zeigt Abb. 255. Die
Firma gibt an, daß diese Arbeit in 5 Minuten erledigt werden könne.

was allerdings wohl eine Rekordleistung darstellen dürfte. Die den
Boden berührende Länge der Raupenkette beträgt etwa 2,0 m; bei etwa
38 cm Breite und der Annahme, daß 90% der Gesamtlast auf das hintere
Ende kommt, ergibt sich eine Bodenpressung von ungefähr 0,6 bis
0,7 kg/cm². Wenn erforderlich, können auch doppelt so breite Raupenketten angebracht werden. Die Vorderräder sind im Vergleich mit den

Abb. 254.

Abb. 255.

Hinterrädern so gut wie unbelastet, so daß Gefahr des Einsinkens im
weichen Boden nicht besteht. Die Fahrgeschwindigkeit beim Fahren
mit Raupenketten ermäßigt sich auf etwa 22 km je Stunde. Das Ge-

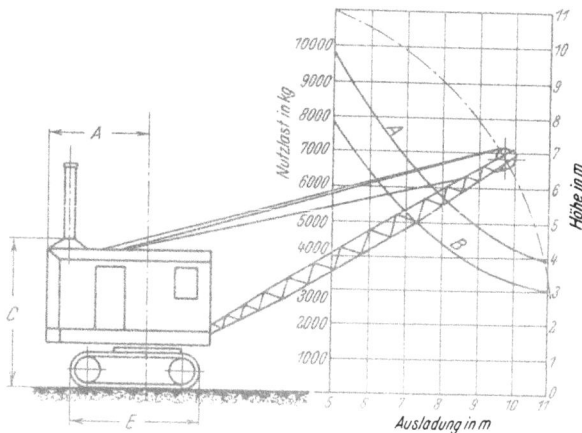

Abb. 256.
Belastungskurve A: Ausleger steht über langem Raupenende.
Belastungskurve B: Ausleger steht über kurzem Raupenende.

wicht der zusätzlichen Konstruktion beträgt etwa 1600 kg und erhöht
zusammen mit der vergrößerten Grundfläche sowohl die Tragfähigkeit
als auch die Standfestigkeit des Kranes.

3. Krane mit Raupenketten-Fahrgestell. Die Möglichkeit,
mit diesen Geräten auf einem Gelände arbeiten zu können, das für ge-

wöhnliche Fahrzeuge sonst unzugänglich ist, hat sie in der Hauptsache für den Löffelbagger und Schleppschaufelbetrieb beliebt gemacht. Die Firmen, die diese Fahrzeuge herstellen, legen aber Wert darauf, daß sie auch für andere Zwecke umgebaut, also unter Umständen auch als fahrbarer Drehkran für Selbstgreifer- oder Lasthebebetrieb verwendet werden können. Die schematische Abb. 256 und die Tabelle 91 zeigen die Hauptangaben über Tragfähigkeit, Ausladungen und Außenmaße eines normalen Raupenketten-Fahrzeugs der Firma Orenstein & Koppel, Berlin. Antrieb durch 40-PS-Dampfmaschine oder Verbrennungsmotor. Seilzug an der Winde 6 bis 11 t.

Tabelle 91.

A	Hintere Oberwagenlänge von Baggermitte . . . . . . mm		2900
B	Größte Breite des Oberwagens . . . . »		2650
C	Durchfahrtshöhe (Ausleger gesenkt) . . . . »		3600
D	Spurbreite des Baggers . . . . »		3120
E	Länge des Unterwagens einschl. Raupenketten . . . »		3460
F	Breite der Kettenglieder . . . . »		580

G	Größte Ausladung (einfacher Haken) . mm	11000	Tragkraft kg	3800
G	Kleinste Ausladung (Doppelhaken) . »	5000	» »	9800

Eine mit Typ 4 bezeichnete Bauart dieses Kranes weist folgende Abmessungen des Raupenkettengestells auf:

Abstand der Außenkanten der Raupenbänder: 3,12 m.

Abstand der Innenkanten der Raupenbänder: 1,96 m.

Breite der Raupenkettenglieder: 580 mm.

Länge des Unterwagens einschließlich Raupenband: 3,40 m.

Sonstige Angaben für Dampfbetrieb:

Dampfmaschine: Zylinderdurchmesser 140 mm. Hub 160 mm. Hubtrommeldurchmesser 264 mm. 2 Hubseile von je 14 mm Durchmesser.

Kessel: Betriebsdruck 12 at. Prüfungsdruck 14 at.

Heizfläche $\left\{ \begin{array}{l} \text{wasserberührt: } 10,88 \text{ m}^2, \\ \text{feuerberührt: } 10,02 \text{ m}^2. \end{array} \right.$

Rostfläche: $\left\{ \begin{array}{l} \text{total } 0,41 \text{ m}^2, \\ \text{frei } 0,23 \text{ m}^2. \end{array} \right.$

Rostfläche Heizfläche = 1 : 24,4.

Fassungsvermögen der Wasserkästen etwa 1200 l.

Fassungsvermögen des Kohlenbunkers 0,4 t.

Konstruktionsgewicht des Baggers 25 t.

Dienstgewicht des Baggers 29 t.

Der als Selbstgreifer- oder Lasthebekran umgebaute Bagger hat natürlich entsprechend dem leichteren Ausleger ein geringeres Kon-

Abb. 257.

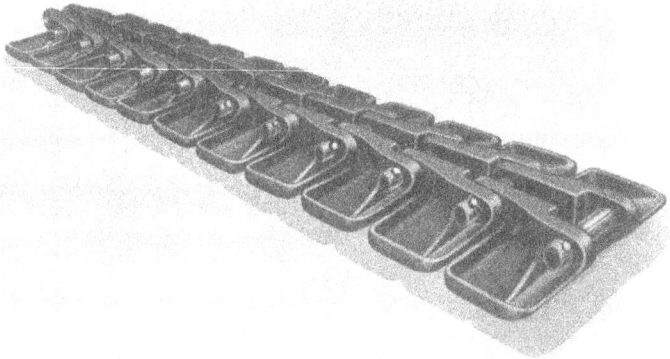

Abb. 258.

struktionsgewicht. Der Löffelausleger wird in diesem Fall durch einen 10 m langen Gittermast ersetzt.

Konstruktionseinzelheiten: Der Unterwagen (Abb. 257) ist aus Walzprofilen zusammengesetzt, allerdings in maschinenbaumäßiger

Anfertigung, was die Bearbeitung aller Blechkanten, eine genaue Aus-
richtung aller Profile und überhaupt eine größere Sorgfalt bei der Herstellung in sich schließt. Bemerkenswert ist die Konstruktion der

Abb. 259.

Abb. 260.

Cajar, Baukrane.   12

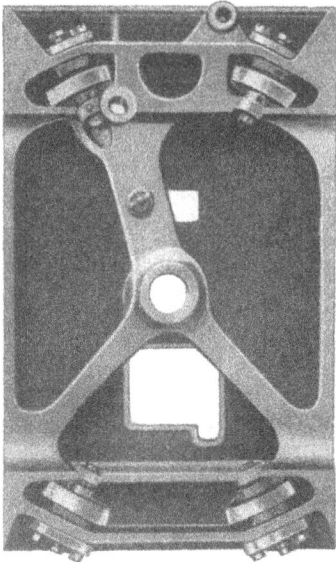

Abb. 261.

Raupenkette, die in Abb. 258 dargestellt ist. Die Plattenglieder werden aus Bossardtstahl, und zwar in massivem Vollguß hergestellt. Die Kettengelenke sitzen innen und sind möglichst schmal gehalten, so daß sich die Kette unter Umständen etwas verwinden und damit dem Boden gut anschmiegen kann. Zur Unterstützung der Raupenkette zwischen den Kettenrädern werden abgefederte Tragrollen (sog. Rollenwagen, s. Abb. 259) eingebaut. Der Halbmesser der Raupenkette beträgt an den Enden etwa 0,5 m.

Abb. 260 zeigt den gesamten Raupenketten-Unterwagen mit dem Drehzapfen und dem Rollenkranz mit Innenverzahnung für das Schwenken des Kranes. Jedes Raupenband kann getrennt mit zwei verschiedenen Geschwindigkeiten an-

Abb. 262.

getrieben oder ganz stillgelegt werden, so daß drei verschiedene Kurven befahren und auch auf der Stelle gewendet werden kann, wie dies ja bei fast allen Raupenketten-Fahrzeugen der Fall ist. Je nach Bodenbeschaf-

fenheit können Steigungen von 1 : 7 bis 1 : 5 überwunden werden. Gleichmäßig verteilter Bodendruck des ganzen Gerätes etwa 0,8 kg/cm².
Abb. 261 zeigt die Unterseite des Oberwagens und Abb. 262 die Hubtrommel. Sie ist mit der Antriebsmaschine durch eine Rutschkupplung
(Bremsband mit Ferrodobe-
lag) verbunden, die bei Überschreitung des maximalen
Seilzuges gleitet.

Der Drehkran mit Rau-
penketten-Fahrantrieb der
Firma Ardelt & Co. ist von
Woeste[1]) genau beschrieben
worden. In Abb. 263 ist ein
Dampfdrehkran dieser Fir-
men auf Raupenketten-Fahrgestell schematisch dargestellt. Fahrgeschwindigkeit
15 m/min. Mit der Raupen-
kette können verschiedene

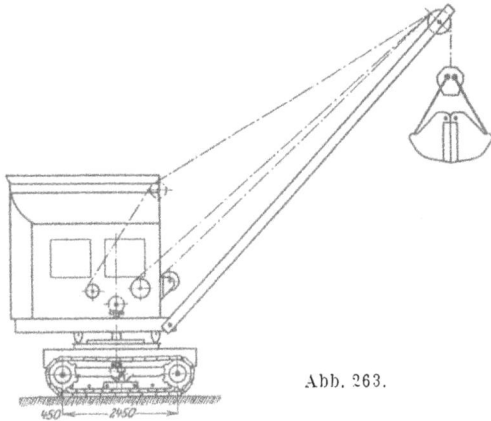

Abb. 263.

Kurven gefahren oder es kann auch auf der Stelle gewendet werden.

Abb. 264 zeigt die schematisch dargestellte Hauptanordnung (ohne
Ausleger) des Raupenketten-Fahrzeugs der Link-Belt Co., Phila-

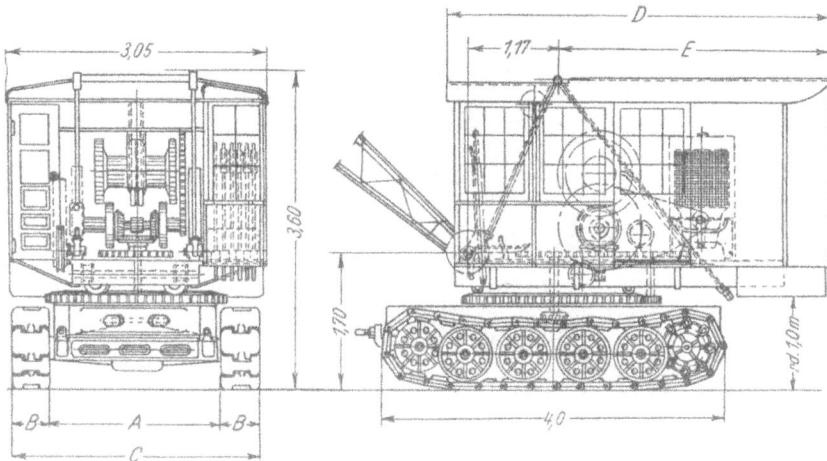

Abb. 264.

delphia. Tabelle 92 gibt die wichtigsten Außenmaße und Tabelle 93
die Tragfähigkeiten bei verschiedenen Ausladungen und Auslegerlängen an. Eine Ausführung als Selbstgreifer ist aus der ebenfalls

---

[1]) Woeste, Drehkrane mit Raupenketten-Fahrantrieb. »Z. d. V. d. I.« 1926,
Nr. 14 vom 3. April 1926.

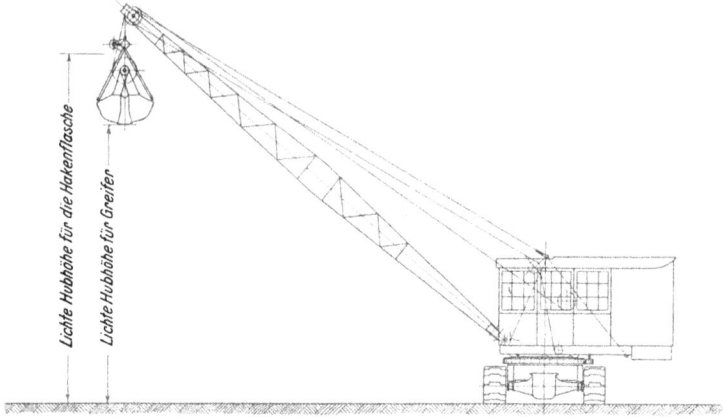

Abb. 265.

schematischen Darstellung in Abb. 265 ersichtlich. Außenmaße s. Tabelle 94, die ungefähren Arbeitsgeschwindigkeiten, Seilzug usw. für Selbstgreifer- und Lasthakenbetrieb gehen aus der folgenden Tabelle 95 hervor.

Abb. 266.

Konstruktionseinzelheiten. Abb. 266 Oberseite und Abb. 267 Unterseite des Unterwagens mit den Raupenketten. Der Rollenkranz für den Schwenkantrieb besitzt einen Durchmesser von etwa 2,15 m.

Tabelle 92.
Link-Belt-Raupenketten-Drehkran.
Außenmaße in m (abgerundet).

	A	B	C	D	E
Type K-1	2,0	0,45	4,50	4,40	3,25
Type K-2	2,0	0,53	3,05	4,50	3,35
Type K-2 mit bes. Gegengewicht	2,0	0,53	3,05	4,66	3,45

Tabelle 93.
Tragfähigkeit der Raupenketten-Drehkrane der Link-Belt Co. (in t).

Ausladung	3,35	4,60	6,10	7,65	9,15	10,70	12,20	13,70	15,30
				Typ »K-1«					
10,70	10,5	8,1	5,5	4,2	3,3	2,7	—	—	—
12,2	10,5	8,1	5,5	4,15	3,3	2,65	2,25	—	—
13,7	—	8,0	5,4	4,10	3,2	2,60	2,15	1,75	—
15,2	—	7,9	5,3	4,00	3,1	2,45	2,05	1,60	1,40
16,8	—	7,8	5,2	3,90	3,0	2,40	1,95	1,55	1,30
				Typ »K-2«					
12,2	12,2	9,0	6,2	4,7	3,7	3,0	2,45	—	—
13,7	—	8,95	6,1	4,6	3,6	2,9	2,40	1,95	—
15,2	—	8,80	6,0	4,5	3,5	2,8	2,25	1,80	1,55
16,8	—	8,75	5,9	4,4	3,4	2,7	2,20	1,75	1,45
18,3	—	—	5,8	4,3	3,3	2,6	2,05	1,60	1,35
				Typ »K-2« mit Gegengewicht					
12,2	13,4	9,80	6,70	5,00	3,95	3,25	2,65	—	—
13,7	—	9,75	6,65	4,95	3,90	3,15	2,60	2,1	—
15,2	—	9,60	6,50	4,80	3,75	3,05	2,45	2,0	1,7
16,8	—	9,50	6,45	4,75	3,70	2,95	2,40	1,9	1,6
18,3	—	—	6,30	4,60	3,55	2,85	2,25	1,8	1,5

(Auslegerlängen — linke Randbeschriftung)

Bei vorstehenden Lasten besitzen die Krane einen Sicherheitsgrad von 30%
gegen Kippen auf ebener Erde.

Tabelle 94.
Link-Belt-Raupenketten-Drehkran für Greiferbetrieb.
Länge des Auslegers.

Aus-ladung	Länge des Auslegers					
	10,7	12,2	13,7	15,5	16,8	18,3
	Lichte Höhe unter Greifer (für Lasthakenbetrieb etwa 1,50 m größer)					
4,60	8,85	10,40	11,90	13,40	15,00	16,80
6,10	8,25	9,80	11,30	12,80	14,70	16,50
7,60	7,35	9,20	10,70	12,50	14,00	15,90
9,30	5,80	7,90	9,80	11,60	13,40	15,30
10,70	3,66	6,10	8,25	10,40	12,50	14,40
12,70	...	3,66	6,70	9,20	11,30	13,10
13,70		...	4,00	7,30	9,80	11,60
15,30	...	...	...	4,30	7,30	9,80

Tabelle 95.

Raupenketten-Drehkran der Link-Belt Co. für Selbstgreiferbetrieb.

	Typ «K-1» mit 60 PS Verbr.-M. oder 50 PS Elektromotor	Typ «K-2» mit 80 PS Verbr.-M. oder 60 PS Elektromotor
Hubgeschwindigkeit in m/min. a. einf. Strang	40 m/min.	46 m/min.
Größter Zug a. einf. Seilstrang	5,5 t	6,4 t
Schwenkgeschwindigkeit je Minute . .	3½ Umdrehungen	4 Umdrehungen
Fahrgeschwindigkeit je Stunde	1,47 km/h	1,61 km/h
Größte Steigung, die der Kran überwinden kann	25%	30%
Größte Zugkraft	8,2 t	9,5 t
Dienstgewicht mit normalem Ausleger, aber ohne Greifer oder Last	27 t	30 t

Abb. 268.

1 Breiter Bedienungsgang.
2 Verkapselte, geräuschlose Treibkette zwischen Motor und Winde. In Öl laufend.
3 Gußeiserne Schutzvorrichtung, um das Verwickeln der Kabel zu verhüten.
4 Alle Zahnräder aus Stahl, aus dem Vollen geschnitten.
5 Maschinen-Seitenrahmen, aus einem Stück.
6 Drehzapfen, leicht zugänglich.
7 Rotierender Rahmen aus einem Stück Gußstahl.
8 Stützrollen, leicht herausnehmbar.
9 Führersitz, möglichst nach vorn gerückt, um die Kranarbeit gut beobachten zu können.

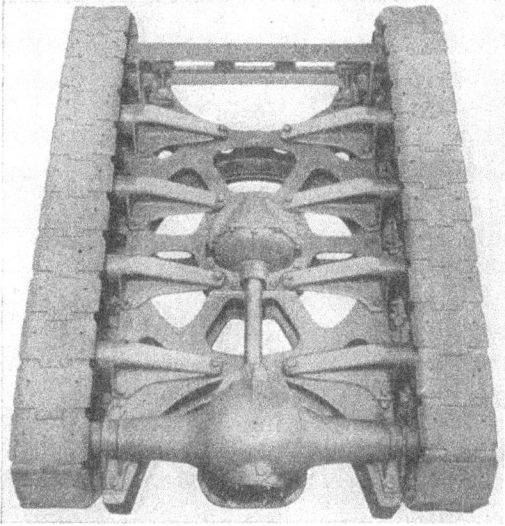

Abb. 267.

Abb. 269.

Abb. 270.

Hierdurch wird eine außerordentliche Standsicherheit erreicht. Der ganze Rahmen
ist aus einem Stück gegossen.
Die untere Ansicht Abb. 267
zeigt die öldichte Verkapse-
lung der Getriebe. Das Material des Rahmens ist getem-
perter Siemens-Martin-Stahl.
Aus Abb. 268 ist die allgemeine Anordnung des maschinellen Teils ersichtlich. Die
beiden Hauptwellen sind zur
Erläuterung im folgenden noch
einzeln dargestellt. Abb. 269
Hauptkraftwelle. Zwei Bremsen mit innen wirkendem
Bremsband dienen zur Ein-
schaltung der Drehbewegung,

Abb. 271.

des Fahrantriebes und der
Auslegereinziehwinde. Abb.
270 zeigt die beiden Winden
trommeln. In Abb. 271 und
272 sieht man den Kran bei
verschiedenen Arbeiten.

Abb. 272.

Kap. 14. Schwenkkrane.

a) Hierunter sollen alle diejenigen Drehkrane verstanden werden, deren Ausleger nicht verstellbar ist.

Zu ihnen gehören vor allem die einfachen, namentlich auf Hochbaustellen wohlbekannten, dreieckförmigen Schwenkarme, die mittels Klammern an jedem Gerüstbaum oder mittels Steinschrauben an einer Mauer befestigt werden können und im übrigen aus einem einfachen Profileisen- oder Holzdreieck mit oberem und unterem Drehzapfen bestehen. Man findet sie oft neben Materialaufzügen für Stücke, die wegen ihrer Länge oder Sperrigkeit im Aufzug nicht befördert werden können. Sie werden entweder mittels Bock- oder Wandwinden von Hand oder durch Friktionswinden betrieben, die eine hohe Seilgeschwindigkeit entwickeln können.

1. Allgemeine Anordnung und Berechnung. a) Leichter Handbetrieb. Hierfür genügt eine Rolle an der Auslegerspitze (Abb. 273). Stabkräfte:

$$S_a = + 2 \cdot Q \cdot \frac{a}{h}; \; S_s = - 2 \cdot Q \cdot \frac{s}{h}; \; S_h = Q.$$

Die gesamte lotrechte Last muß von der unteren Klammer aufgenommen werden. Die Beanspruchungen sind niedrig zu halten, da es sich um Geräte handelt, die oft wieder verwendet werden und eine lange Lebensdauer haben müssen.

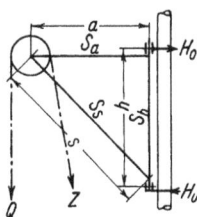 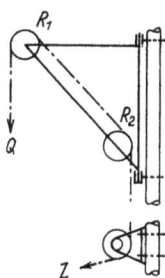 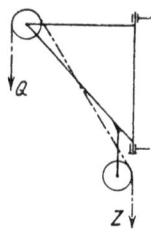

Abb. 273.   Abb. 274.   Abb. 275.

Die Drehzapfen müssen genau lotrecht untereinander stehen. Der Stab S_h wird am einfachsten und besten aus einem Vierkanteisen hergestellt, das an den Enden rund ausgeschmiedet ist. Die Stärke dieses Vierkants ist etwas größer anzunehmen als der Durchmesser des Drehzapfens, damit unten eine genügende Auflagerfläche vorhanden ist. Die Stäbe S_a und S_s werden meist aus Winkeleisen hergestellt. Für die Klammern nimmt man bei Rundholzmasten eiserne Schellen mit Klemmschrauben, die an der einen Seite ein angeschmiedetes Auge zur Aufnahme des Drehzapfens besitzen. Bei Gerüststangen aus Vierkanthölzern nimmt man Winkeleisenstücke, die durch Schrauben angeklemmt werden (s. Abb. 277).

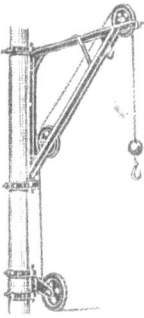

β) **Maschineller Antrieb.** Bei maschinellem Antrieb muß wegen der größeren Geschwindigkeit für eine bessere Seilführung gesorgt werden, damit beim Schwenken das Seil nicht aus der Rolle springen kann. Am meisten gebräuchlich ist die Rollenanordnung nach Abb. 274. Genau genommen müßte das lotrecht herabgeführte Seilende in der Drehachse liegen, etwa nach Abb. 275. Man begnügt sich aber meist aus praktischen Gründen mit der Anordnung nach Abb. 274, indem man das Seil so dicht wie möglich an die Drehachse heranbringt. Die untere Sattelrolle dient zur Ablenkung des Seils nach der Winde. Sie wird zuweilen ebenfalls drehbar ausgeführt, was aber nur dann Zweck hat, wenn die Richtung des zur Winde führenden Seilendes öfter gewechselt werden muß. Druckkraft im Stabe

Abb. 276.

$$S_s = - Q \cdot \left(\frac{s}{h} + 1 \right).$$

2. **Beispiele.** Abb. 276 **Bauschwenkkran der Deutschen Hebezeug-Fabrik Pützer-Defries,** Düsseldorf. Tabelle 96 gibt die Hauptabmessungen und die Preise.

Tabelle 96.

Tragkraft . . . . kg	1000	1000	2000	2000
Ausladung v. Mitte Drehpunkt bis Mitte				
Lastseil . . . . ca. mm	1200	1500	1500	2000
Gewicht . . . . ca. kg	75	85	130	150
Preis . . . . RM.	114,—	118,—	165,—	180,—
Gewicht der beweglichen Fußleitrolle . ca. kg	35	35	55	55
Preis der beweglichen Fußleitrolle. . . RM.	60,—	60,—	80,—	80,—

Abb. 277 **Bauschwenkkran der Allgemeinen Baumaschinen A.-G.,** Leipzig, für 600, 1000 und 2000 kg Tragkraft. Die einfache und sehr solide Ausführung geht aus der Abbildung ohne weiteres hervor.

Abb. 278 **Eiserner Schwenkkran der Firma Otto Kaiser (vorm. Kaiser & Schlaudecker),** St. Ingbert, Saargebiet. Abb. 279 drehbare Sattelrolle dazu. Abmessungen, Gewicht und Preise s. Tabelle 97.

Abb. 280 u. 281 **Pfosten-Schwenkkran der Firma Gauhe, Gockel & Co.,** Oberlahnstein a. Rh. An dem Gerüstpfosten wird eine sog. »Klemmstange« befestigt, die den Zweck haben soll, die obere und untere Klemmbefestigung am Pfosten sofort in der richtigen Lage anbringen zu können. Gleichzeitig wird dadurch erreicht, daß die lotrechten Lasten, die sonst nur von der unteren Klemme aufgenommen

Tabelle 97.

	Preis RM.
Tragkraft 2000 kg	
Ausladung 1,35 m, Gewicht ca. 120 kg	115,—
Ausladung 1,50 m, Gewicht ca. 130 kg	125,—
Ausladung 1,75 m, Gewicht ca. 140 kg	140,—
Ausladung 2,00 m, Gewicht ca. 150 kg	150,—
In leichter Ausführung 1000 kg Tragkraft	
Ausladung 1,35 m, Gewicht ca. 95 kg	95,—
Ausladung 1,50 m, Gewicht ca. 105 kg	100,—
Ausladung 1,75 m, Gewicht ca. 115 kg	120,—

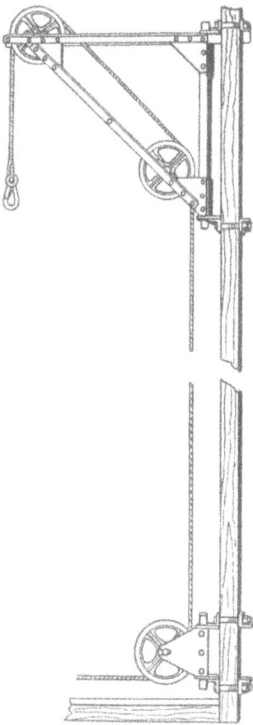

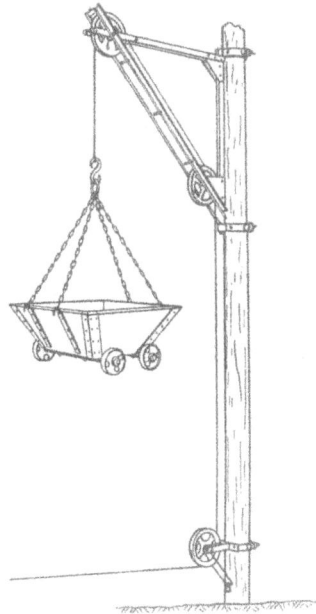

Abb. 277.   Abb. 279.   Abb. 278.

werden, sich gleichmäßiger auf beide Klemmen verteilen. Der Schwenkarm ist so eingerichtet, daß er sich schnell und ohne Zuhilfenahme eines
Werkzeuges befestigen läßt. Wie aus Abb. 281 hervorgeht, wird er oben
einfach in einen Haken eingehängt, während das untere Ende, das sich
mittels eines daumenartigen Ansatzstückes gegen die Klemmstange
stützt, durch einen Überwurfring festgehalten wird. Auch die untere
schwenkbare Leitrolle besitzt eine kurze Klemmstange, die bei genau

senkrechter Lage unterhalb der Klemmstange des Schwenkarmes eine
gute Seilführung gewährleistet.

Ein einfacher Schwenkarm mit Laufkatzenflaschenzug
wird von der Dobbie Foundry & Machine Co., Niagara Falls, her-

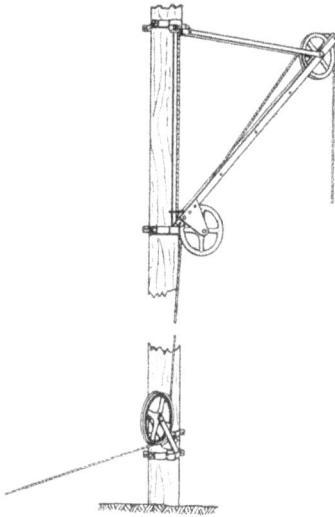 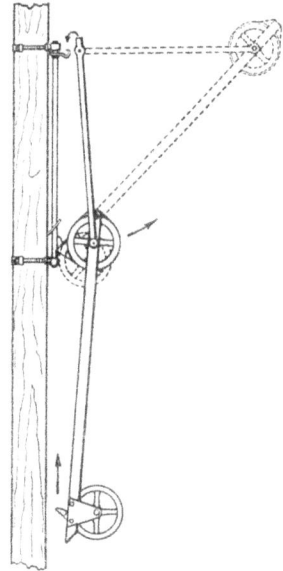

Abb. 280.   Abb. 281.

gestellt (Abb. 282), der sich ebenfalls sehr gut auf der Baustelle ver-
wenden läßt. Abmessungen und Preise s. Tabelle 98.   Wie sich diese
Kranart auch zu größeren Ausführungsformen ausbauen läßt, zeigt
Abb. 283.

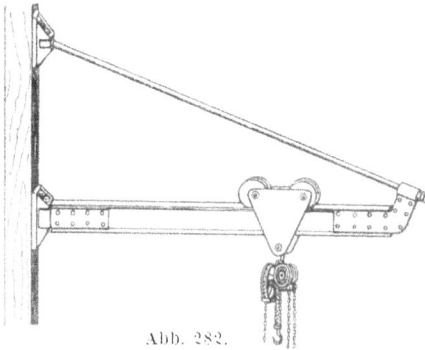

Abb. 282.

Tabelle 98.

Trag-kraft	Ausleger-stärke	Ausladung	Abstand v. d. Wand bis zur Spitze
in kg	cm	m	m
225	10	0,353	0,405
450	13	0,350	0,409
900	15	0,348	0,411
1350	18	0,345	0,414
1800	20	0,340	0,417
2700	23	0,335	0,419
3600	25	0,330	0,422
4500	30	0,325	0,425

Eine Ausführung der Firma F. Piechatzek, Berlin, ist in Abb.
285 dargestellt. Die Tragkraft dieses Schwenkkranes beträgt 750 kg,
die Ausladung 2,20 m. Der als »Richtbaum mit Ausleger« bezeichnete

kleine Schwenkkran ist bei *A* in den Bohlenbelag der Decke und bei
B in einem Zapfen in der Fußschwelle drehbar gelagert.

b) **Fahrbare Schwenkkrane.** Die **Baumaschinenfabrik
Bünger A.-G.**, Düsseldorf, stellt fahrbare Baulokomobilen nach Abb. 285
mit eisernem Schwenkkran für 1000 und 2500 kg Tragkraft her. Verwendung namentlich für Ausschachtungsarbeiten bei Kanalbauten,
Ausbaggern kleiner Baugruben und zum Abteufen von Brunnen.

Sehr häufig findet man auf verhältnismäßig schmalen Baugruben,
die aber eine größere Längenausdehnung besitzen, die sog. **Duplex-
schwenkkrane**, namentlich für Kanalausschachtungs- und Rohr-

Abb. 283.

verlegungsarbeiten. Der Boden wird dabei meist durch Kästen mit
Bodenentleerung gefördert. Die Firma **Otto Kaiser** (vorm. Kaiser
& Schlaudecker), St. Ingbert, stellt dieses Gerät mit Aufzugskasten
zum Preise von etwa 6500 M. her. Bei dem in Abb. 286 dargestellten
Duplexkran geschieht der Antrieb durch einen Rohölmotor der Gas-
motorenfabrik Deutz (s. in der Abbildung den aufgeklappten
Kasten), der auf S. 48 beschrieben ist.

Zu den fahrbaren Schwenkkranen gehören auch die bekannten
Baumastkrane der Firma **Voß & Wolter**, die seinerzeit bei ihrer
Einführung berechtigtes Aufsehen erregten. Ihr erstes Auftreten fiel
in die Zeit, als die Baumaterialien größtenteils noch von Handlangern
mühsam auf Leitern in die Höhe getragen wurden. Als man dann anfing,
die größeren Geschäftshäuser mit Werksteinverkleidung zu bauen,

stellte sich ein immer dringenderes Bedürfnis nach geeigneten Baukranen heraus. Die hierfür gestellte Aufgabe fand in der Erfindung des
Ingenieurs Voß eine sehr glückliche Lösung, die sich im großen und

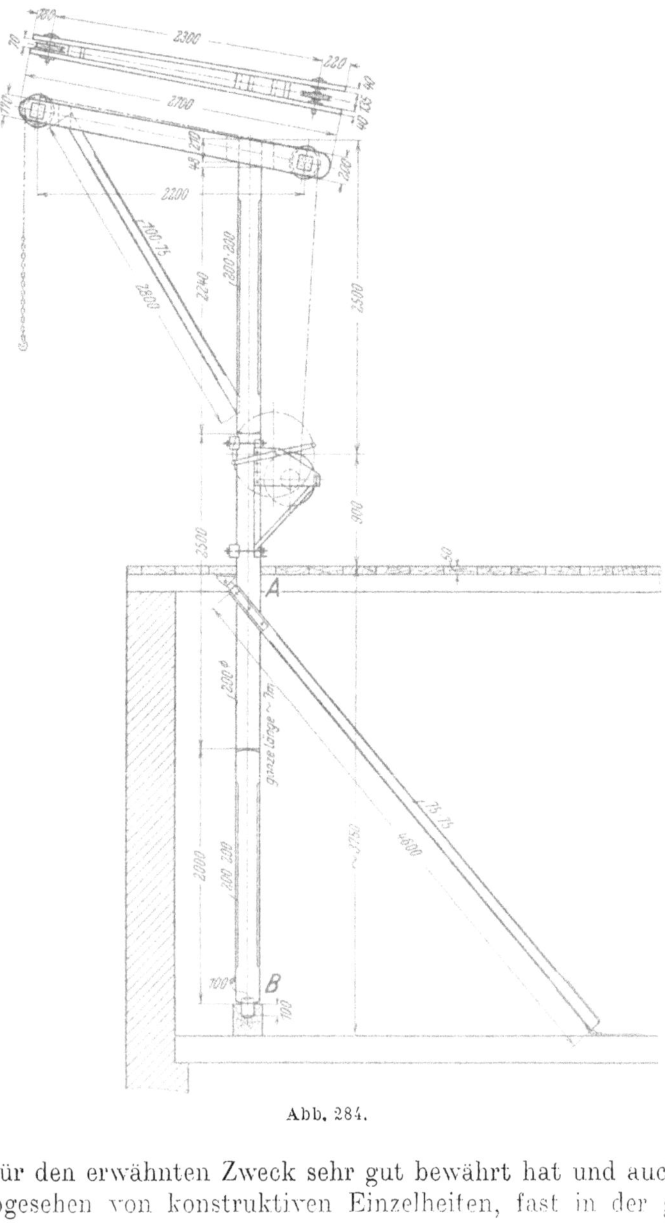

Abb. 284.

ganzen für den erwähnten Zweck sehr gut bewährt hat und auch heute
noch, abgesehen von konstruktiven Einzelheiten, fast in der gleichen
ursprünglichen Form verwendet wird.

Die allgemeine Anordnung der Baumastkrane geht aus Abb. 287
hervor (Seitenansicht wie Abb. 290). Ein 30—35 m hoher Mast läuft

Abb. 285.

Abb. 286.

unten auf einem Kranlaufrad mit doppeltem Flansch und wird in etwa
12 m Höhe an einem parallel zur Laufschiene liegenden Träger geführt.

Dieser horizontal liegende Träger stützt sich in Abständen von 8—12 m auf eiserne Pfosten (ebenfalls aus I-Eisen), die nach dem Gebäude zu druck- und zugfest abgesteift bzw. verankert sind. In der Längsrichtung wird dieses so gebildete Führungsgerüst durch Rundeisen und Winkelprofile verspannt und ausgesteift. Am Kran sind in Höhe des Führungsträgers Rollen angebracht, die oben zwischen den Flanschen des Führungsträgers laufen. Um etwaigen Unebenheiten und

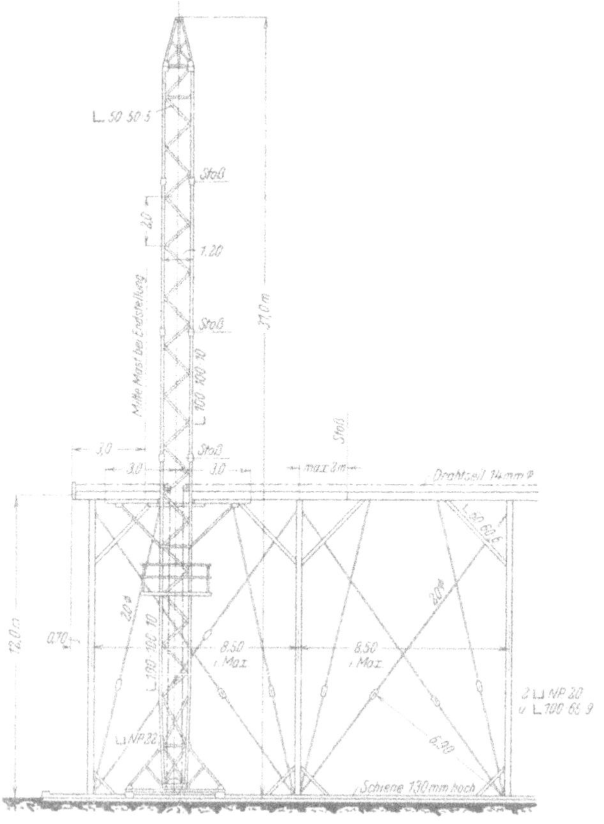

Abb. 287.

Höhendifferenzen zwischen Laufschiene und Führungsträger Rechnung zu tragen, sitzen diese Rollen an gelenkig befestigten Armen. Um den unteren Flansch greift ebenfalls eine Führungsrolle, die sich von unten gegen den Steg des Führungsträgers legt. Der Kran ist somit nach dem Gebäude hin ziemlich sicher abgestützt. Zur weiteren Sicherheit gegen Umstürzen des Kranes senkrecht zum Gebäude dienen winkelförmige Anschläge, die sich an die Führungsträger legen, wenn die Rollen herausspringen oder ein Zapfenbruch eintritt. Nach der Seite hin wurde der Mast bei den älteren Ausführungen nur durch eine Seilführung gehalten, die von einem Ende des Führungsträgers über eine Ablenkungsrolle an der Führungsstelle des Kranes zur unteren Laufrolle, von dort wieder über eine Ablenkungsrolle an der oberen Führung und schließlich zum anderen Ende des Führungsträgers lief. In Bewegung gesetzt wurde er durch eine besondere Handwinde. Das Hubwerk war von Anfang an elektrisch. Das Schwenken geschah ebenfalls von Hand. Wie sich später herausstellte, genügte die Seilführung nicht, um den Kran gegen eine Schiefstellung zu sichern, außerdem war die Gefahr des Umfallens nach der Seite bei einem Bruch des Seils oder dessen Befestigungsstellen zu groß. Man brachte daher sowohl am Fuß als auch an der oberen Führungsstelle Abstützkonstruktionen an, so daß die Krane die in Abb. 287 dargestellte Form erhielten. Die neueren Krane dieser Art zeigen weitere Verbesserungen. Vor allem werden sowohl die Hub- als auch die Fahrbewegungen von der elektrischen Winde aus betätigt. Für das Schwenken, das der Einfachheit halber durch eine kleine Schneckenwinde von Hand geschieht, ist am Fuß des Schwenkarms ein kleines Schwenkrad vorgesehen, ähnlich den Schwenkrädern bei den amerikanischen Derricks. Der Antrieb für die Fahrbewegung geschieht nicht mehr durch Seile, sondern durch ein Kegelradgetriebe. Der Ausleger ist an sich unverstellbar, jedoch sind an den Fachwerksknotenpunkten weitere Rollen angebracht, so daß durch Kombination mit Unterflaschen usw. mehrere Laststufen erzielt werden können (s. Abb. 290).

Tabelle 99.

Größe I: Mast 0,8×0,8 m 15—24 m Hubhöhe
Tragkraft 3000 kg bei 2,30 m Ausladung
 » 2000 » » 3,30 »   »
 » 1000 » » 6,30 »   »

Größe II: Mast 1,20 × 1,20 m 16—34 m Hubhöhe
Tragkraft 5000 kg bei 2,25 m Ausladung
 » 3000 » » 3,80 »   »
 » 2000 » » 5,50 »   »
 » 1500 » » 7,00 »   »

Die Maste werden in zwei Größen nach Tabelle 99 ausgeführt. Der Ausleger ist um 270° schwenkbar (s. Abb. 288). Der Abstand des Auslegerdrehpunktes von Mitte Mast beträgt etwa 1,30 m. Es ergibt sich demnach für den großen Kran (Größe II, Tabelle 99) ein Arbeitsfeld von rd. 9,70 m Breite, und zwar von Mitte Mast aus gerechnet, 7,0 m nach dem Gebäude zu und 2,0 m nach der Straße zu. Für das unmittelbare Beladen aus und in Wagen ergeben sich hierbei gewisse Schwierigkeiten, da der Kran noch innerhalb des Bauzaunes stehen muß. Die Folge ist, daß die Wagen zuweilen nicht dicht genug an den Kran heranfahren können. Es macht dies also oft erst ein Abladen vom Wagen und einen Horizontaltransport (bzw. umgekehrt) erforderlich.

Die Befestigung der rückwärtigen Streben des Führungsgerüstes richtet sich nach den örtlichen Verhältnissen. Wo angängig, werden sie mit den bereits verlegten Kellerdeckenträgern fest verbunden oder es werden Schwellen in Kellersohle verlegt, die die Gebäudemauern an den Enden unterfahren, so daß eine gute Verankerung hergestellt ist. Der Abstand der Pfosten und damit der rückwärtigen Steifen ist selbstverständlich so zu wählen, daß sie beim Weiterbau nicht stören. Sie werden also am besten von vornherein dort aufgestellt, wo Öffnungen im Gebäude vorgesehen sind.

Unzweifelhaft besitzt der Baumastkran von Voß & Wolter seine großen Vorzüge und hat sich im allgemeinen auch gut bewährt. Einen großen Teil seiner Beliebtheit verdankt er vor allem seinem geringen Platzbedarf, namentlich im unteren Teil. Seine Nachteile zeigen sich erst da, wo viel mit ihm hin und her gefahren werden muß. Daran ist vor allem der große Abstand der beiden Führungen (unten Laufschiene und oben Führungsträger) schuld. Zum Verfahren des Kranes wird, wie schon erwähnt, die untere Laufrolle angetrieben, von der aus die Bewegung durch das Führungsseil auf die oberen Ablenkungsrollen übertragen wird. Bei dieser Art der Übertragung sind einseitige Belastungen der Führungen und damit Klemmungen schwer zu vermeiden, auch wird infolge der Nachgiebigkeit der Seile das untere Laufrad gegen die obere Führung immer etwas vorauseilen. Es ergibt sich demnach keine gleichmäßige, sondern immer nur eine ruckweise Fahrbewegung, wobei die Fahrgeschwindigkeit naturgemäß nur außerordentlich gering sein kann. Im allgemeinen wird dieser Übelstand beim normalen Hausbau nicht allzu schwer empfunden werden. Gerade beim Versetzen von Werksteinen, was ja doch die eigentliche Bestimmung des Mastes von vornherein gewesen ist, der immerhin in der Längsrichtung ein Arbeitsfeld von fast 12 m bei 1500 kg Tragkraft beherrscht, wird er verhältnismäßig selten verfahren werden müssen. Bei längeren Gebäudefronten hat man infolgedessen auch immer mehrere Baumastkrane nebeneinander aufgestellt (s. Abb. 289), und zwar in Abständen, die ein Verfahren nur noch in sehr geringem Umfang erforderlich machen.

Für solche Fälle, wo man auf größeren Strecken mit einem Kran auskommen will oder muß, hat die Firma Voß & Wolter die in Abb. 290 dargestellte Ausführungsform gebaut. Der Mast ist hier auf zwei Lauf

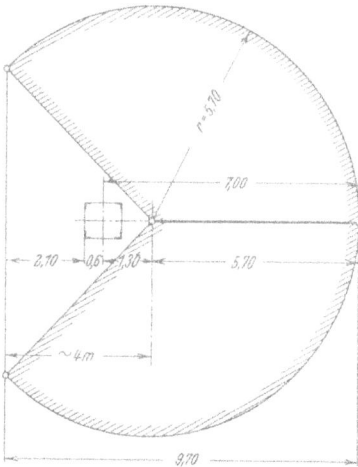

Abb. 288.

Abb. 289.

räder in etwa 5,0 m Abstand gestellt. Zwischen den Laufrädern befindet
sich ein Ballastkasten. Dadurch erhält der Mast ohne weiteres eine

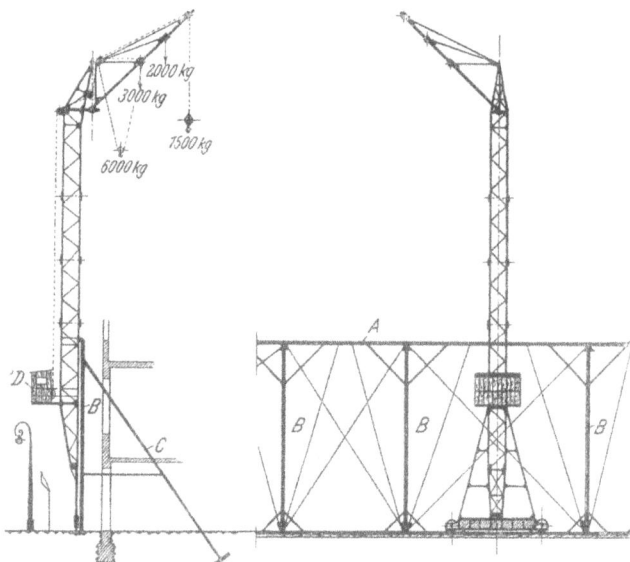

Abb. 290.

genügende Standsicherheit in seitlicher Richtung. Das Führungsseil
und die Übertragung der Fahrbewegung auf die obere Führungsstelle
fallen fort, so daß der Kran eine erheblich
größere Fahrgeschwindigkeit bei gleichmäßiger Fortbewegung entwickeln kann.

Dem oben angedeuteten Übelstande,
daß das Arbeitsfeld der Maste nach der
Straße zu nicht genügend groß ist, hat man
durch Anordnung eines im vollen Kreise
drehbaren oberen Teils zu begegnen versucht (s. Abb. 291). Die größte Ausladung
beträgt bei diesen Masten 10 m, die Höchstlast 1200 kg. Die Ausführung nähert sich
schon stark den Turmdrehkranen.

Kap. 15. Turmdrehkrane.

a) Allgemeine Anordnung und Verwendung. Die frei fahrenden Turmdrehkrane verdanken ihre Entstehung ursprünglich dem Hafen- und Werftbetrieb.

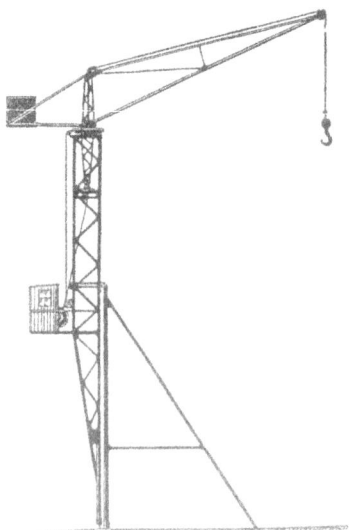

Abb. 291.

Dort, wo auf verhältnismäßig eng begrenztem Raum große Höhen zu überwinden sind, entstanden zunächst die feststehenden Ausführungsformen, die sich dann, namentlich den gesteigerten Bedürfnissen des Werftbetriebes entsprechend, zu fahrbaren Konstruktionen entwickelten. Schließlich ist man in neuerer Zeit dazu über gegangen, die Turmdrehkrane auch für andere Bauzwecke zu verwenden, vor allem auf Baustellen, die eine im Verhältnis zu ihrer Längenausdehnung geringe Breite besitzen und, was die Hauptsache ist, große Höhenunterschiede aufzuweisen haben (z. B. Schleusenbau, Talsperrenbau usw.). Mehr und mehr bürgert sich der Turmdrehkran aber auch im Hochbau ein. Sehr gut eingeführt und bewährt haben sie sich u. a. beim neuzeitlichen Siedlungsbau. Bei den mäßigen, bei Siedlungshäusern üblichen Gebäudetiefen (etwa 12 m), genügt unter Umständen ein Kran vollkommen, um die ganze Baustelle zu beherrschen. Die größte Auslegerreichweite der ausgeführten Konstruktionen schwankt zwischen 12 bis 18 m. Die größte Rollenhöhe beträgt etwa 35 m. Diese Maße veranschaulichen die vorzügliche Brauchbarkeit des Turmdrehkranes gerade für den Häuserbau.

b) Der für den Aufbau der Turmdrehkrane wichtigste Faktor ist die **Standsicherheit**. Von ihr hängt die Formgebung und die Lastenverteilung in erster Linie ab. Ein Turmdrehkran wird um so leistungsfähiger sein, je geschickter die dem Konstrukteur in dieser Hinsicht gestellte Aufgabe gelöst ist.

Hier sind zunächst folgende Bedingungen für die Standsicherheit vorauszuschicken. Man muß von jedem Turmdrehkran verlangen, daß er im belasteten Zustand und unter Zugrundelegung eines Winddruckes von 50 kg/m² in allen Stellungen eine mindestens 1,5 fache Standsicherheit aufzuweisen hat. Der Winddruck von 50 kg/m² wird allgemein als die Grenze angesehen, bis zu welcher ein Arbeiten mit dem Kran überhaupt noch möglich ist. Es ist dies eine ziemlich willkürliche Annahme, die leider nicht ohne weiteres nachprüfbar ist. Man kann mit ziemlicher Sicherheit annehmen, daß die Unmöglichkeit, den Betrieb des Kranes aufrecht zu erhalten, schon bei erheblich niedrigeren Winddrücken auftritt. Anderseits wird der Kranbetrieb nicht immer sofort eingestellt werden, wenn etwa größere Windstöße in längeren Pausen sich wiederholen; es kann daher nicht schaden, wenn die Winddruckgrenze selbst 100% zu hoch gegriffen ist. Es ist hierbei ferner zu bedenken, daß die Standsicherheit auch in hohem Maße von der Gewissenhaftigkeit und Sorgfalt des Kranführers und des Bauleitenden abhängig ist. Eine schnelle Abschätzung der zu hebenden Last bereitet oft Schwierigkeiten; Irrtümer sind hier, und besonders bei einem übereilten Baubetrieb, nicht ausgeschlossen. Das Problem, wie man sich gegen eine Überlastung des Kranes, d. h. eine Überschreitung der zulässigen Nutzlast, schützen kann, ist bisher noch nicht zufriedenstellend gelöst. Auch der Versuch, eine selbsttätige Unterbrechung des Motorstromes herbeizuführen, wenn der Kran beginnt, sich auf der einen Seite von der Schiene abzuheben, kann nicht als eine solche Lösung angesehen werden. Angeblich soll damit verhindert werden, daß zu große Lasten angehängt werden oder daß der Kran kippt, wenn sich dem Anheben der Last˙ sonstige Hindernisse entgegenstellen. Derartige Vorrichtungen bergen aber gewisse Gefahren in sich. Sie wirken nämlich erst dann, wenn die betreffende Kipplast tatsächlich schon überschritten ist, aber nicht dann, wenn die Grenze zwar sehr nahe, aber noch nicht erreicht ist. Nehmen wir nun an, der Kran habe eine solche Last gehoben, bei der er gerade an der Grenze seiner Standsicherheit ist, und es tritt nun ein zufälliger, ungünstig wirkender Einfluß, etwa ein kräftiger Windstoß oder ein verhältnismäßig kleines Hindernis auf der Fahrbahn hinzu, so fällt der Kran unfehlbar um. Aber abgesehen davon ist es immer mißlich, Anordnungen anzubringen, die das Verantwortungsgefühl des Kranführers herabsetzen. Der Kranführer weiß genau, und er kann es auch jederzeit auf seiner Tabelle im Führerhaus ablesen, eine wie große Last er bei einer bestimmten Auslegerstellung anhängen darf. Bringt man aber eine Vorrichtung an, die ihn von der Verpflichtung entbindet, sich von der Größe der Nutzlast zu überzeugen, so wird er bald dahin kommen. sich überhaupt nicht mehr um seine Tabelle zu kümmern, sondern sich einfach auf die betreffende Vorrichtung verlassen, die, wie viele Sicherheitsvorrichtungen, die Neigung besitzen, im geeigneten Augenblick zu versagen. Damit soll nichts gegen Sicherheitsvorkehrungen im allgemeinen gesagt sein. Eine Baustelle kann ohne weiteres zu den gefahrenreichsten Betrieben gerechnet werden, sie bedarf daher mancherlei Einrichtungen und Vorschriften, die den darauf Beschäftigten gegen Gewissenlosigkeit und Fahrlässigkeit seiner Mitarbeiter schützen. Trotzdem ist die Wachhaltung der Aufmerksamkeit jedes einzelnen erforderlich, und durch allzu viele und allzuängstliche Sicherheitsvorkehrungen kann unter Umständen das Gegenteil von dem erreicht werden, was damit bezweckt wurde. Etwas anderes wäre es, wenn man die Einrichtung so träfe, daß der Strom schon dann ausgeschaltet wird, wenn die Last noch etwa $30^0/_0$ unterhalb derjenigen ist, bei welcher der Kran aufhört, standsicher zu sein.

Ein absolut sicheres Mittel zur Erzielung der nötigen Standsicherheit bietet ein zentral angeordnetes und ausreichend bemessenes Ballastgewicht. Eine Grenze ist hier nur durch den höchsten Raddruck gezogen, der gewisse Werte nicht überschreiten darf.

Es tritt nun weiter die Frage auf, welche Bedingungen für die Standsicherheit zu stellen sind, wenn der Winddruck den Wert von 50 kg m² überschreitet, wenn also der Kran als unbelastet anzunehmen ist. Ausnahmslos handelt es sich hier um Konstruktionen, für welche die

preußischen Hochbaubestimmungen einen Winddruck von 150 kg/m²
(bezw. 200—250 kg/m²) in Sturmgebieten vorschreiben. Es hat sich heraus-
gestellt, daß die Annahme: Kran unbelastet, Wind 150 kg/m², die Standsicherheit im Vergleich zu allen anderen Annahmen am ungünstigsten
beeinflußt. Natürlich besteht die Möglichkeit, den Kran im Außer-
betriebszustand durch Schienenzangen oder Abspannseile zu verankern,
wobei die von den Schienenzangen aufzunehmenden Verankerungskräfte
natürlich einen entsprechend ausgebildeten Unterbau verlangen. Es ist
jedoch die Frage, ob solche Maßnahmen, die natürlich die Standsicherheit
sofort außer Frage stellen würden, immer mit der nötigen Geschwindigkeit getroffen werden können. Es kann der Fall eintreten, daß der Kran
gerade an einer Stelle steht, wo eine Verankerung
nicht anzubringen ist. Er muß dann zunächst ein
Stück verfahren werden, und es vergeht dann noch
weiter Zeit zum Befestigen der Ankerseile. Das
schließt die Möglichkeit nicht aus, daß inzwischen
vereinzelte Windstöße auftreten, welche die Stärke
von 150 kg/m² überschreiten. Man muß daher for-
dern, daß der freistehende, unbelastete Turmkran,
auch bei 150 kg/m² noch standsicher ist. Hierbei
kann man sich jedoch mit einer etwa 1,1fachen
Standsicherheit begnügen. Die Schienenzangen bilden dann eine weitere Sicherheit, selbst wenn der
Unterbau nicht besonders zur Aufnahme von Ver-
ankerungskräften ausgebildet ist.

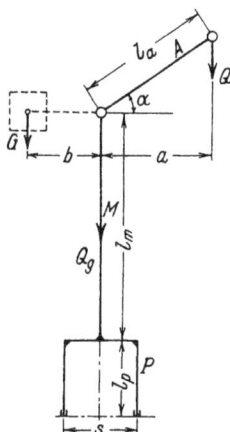

Abb. 292.

Zur vorläufigen Ermittlung der Standsicherheit mit geschätzten Eigengewichtslasten
kann man das für alle Turmdrehkrane allgemein
gültige Schema Abb. 292 annehmen. Das auf Gleisen fahrbare Portal
trägt den Mast, an dem ein Auslager A gelenkig und drehbar angeordnet ist. Hierzu tritt in manchen Fällen ein Gegengewicht (in
Abb. 292 punktiert angedeutet), das dazu bestimmt ist, das Lastmoment wenigstens zum Teil auszugleichen. Zunächst bestimmt oder
schätzt man das Gewicht der einzelnen Kranteile. Indem man alle
lotrechten Lasten auf die Achse des Turmes bzw. auf Gleismitte bezieht,
bestimmt man die Lage der Resultierenden der lotrechten Lasten zu
dieser Achse. Sie muß selbstverständlich vor allem innerhalb der Portal-
füße fallen. Man bezeichnet das Produkt: Summe der lotrechten Lasten
mal Abstand der Resultierenden von der Turmachse als das »Lastmoment«
M_L des Turmes. Ihm gegenüber steht das Windmoment M_w gleich
Resultierende der Windkräfte mal Abstand von der Schienenoberkante.

Zur Ermittlung dieser Momente ist zunächst folgendes zu bemerken:
Die Belastungsvorschriften schreiben bei jedem Turmdrehkran bestimmte Höchstnutzlasten für bestimmte Auslegerstellungen (in der

Vertikalebene $\not\lessgtr a$ der Abb. 292) vor, so zwar, daß das Lastmoment
bei belastetem Kran in bezug auf Gleismitte in allen Stellungen ungefähr gleich groß bleibt. Im unbelasteten Zustande ist das Lastmoment in bezug auf Turmmitte verschieden, je nachdem ein Gegengewicht vorhanden ist oder nicht. Das Gegengewicht bewirkt einen
teilweisen Ausgleich des Lastmomentes, es lassen sich somit größere
Ausladungen bzw. größere Nutzlasten erreichen. Einen ungünstigen
Einfluß hat dagegen das Gegengewicht im unbelasteten Zustand, wenn
sich Gegengewichtsmoment und Windmoment addieren. Im übrigen
wird die Standsicherheit in ausschlaggebender Weise durch das Windmoment beeinflußt. Wie schon erwähnt, ist es immer möglich, die
1,5fache Standsicherheit im belasteten Zustand bei 50 kg/m² Winddruck zu erreichen. Größere Schwierigkeiten bereitet nur der unbelastete Zustand bei 150 kg/m² Winddruck. Hierbei ist noch die Frage
der ungünstigsten Kranstellung zu erörtern. Für den belasteten Zustand ist diese ohne weiteres gegeben, wenn die Windrichtung in die
Ebene des Lastmomentes fällt und mit diesem gleichen Drehsinn hat.
Da, wie gesagt, das Lastmoment in allen Auslegerstellungen (in der Vertikalebene) annähernd gleich groß angenommen werden kann, so wird
sich die geringste Standsicherheit ergeben, wenn der Ausleger in der
höchsten Stellung steht, wobei er sowohl die größte Windfläche bietet
als auch ein Höherrücken der Resultierenden aller Windkräfte ver-
ursacht. Die ungünstigste Stellung im unbelasteten Zustande hängt
davon ab, ob der Kran ein Gegengewicht besitzt oder nicht. Im ersteren
Falle wird sich das größere Kippmoment wieder dann ergeben, wenn
sich Gegengewicht und Windmoment addieren, wenn also der Wind
von vorn auf den Kran trifft. Im zweiten Fall dagegen ist die größere
Windfläche des seitlich getroffenen Kranes maßgebend. Mit der letzteren Möglichkeit muß gerechnet werden, auch wenn der drehbare Teil
des Kranes sich wie eine Wetterfahne in den Wind stellen kann. Im
Betrieb muß selbstverständlich der Ausleger auch bei stärkerem Wind
in einer bestimmten Stellung festgehalten werden können. Soll der
Ausleger jedoch im Außerbetriebszustande frei ausschwingen können,
so muß nicht nur diese Festhaltevorrichtung (meist ein Schneckengetriebe mit einer Drucklagerbremse), sondern auch das ganze übrige
Vorgelege von dem drehbaren Teil gelöst werden können. Das ist natürlich ohne weiteres ausführbar. Eine gewisse Unsicherheit bleibt aber
immer bestehen, abgesehen davon, daß man immer mit der menschlichen
Vergeßlichkeit rechnen muß. Es ist aber auch die Frage, ob nicht
etwa an und für sich heftiges Hin- und Herschwenken des drehbaren
Teils bei starkem Sturm die Standsicherheit bzw. die Konstruktion ge-
fährden kann.

Bei der Aufstellung der Standsicherheitsberechnung empfiehlt sich
folgender Berechnungsgang, der zugleich gestattet, das Ballast-

gewicht für jeden Fall zu bestimmen. Als Beispiel werde ein Turmdrehkran etwa nach Art der von Voß & Wolter ausgeführten, mit 1000 kg
Tragkraft bei 20 m Ausladung und 5000 kg bei 5,0 m Ausladung gewählt. Zunächst werden die Gewichte der Hauptteile des Kranes
(Portal, fester Mast, drehbarer Mast, Winde und Ausleger) schätzungs-
weise bestimmt. Die Summe dieser Gewichte ergibt das Konstruktionsgewicht des Kranes. Die Außermittigkeit dieser Teile zusammen mit
der Ausladung und der jeweiligen Nutzlast ergibt die Lastmomente für
folgende drei Belastungsfälle:

Fall I.   Nutzlast $Q = 1000$ kg; Ausladung $l_a = 20$ m;
             Winddruck 50 kg/m².
Fall II. $Q = 5000$ kg; $l_a = 5,0$ m; Winddruck 50 kg/m².
Fall III. $Q = 0$; $l_a = 5,0$ m; Winddruck 150 kg/m².

Sodann werden die ungefähren Windflächen ermittelt, und zwar
auf die oben angeführten Hauptkranteile: Portal mit Führerhaus und
Winde, fester Mast, drehbarer Mast und Ausleger. Das Produkt dieser
Windflächen mit dem jeweiligen Winddruck und dem Abstand der
einzelnen Kräfte von der Schienenoberkante ergibt dann die Windmomente für die Fälle I, II und III. Sämtliche Momente sind auf
Gleismitte zu beziehen. Ist bei einer bestimmten Stellung $M_L =$ Lastmoment, $M_W =$ Windmoment und ΣL die Summe der gesamten lotrechten Lasten, so ist zunächst der Abstand der Resultierenden von
Gleismitte

$$e = \frac{M_L + M_W}{\Sigma L}.$$

Soll die Resultierende gerade durch die Kippkante gehen, so
muß sein

$$\Sigma L' = \frac{2\,e}{s} \cdot \Sigma L,$$

worin s die Spurweite bedeutet. Das erforderliche Ballastgewicht
ergibt sich dann aus

$$G_B = n \cdot \Sigma L' - \Sigma L,$$

worin n der Sicherheitsfaktor ist, der nach dem vorstehenden im belasteten Zustande zu 1,5 anzunehmen ist, im unbelasteten Zustande
bei Winddruck von 150 kg/m² jedoch auf 1,1 ermäßigt werden kann.
Tabelle 100 gibt eine derartige Standsicherheitsberechnung in
übersichtlicher Zusammenstellung.

c) **Bemerkungen zur statischen Berechnung der Turmdrehkrane.**
Zunächst sei einiges über die Ermittlung der Windkräfte gesagt.
Die Annahmen: 50 kg/m² Winddruck bei belastetem und 150 kg/m²
Winddruck bei unbelastetem Kran schließen ohne Zweifel eine gewisse
Willkür in sich. Ein schärferes Erfassen der unteren und oberen Grenzen

Tabelle 103.

Lotrechte Lasten		Fall I; Q=1000 kg		Fall II; Q=5000 kg		Fall III; Q=0; W=150	
		Ausladung	Lastmoment	Ausladung	Lastmoment	Ausladung	Lastmoment
Portal	7500 kg	—	—	—	—	—	—
Fester Mast . .	5000 kg	—	—	—	—	—	—
Drehbarer Mast .	3000 kg	—	—	—	—	—	—
Winde	2500 kg	—	—	—	—	—	—
Ausleger . . .	1200 kg	9,00	10,8	2,75	3,30	2,75	3,30
Zus.	19200 kg						
Nutzlast . . .	1000 kg	20,00	20,0	—	—	—	—
Ges.	20200 kg						
Nutzlast . . .	5000 kg	—	—	5,00	25,0	—	—
Ges.	24200 kg						
Sa.			30,8		28,30		3,30

Wind	50 kg/m²			50 kg/m²		150 kg/m²	
	Fläche m²	Abst. v. S O	Windmoment $F \cdot h \cdot 0{,}05$ in tm	Fläche m²	Windmoment in tm	Fläche m²	Windmoment $F \cdot h \cdot 0{,}15$ in tm
Portal mit Führerhaus und Winde	13	4,0	2,6	13	2,6	13	7,8
Fester Mast . . .	7	10,0	3,5	7	3,5	7	10,5
Drehbarer Mast . .	10	18,0	9,0	10	9,0	10	27,0
Ausleger	—		—	5	7,00	5	21,0
Sa.	30		15,1 $\dfrac{45,9}{20,2}=2{,}27$	35	22,1 $\dfrac{50,4}{24,2}=2{,}08$	35	66,3 $\dfrac{69,6}{19,2}=3{,}63$
			$20,2 \cdot \dfrac{2,27}{2,0}=22{,}9$		$24,2 \cdot \dfrac{2,08}{2,0}=25{,}2$		$19,2 \cdot \dfrac{3,63}{2,0}=34{,}8$
erf. Ballast . . .			$1,5 \cdot 22,9 - 20,2 = 14{,}2$ t $(n=1{,}5 \text{ fach})$		$1,5 \cdot 25,2 - 24,2 = 13{,}6$ $(n=1{,}5 \text{ fach})$		$1,1 \cdot 34,8 - 19,2 = 19{,}0$ t $(n=1{,}1 \text{ fach})$

ist jedoch zur Zeit noch nicht möglich. Auch über die Wirkung des Windes auf Gitterkonstruktionen von den bei Turmdrehkranen üblichen Abmessungen liegen noch keine verwertbaren Versuchsergebnisse vor. Die allgemein gebräuchliche Annahme, daß auf die Vorderfläche der volle Winddruck, auf die dahinterliegenden Gerüstteile dagegen nur 50% zu rechnen sind, kann höchstens als ein annehmbarer Durchschnittswert angesehen werden. Er ist sicher zu niedrig bei sehr weitmaschigem Fachwerk, bei dem ein Windschutz der hinten liegenden Teile durch die vorderen nicht mehr in Betracht kommen kann; aber auch für sehr engmaschiges Fachwerk, bei dem zwischen den Stäben Windstauungen bzw. sog. »Windpolster« entstehen, so daß eine solche Vergitterung unter Umständen dieselbe Wirkung haben kann, wie eine vollständig geschlossene Fläche. Da aber, wie schon erwähnt, in der Annahme eines Winddruckes von 50 kg/m² im belasteten Zustande bereits eine gewisse Sicherheit liegt, so kann man sich unbedenklich mit dem Durchschnittswert begnügen, zumal ohnehin im belasteten Zustande der Einfluß des Windes gegenüber dem des Eigengewichts und der Nutzlast nicht sehr stark ins Gewicht fällt.

Anders liegen die Verhältnisse im unbelasteten Zustande und bei Winddruck von 150 kg/m². Es besteht kein Zweifel, daß solche Winddrücke gelegentlich vorkommen können; in Küstengegenden wird man sogar darüber hinausgehen müssen (etwa auf 200 bis 250 kg/m²), wenn man den Kran auf alle Fälle sicherstellen will. Die Frage ist nur, ob man für solche doch schließlich nur sehr vereinzelt auftretende Fälle nicht eine höhere Beanspruchung zulassen kann (s. weiter unten bei der Besprechung der zulässigen Beanspruchungen).

Große Unsicherheit herrscht auch bezüglich der grundlegenden Annahme für die dynamischen Einflüsse. Vielfach ist dies der Grund, weshalb man auf ihre Berücksichtigung ganz verzichtet und dafür lieber die Beanspruchungen niedrig hält. Dynamische Kräfte treten sowohl beim Lastheben als auch beim Schwenken und Verfahren des Kranes auf. Anzustreben ist eine möglichst kurze Anfahrzeit für alle diese Bewegungen, um die Leistungsfähigkeit des Kranes voll ausnutzen zu können. Die einzelnen Arbeitsspiele sind bei normalem Betrieb verhältnismäßig kurz, es hat demnach keinen Zweck, die Getriebe des Kranes für hohe Arbeitsgeschwindigkeiten zu bemessen, die schließlich nur auf dem Papier der Kataloge stehen, in Wirklichkeit aber nur selten erreicht werden, weil die Anfahrzeiten zu lang sind. Zur Erreichung dieser kurzen Anfahrzeit ist aber ein erhöhter Beschleunigungsdruck erforderlich, und um dessen Ermittlung handelt es sich hier, weil er natürlich rückwirkend die Spannungen in den Stäben des Turmgerüstes beeinflußt. Nun herrschen aber hinsichtlich der Bestimmung der Größe des Beschleunigungsdruckes grundlegende Meinungsverschiedenheiten. Bekanntlich hängt der Beschleunigungsdruck von der

Annahme ab, die man hinsichtlich des Verlaufs der Zeitgeschwindigkeitskurve bei Einleitung der Bewegung macht. Der Einfachheit halber
wird dieser Verlauf meistens geradlinig angenommen. Der Beschleunigungsdruck folgt dann ohne weiteres aus der Beziehung $P = \mathrm{m} \cdot v/t$.
Nun haben aber die Versuche von Kammerer[1]) gezeigt, daß bei elektrischem Antrieb ein parabolischer Verlauf der Zeitgeschwindigkeitskurve der Wirklichkeit näher kommt. Hierbei ergibt sich der doppelte
Beschleunigungsdruck, also $P = 2\,mv/t$, gegenüber der ersten Annahme.
Untersuchungen an Schwerlastdrehkranen, die J. M. Bernhard[2]) im
Jahre 1926 angestellt hat, haben sogar wesentlich ungünstigere Verhältnisse ergeben, namentlich was die Schwenkbewegung betrifft.
Allerdings handelt es sich hier um Massen, die bei den gewöhnlichen
Turmdrehkranen für Bauzwecke nicht vorkommen dürften. Immerhin
kann doch außer Zweifel gestellt werden, daß der Ermittlung des Beschleunigungsdruckes ein parabolischer Verlauf der Zeitgeschwindigkeitskurve zugrunde zu legen ist[3]). Die zur Ermittlung des Beschleunigungsdruckes gültigen Formeln lauten also

für die Hub- und Fahrbewegung: $P = 2\,m\,v/t$,

worin $P =$ Beschleunigungsdruck in kg,

$m =$ Masse der zu beschleunigenden Teile $= Q/g$ ($Q =$ Gewicht
in kg, $g = 9{,}81$),

$v =$ zu erzielende Geschwindigkeit in m/s,

$t =$ Anfahrzeit in s;

für die Schwenkbewegung: $P = 2\,\dfrac{J \cdot \omega}{r \cdot t}$

worin $J = m \cdot r^2$, das Trägheitsmoment der in Drehung zu versetzen-
den Massen am Hebelarm r,

$\omega =$ Winkelgeschwindigkeit im Beharrungszustande $= \pi \cdot n/30$,

$r =$ Hebelarm des Beschleunigungsdruckes in bezug auf die
Drehachse,

$t =$ Anfahrzeit in s.

Am ungünstigsten wirken sich die dynamischen Einflüsse ohne
Zweifel beim Schwenken des Kranes aus. Die Erhöhung der Nutz-
last durch Beschleunigung tritt demgegenüber nicht so sehr in die
Erscheinung, weil sie zwar eine Erhöhung der Spannungen im Turm-
gerüst bewirkt, die sich aber leicht durch einfache Reduzierung der
Spannungen infolge Nutzlast verfolgen läßt, weil der in diesem Fall
auftretende Beschleunigungsdruck in demselben Sinne wirkt wie die
Nutzlast. Der bei der Schwenkbewegung auftretende Beschleunigungs-

[1]) Z. d. V. D. I. 1909. S. 1669 ff.
[2]) Fördertechnik und Frachtverkehr 1926. H. 22.
[3]) S. hierüber auch: Bethmann 7. Aufl. S. 243.

druck dagegen bewirkt eine ganz andersartige Beanspruchung des Turmgerüstes, die besonders untersucht werden muß und die in der Hauptsache auf Torsion des Turmgerüstes beruht, die von den Diagonalen aufzunehmen ist.

Beim Verfahren des Kranes entstehen ebenfalls Spannungen im Turmgerüst, die sich aus der Beschleunigung der zu bewegenden Massen ergeben. Die dabei auftretenden horizontalen Kräfte haben eine ähnliche Wirkung wie die Windkräfte. Die Stabkräfte lassen sich also leicht ermitteln, wenn man den Beschleunigungsdruck am Umfang des angetriebenen Laufrades kennt. Man kann sich zu diesem Zweck die Massen des Kranes in gewissen Punkten vereinigt denken, beispielsweise in den Knotenpunkten des Turmgerüstes. Ist z. B. für einen solchen Punkt die zu beschleunigende Masse zu $m_1 = G_1/g$ ermittelt, so greift in diesem Punkt eine horizontale Kraft $P_1 = 2 \cdot m_1 \, v/t$ an, worin v die zu erreichende Fahrgeschwindigkeit und t die Anfahrzeit bedeutet. Mit diesen horizontalen Kräften in jedem Knotenpunkt erfolgt dann die Spannungsberechnung ebenso wie mit den Windkräften.

d) **Zulässige Beanspruchungen.** Es ist klar, daß man bei Berücksichtigung aller vorstehend angeführten ungünstigen Einflüsse mit der Beanspruchung bis scharf an die höchst zulässige Grenze gehen kann. Die Erfahrung hat gelehrt, daß nur dann wirtschaftliche Konstruktionen zu erwarten sind, wenn bei der statischen Berechnung alle Möglichkeiten für ungünstigste Belastung erschöpft und dann die zulässige Beanspruchung möglichst hoch angenommen wird. Es ist nicht richtig, diese Einflüsse teilweise zu vernachlässigen und sich damit zu trösten, daß man die Beanspruchungen niedrig hält. Voraussetzung ist hierbei natürlich, daß diese Einflüsse von so erheblicher Größe sind, daß sich eine genauere Untersuchung überhaupt lohnt. Für die Beurteilung der zulässigen Beanspruchung ist auch die Häufigkeit und Dauer einer bestimmten Belastung maßgebend[1]). Allerdings wird der Fall, daß der Kran hinsichtlich der Höchstnutzlast voll ausgenutzt ist, verhältnismäßig selten eintreten; anderseits ist aber auch damit zu rechnen, daß teilweise Überbelastungen vorkommen. Sind z. B. eine größere Anzahl von Lasten innerhalb einer gewissen Arbeitsperiode zu bewegen, deren Gewicht die Grenze der zulässigen Belastung z. T. beinahe erreicht, z. T. vielleicht aber auch schon überschreitet, so wird es dem Kranführer auf einige 100 kg mehr oder weniger nicht ankommen. Er kann jedenfalls nicht wegen dieser den Kran nicht unmittelbar gefährdenden Überlasten die eigentlich erforderliche, meist jedoch ziemlich zeitraubende Auslegerverstellung vornehmen, abgesehen von den Fällen, wo der Ausleger bereits in der Stellung mit der geringsten

---

[1]) Siehe hierüber auch die vom Deutschen Kranverband E. V. als D m Entw. 1 E 120 herausgegebenen »Berechnungsgrundlagen f. d. Eisenkonstruktion v. Kranen«

Ausladung steht oder wo eine bestimmte Reichweite des Auslegers gefordert wird. Aus diesen Gründen wird man für den belasteten Kran
ohne Wind die niedrigste zulässige Beanspruchung wählen und sie für
den Fall eines Winddruckes von 50 kg/m² entsprechend erhöhen.
Wesentlich höher könnte man wohl in dem Fall des unbelasteten Kranes
bei 150 kg/m² Winddruck gehen, weil hier eine Belastung vorliegt, die
nur äußerst selten und auch dann immer nur auf sehr kurze Zeit auftritt.
Es ergeben sich damit folgende Abstufungen der zulässigen Beanspruchungen:

	St. 37	St. 48
1. Kran belastet, ohne Wind	1200	1560
2. Kran belastet, mit Wind (50 kg/m²). .	1400	1820
3. Kran unbelastet, mit Wind (150 kg/m²)	1600	2080

Bei diesen Annahmen dürften auch die elastischen Verbiegungen,
hinsichtlich deren zulässiger Größe man vollständig auf die Erfahrung
angewiesen ist, in angemessenen Grenzen bleiben[1]).

e) Allgemeine Bemerkungen über den **Antrieb von Turmdrehkranen.**
Der Betrieb der Turmdrehkrane ist für drei Bewegungen einzurichten:
1. Heben und Senken, 2. Schwenken, 3. Fahren. Es entsteht zunächst
die Frage, ob einmotoriger oder mehrmotoriger Antrieb zu
wählen ist, da hierdurch der Aufbau und die Anordnung des ganzen
Getriebes wesentlich beeinflußt wird. Beim einmotorigen Antrieb
werden alle drei Bewegungsarten durch abwechselndes Einschalten
der entsprechenden Vorgelege bewirkt. Die Schaltung geschieht durch
Handhebel und kann auch so eingerichtet werden, daß mindestens zwei
Bewegungen gleichzeitig ausgeführt werden können: Heben und Schwenken, Heben und Fahren, Schwenken und Fahren. Diese Art des Betriebes hat zunächst den Vorteil großer Einfachheit für sich. Vor allem
ist die elektrische Einrichtung nicht so kompliziert wie beim mehr-
motorigen Antrieb, so daß auch schließlich jemand den Kran bedienen
kann, der mit den elektrischen Einrichtungen nicht durchaus vertraut
ist. Außer dem Anlassen des Motors, der während der Kranarbeiten
ständig umläuft, sind nur Handhebel und Fußtritte zu bedienen,
was jeder einigermaßen intelligente Arbeiter leicht erlernt. Ferner ist
man in gewissem Grade von der Art der Antriebskraft unabhängig,
wobei allerdings von vornherein die Einschränkung zu machen ist,
daß bei Verwendung von Gleichstrom nur Nebenschlußmaschinen verwendet werden können. Anderseits ist eine Anpassung an jede beliebige
Stromart ohne weiteres möglich, was für Baukrane, die ja ihre Arbeits-
stelle oft wechseln müssen, unter Umständen von Vorteil sein kann.

---

[1]) Es sei hier noch ausdrücklich auf die gerade für Turmdrehkrane vorteilhafte Verwendung des hochwertigen Baustahls St. 48 hingewiesen (u. a. bei den
Turmdrehkranen von Voß & Wolter).

Ein weiterer Vorteil ist, daß der Turmdrehkran auch dort verwendbar bleibt, wo elektrische Energie nicht verfügbar ist. Der Elektromotor kann in diesem Fall ohne Schwierigkeiten durch eine beliebige andere Betriebskraft (Dampfmaschine oder Verbrennungsmotor) ersetzt werden.

Dem steht als Nachteil gegenüber, daß vom Motor bis zu den anzutreibenden Organen oft lange Wege zurückzulegen sind. Insbesondere gilt dies für den Schwenk- und Fahrantrieb. Die langen Wellenleitungen und Zwischenübersetzungen verzehren viel Betriebskraft, namentlich zur Überwindung der Anfahrbeschleunigungen. Dazu kommt, daß der Energiebedarf für die drei Bewegungsarten in den meisten Fällen sehr verschieden groß ist. Es ergeben sich also weitere Verluste durch den geringeren Wirkungsgrad des Motors bei Leistungen, die weit unterhalb der normalen liegen. Aus allen diesen Gründen wird, wo es irgend angängig ist, dem Mehrmotorenbetrieb der Vorzug gegeben. Hier wird also jede Bewegung durch einen besonderen Motor bewerkstelligt, der in möglichster Nähe des anzutreibenden Organs aufgestellt wird. Die Stromzuführungen vereinigen sich im Führerhaus, wo der Kranführer nur die drei Steuerwalzen für die verschiedenen Bewegungsarten zu bedienen hat. Voraussetzung für diesen Betrieb ist selbstverständlich, daß man über elektrischen Strom verfügen kann. Welche der beiden zumeist vorhandenen Stromarten, ob Gleichstrom oder Drehstrom, zur Verfügung steht, ist heutzutage nicht mehr von ausschlaggebender Bedeutung. Die größeren elektrischen Firmen haben die Motoren für Baumaschinen weitgehend genormt, so zwar, daß Gleichstrom- und Drehstrommotoren gleicher Leistungen auch dieselben Außenmaße und fast dieselben Gehäuseformen besitzen, so daß eine Auswechslung ohne weiteres möglich ist (s. S. 54).

Bei der sehr vollkommen gegen Zutritt von Luft, Feuchtigkeit und Staub abgedichteten Einkapselung der Motoren und des Windwerks ist es nicht notwendig, diese im Führerhaus unterzubringen, so daß man sie im Freien, und zwar in unmittelbarer Nähe des anzutreibenden Organs aufstellen kann. Dies hat die weiteren Vorteile zur Folge, daß das Führerhaus klein gehalten werden kann, da in ihm jetzt nur noch die Schalttafel, die Sicherungen und die drei Steuerwalzen unterzubringen sind. Es bietet demnach weniger Windfläche bzw. es kann in einer Höhe angeordnet werden, die dem Führer eine bessere Übersicht über das Arbeitsfeld gibt. Schließlich ist auch noch auf den Fortfall des Maschinenlärms hinzuweisen, der die Verständigung mit der Baustelle oft sehr erschwert und Anlaß zu Mißverständnissen oder gar gänzlichem Überhören von Kommandos geben kann.

Die Stromzuführung geschieht entweder, wenn der Kran nur kleine Strecken zu befahren hat, durch ein durchhängendes Kabel oder bei längeren Strecken durch eine Kabeltrommel, die mit Hilfe eines Gegengewichtes das Kabel immer wieder selbst aufwickelt (s. S. 215 die

Ausführung der Maschinenfabrik Otto Kaiser). Um an Kabellänge zu
sparen, legt man den Speisepunkt des Kabels meist in die Mitte der
Strecke, die der Kran voraussichtlich zu befahren hat, und ordnet dort
eine umlegbare Muffe an. Das Kabel legt sich entweder in eine Rinne
in der Fahrbahn unter der Kabeltrommel oder auf Konsolträger, die
am Baugerüst befestigt werden (s. die Anordnung von Otto Kaiser,
Abb. 300).

Einzelheiten des Getriebes sollen später bei den ausgeführten
Kranen besprochen werden. Allgemein ist hier noch über die Bremsen
zu bemerken, daß sie stets sog. Lüftungsbremsen (s. S. 60) sein
müssen, d. h. sie sind im stromlosen Zustand geschlossen und werden
erst bei Einschaltung des Stromes durch den Lüftungsmagneten gelöst.
An der Hubtrommel ist meist noch eine von Hand zu betätigende
Bandbremse vorgesehen, die bei ausgekuppeltem Vorgelege zum schnellen
Ablassen der Last und auch als Reservebremse dienen kann, wenn die
elektrische Bremse aus irgendwelchen Gründen versagen sollte.

Eine weitere Sicherheitsvorrichtung betrifft die Verhütung des
unbeabsichtigten Anfahrens des Kranes durch Winddruck.
Der Fahrantrieb wird meist nicht mit einer mechanischen Bremse
versehen, die Bremsung geschieht vielmehr durch eine Fahrbremsschaltung (s. Kap. 7 g). Infolgedessen kann es leicht vorkommen, daß
der Kran sich bei starkem Wind von selbst in Bewegung setzt, die bei
Anhalten des Windes immer mehr beschleunigt wird. Stößt der Kran

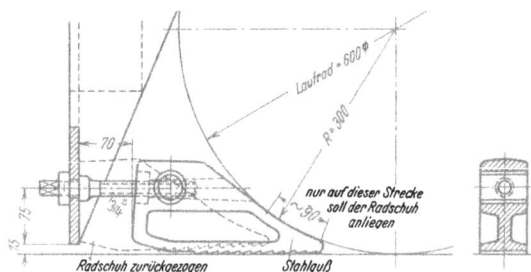

Abb. 293.

dann gegen ein Hindernis auf der Fahrbahn, so ist ein Unfall unvermeidlich. Während des Betriebes, wo der Führer den Fahrantrieb in
der Hand hat, ist dies allerdings nicht so leicht möglich, und für den
Ruhezustand können Hemmschuhe vorgelegt werden. Lose auf die
Schienen gelegte Holzklötze genügen jedoch hierfür nicht, weil sie sich
bei geringen Bewegungen des Kranes leicht lockern und dann von der
Schiene herunterfallen. Die Firma Jul. Wolff & Co. bringt daher bei
ihren Turmdrehkranen den in Abb. 293 dargestellten gußeisernen
Bremsschuh an, der an dem Laufradträger befestigt ist und durch
Schrauben angezogen werden kann.

Eine etwas umständlichere Vorrichtung, die aber den Vorzug hat, vollkommen selbsttätig zu wirken, stellt die **Maschinenfabrik Eß-lingen** her[1]) (Abb. 295). Bei einer Bewegung des Kranes und damit der Laufräder in der einen oder anderen Richtung wird das auf der Achse des Laufrades aufgekeilte Rad *a* in Drehung versetzt und hebt dadurch fortlaufend mittels der Rolle *c* den Hebel *b* an. Auf diesem Hebel ist eine Sperrklinke *e* befestigt, die in ein Sperrad *f* eingreift, das auf der Welle *g* sitzt. Durch Auf- und Abwärtsbewegung des Hebels *b* wird die

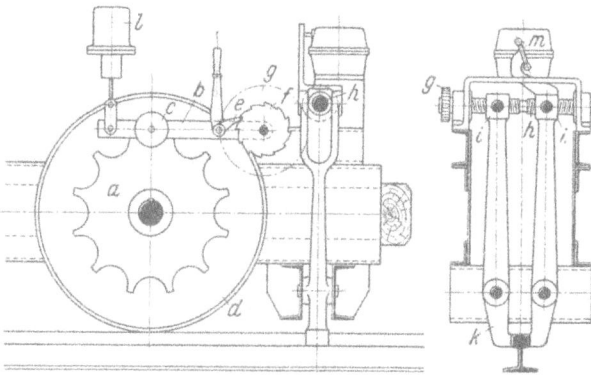

Abb. 295.

Welle *g* in Drehung versetzt. Sie überträgt diese Bewegung durch Zahnräder auf die Spindel *h*, die mit Rechts- und Linksgewinde ver-sehen ist. Die auf dieser Spindel sitzenden beweglichen Muttern *i* werden durch diese Drehung auseinander bewegt und pressen dadurch die Schienenzange *k* gegen die Schiene. Dieser Vorgang dauert so lange, bis die Laufrollen bzw. der Turmdrehkran durch die bremsende Wir-kung der Schienenzangen zum Stillstand gebracht worden ist. Soll der Kran im Betrieb verfahren werden, so wird der selbsttätige Antrieb durch einen Lüftmagneten *l* vom Führerstand aus ausgeschaltet. Ist die Bremse aber einmal zur Wirksamkeit gekommen, so macht der ein-fallende Schalter *m* einen Fahrbetrieb unmöglich. Die Bremse muß dann erst durch ein Handrad gelöst werden, das auf der Spindel *h* an-gebracht ist.

f) **Ausgeführte Konstruktionen.** 1. Turmdrehkran der Firma **Voß & Wolter.** Die in Abb. 296 dargestellte Konstruktion wird in zwei Größen hergestellt, deren Leistungsfähigkeit aus den folgenden Tabellen 101 und 102 hervorgeht.

---

[1]) Fördertechnik und Frachtverkehr 1926, Heft 5.

Tabelle 101.

Großer Turmdrehkran

eingerichtet für:

1500 kg Tragkraft bei 15 m Ausladung und 21 m Förderhöhe
2000 »   »   » 11 »   »   » 30 »   »
3000 »   »   » 7,5»   »   » 32 »   »
6000 »   »   » 3,7»   »   » 32,5»   »

Hubgeschwindigkeit ca. 15 m pro min
Gesamtgewicht des Kranes ca. 16 t.

Tabelle 102. **Kleiner Turmdrehkran**

eingerichtet für:

1000 kg Tragkraft bei 10 m Ausladung und 21,5 m Förderhöhe
1500 »   »   » 6,8 »   »   » 25,5 »   »
2500 »   »   » 4,4 »   »   » 27,0 »   »
4000 »   »   » 3,2 »   »   » 28,0 »   »

Hubgeschwindigkeit ca. 15 m pro min
Gesamtgewicht des Kranes ca. 13 t.

Abb. 296.

Seine Hauptbestandteile sind: das Portal mit den Laufrädern, der feststehende Mittelteil und der drehbare Oberteil mit dem Ausleger. Die Spurweite beträgt bei der kleinen Ausführungsform 3,0 m, bei der großen 4,0 m. Zuweilen erfordert es die Baustelle, den Kran um die Ecke fahren zu lassen. Gewöhnlich werden dann Drehscheiben angeordnet. Voß & Wolter sehen jedoch folgende Anordnung vor, die Drehscheiben überflüssig macht. Der Kran wird an seinen vier Portalecken auf Balanciers gesetzt, die in lotrechten Zapfen drehbar gelagert sind und je zwei Laufräder tragen. Soll der Kran um eine Ecke gefahren werden, so bringt man ihn bis über eine Gleiskreuzung und hebt ihn mittels Schraubenspindeln so weit an, daß die Balanciers in die neue Gleisrichtung gedreht werden können. Dieses Wenden kann nach Angaben der Firma in 8 bis 10 Minuten geschehen. Da das Fahren um die Ecke wahrscheinlich nur selten stattfinden wird, so verdient die Vorrichtung gegenüber den Drehscheiben, die immerhin besondere bauliche Maßnahmen hinsichtlich ihrer Lagerung erfordern, in vielen Fällen den Vorzug.

Der drehbare Teil des Turmkranes ist unten in einem Spurzapfen gelagert und stützt sich oben gegen einen Rollenkranz. Der Ausleger ist an zwei Drahtseilen aufgehängt, die nach rückwärts über Rollen an der Spitze des drehbaren Mastes geführt und hier an verstellbaren Zugstangen befestigt werden. Soll der Ausleger in eine andere Höhenlage verstellt werden, so wird die lose Lastrolle so weit angehoben, bis sie gegen die Auslegerspitze stößt. Hierdurch wird der Ausleger entlastet; es kann nun der Steckbolzen herausgezogen und durch weiteres Heben oder Nachlassen des Auslegers dessen Höhenstellung und damit die Ausladung beliebig nach oben oder unten verstellt werden.

Bei der Wahl der Antriebskraft wird bei diesen Kranen der einmotorigen Winde der Vorzug gegeben, d. h. es wird für alle Kranspiele nur ein Motor vorgesehen, und von dem Windenvorgelege aus werden durch abwechselndes Einschalten entsprechender Reibungskupplungen sowohl die Hubtrommel als auch der Schwenk- und Fahrantrieb betätigt. Die Hubtrommel besitzt doppeltes Vorgelege für zwei Geschwindigkeiten, Hubgeschwindigkeit bis 37 m/min, Fahrgeschwindigkeit bis 40 m/min. Das Festhalten und Senken der Last geschieht durch eine Sperradbremse. Hinsichtlich der Wahl dieser Betriebsart wird auf das vorstehend (S. 206) Bemerkte verwiesen. Hinzuzufügen wäre noch, daß die Stromkosten gegenüber den sonstigen Baukosten nur eine sehr geringfügige Rolle spielen. Nach einem Bericht aus dem Jahre 1925 betrugen damals die Stromkosten bei normalem Betriebe nur etwa 1,50 bis 2,— M. je Tag.

Zum allgemeinen Aufbau des Kranes ist zu bemerken, daß er infolge der großen Spurweite von 4,0 m eine gute Standsicherheit besitzt, bei verhältnismäßig geringem Ballastbedarf. Für den großen Turmdrehkran genügt z. B. für den ungünstigsten Belastungsfall ein Ballast von 18 t, der sich in dem Portalgerüst leicht unterbringen läßt. Damit ist anderseits allerdings ein größerer Platzbedarf verbunden. Die sehr tiefe Anordnung des Führerstandes ist für die Übersicht nicht günstig, namentlich wenn der Kran etwa dicht an einer Gebäudefront steht.

2. Turmdrehkran der Maschinenfabrik Otto Kaiser (vorm. Kaiser & Schlaudecker) in St. Ingbert (Saar). Abb. 297 zeigt den allgemeinen Aufbau. Tabelle 103 gibt die Nutzlasten bei verschiedenen

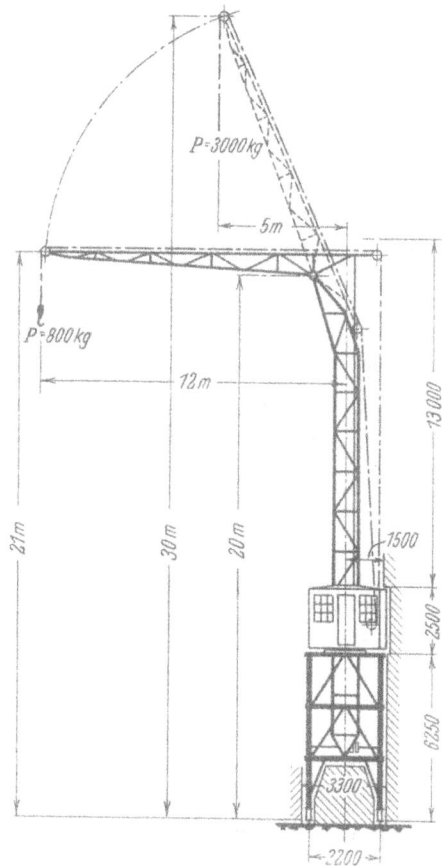

Abb. 297.

14*

Auslegerstellungen und die dabei auftretenden Lastmomente an. Stellung III, die der Höchststellung des Auslegers entspricht, ergibt die größten Last- und Windmomente.

Tabelle 103.

Stellung des Auslegers	Ausladung m	Nutzlast t	Last-moment tm
I	12,0	0,8	9,6
II	8,0	1,5	12,0
IiI	5,0	3,0	15,0

Im Prinzip ist es dasselbe System, wie das des Voß- & -Wolter-Kranes, jedoch ist hier der untere feste Teil und damit auch die Einspannungslänge des drehbaren Teiles wesentlich kürzer gehalten, was natürlich größere seitliche Lagerdrücke zur Folge hat. Eigenartig ist ferner die Form des Auslegers, der hier unmittelbar an der Spitze des drehbaren Teiles gelagert ist. An der rückwärtigen Verlängerung wird er in seiner Stellung in der Vertikalebene durch ein Rundeisen gehalten, das bis in den Führerstand reicht und dort durch Steckbolzen befestigt ist; ferner sitzt an dem rückwärtigen Ende die Umlenkrolle für das Hubseil, das von hier aus lotrecht abwärts bis zur Windentrommel führt.

a) Ausleger. Die etwas vorgezogene Spitze der Drehsäule erhöht zwar deren Biegungsmoment, verkürzt aber anderseits die freitragende Länge des Auslegers, so daß dieser leichter werden kann. Man sieht also hier deutlich das Bestreben, die oberen Teile des Kranes leicht zu halten. Die nach vorn sich verjüngende Form des Auslegers ist auch bei seitlich auftreffendem Wind außerordentlich günstig für die Standsicherheit. Man muß hiernach anerkennen, daß diese Form des Turmdrehkranes im Hinblick auf das, was im vorstehenden über das Verhältnis der Formgebung zur Standsicherheit gesagt wurde, sehr geschickt gewählt ist. Dem erhöhten Biegungsmoment in der Drehsäule ist übrigens durch Wahl eines unsymmetrischen Eckprofils (ungleichschenkliger Winkel mit längerem Schenkel in der Auslegerrichtung) Rechnung getragen.

β) Einspannung der Drehsäule. Um den Lagerdruck an den Einspannungsstellen der drehbaren Säule zu verringern, ist in der hinteren Wand des Kranführerhauses ein Gegengewicht von 4,5 t untergebracht, dessen Hebelarm in bezug auf Turmmitte 1,45 m beträgt. Hierzu kommt noch das Gewicht der Winde von etwa 800 kg in 0,9 m Entfernung von der Turmachse.

Das größte Lastmoment bei höchster Auslegerstellung beträgt somit

$$3,0 \cdot 5,0 - 0,75 \cdot 2,5 - 4,5 \cdot 1,45 - 0,8 \cdot 0,9 \approx 10,0 \, tm.$$

Hierzu tritt noch das Windmoment mit ebenfalls ungefähr 10 tm, so daß sich bei einer Einspannungslänge der Drehsäule von etwa 4,0 m der größte seitliche Lagerdruck zu 20,0 : 4,0 = 5,0 t ergibt.

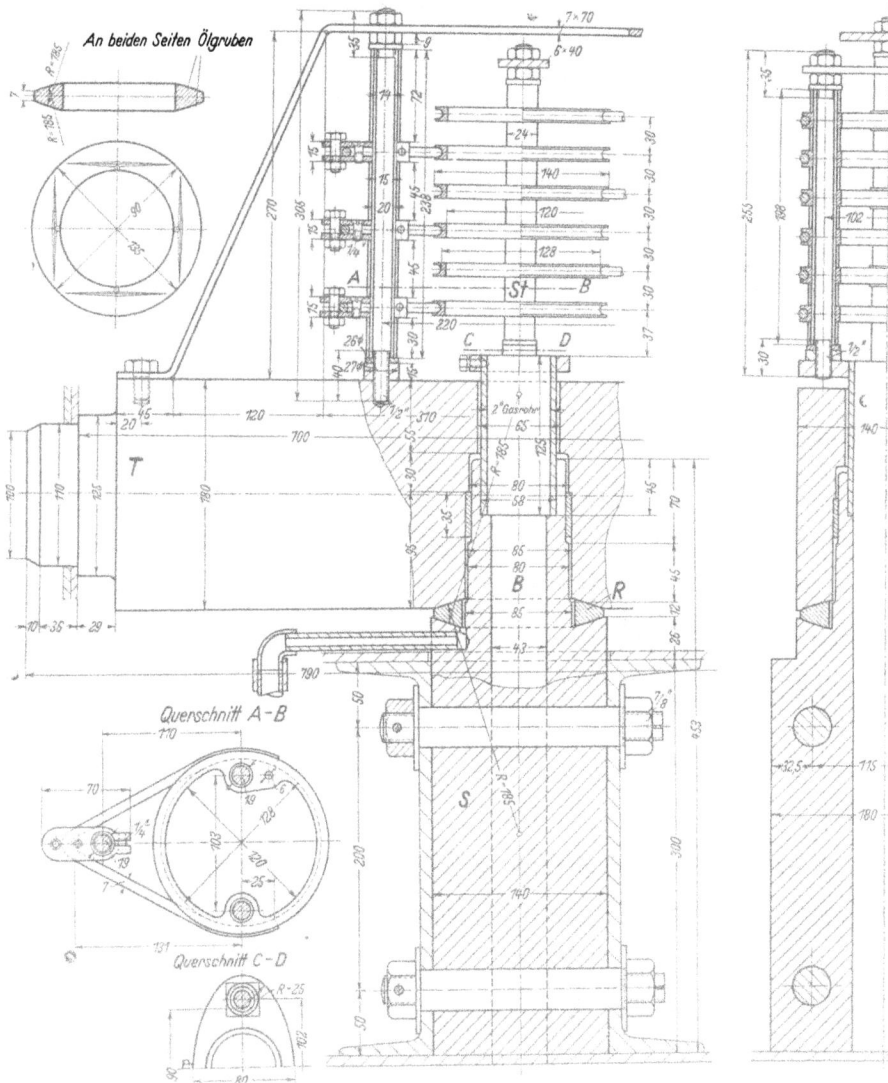

An beiden Seiten Ölgruben

Querschnitt A–B

Querschnitt C–D

Abb. 298.

γ) Einzelheiten. Abb. 298 Schnitt durch das Spurlager mit dem rotierenden Stromabnehmer. Letzterer ist notwendig, weil sich das Maschinenhaus und die ganze elektrische Einrichtung mit der Dreh-

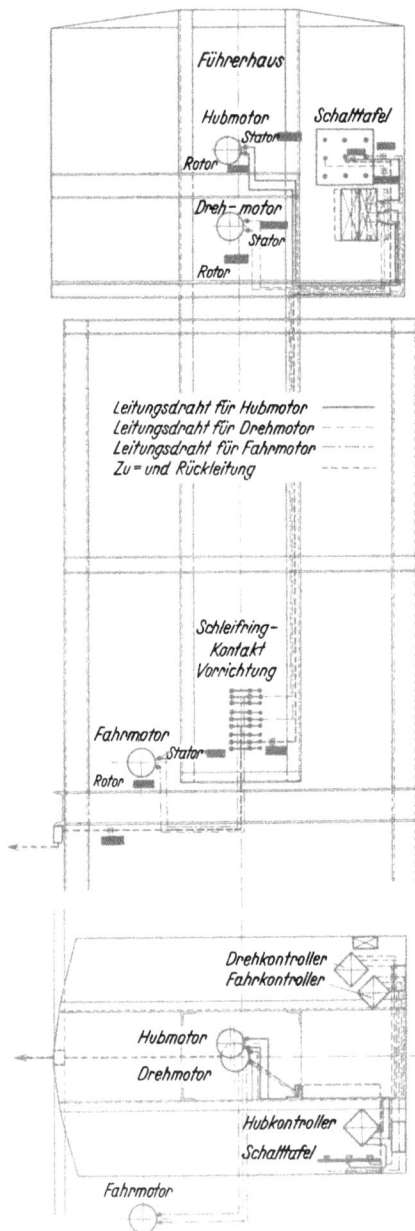

Abb. 299.

säule zusammen dreht. Die Eisenkonstruktion der Säule ruht auf einer Traverse T, die sich ihrerseits auf einem linsenförmigen Stahlring R dreht, und dieser Ring liegt wiederum auf einem Stahlstück S, das zwischen $\llbracket$-Eisen fest verschraubt ist. Dieses Stahlstück S sowohl als auch die Traverse T haben eine zentrische Bohrung B (von 43 mm Dmr.), durch welche die Zuleitungsdrähte bis zum feststehenden Teil des Stromabnehmers St geführt werden.

Abb. 299 Schaltschema. Ohne weitere Erklärung verständlich.

Abb. 300 Stromzuführung durch Kabelrolle (K). Das Kabel wird durch ein Gewicht G gespannt gehalten, so daß es sich immer wieder von selbst aufwickelt und sich anderseits auch frei abwickeln kann. Es legt sich entweder in Abständen von maximal 15 m auf ausgekragte Hölzer, die am Baugerüst befestigt werden oder, wie schon S. 208 angedeutet, in Rinnen, die zu seiten des Fahrgleises angeordnet sind.

δ) Maschinelle Einrichtung. 1. Drehwerk (Abb. 301). Räderpaar 48/49; Ritzel 49 auf der Motorwelle in Stirnrad 48 auf der Vorgelegewelle eingreifend. Abmessungen: Ritzel 49: $d_1 = $ rd. 40 mm, Stirnrad 48: $z = 48$, $t = 3\,\pi$, $D_1 = 500$ mm, Übersetzung $i_1 = 12{,}5$.

Räderpaar 46/45. Auf der Welle des Stirnrades 48 sitzt das Ritzel 46 ($d_2 = 60$ mm), das in das Stirnrad 45 ($z = 112$, $t = 5\,\pi$, $D_2 = $ rd. 570 mm) eingreift. Übersetzung: $i_2 = 12{,}7$.

Räderpaar 43/38. Das Stirnrad 45 ist auf dem verlängerten Schaft des Ritzels 43 befestigt. Dieser Schaft ist der ganzen Länge nach durchbohrt und läuft auf einer durchgehenden festen Achse. Abmessungen: Ritzel mit Kegelradverzahnung: d_3 (außen) $= 150$ mm, eingreifend in den konischen Zahnkranz 38 ($z = 144$, $t = 10\,\pi$, $D_3 = 1440$ mm), Übersetzung: $i_3 = 9,6$, Gesamtübersetzung: $i = 12,5 \cdot 12,7 \cdot 9,6 = 1530$. Da der Kran nach Angabe der Firma 1 Umdrehung in der Minute machen

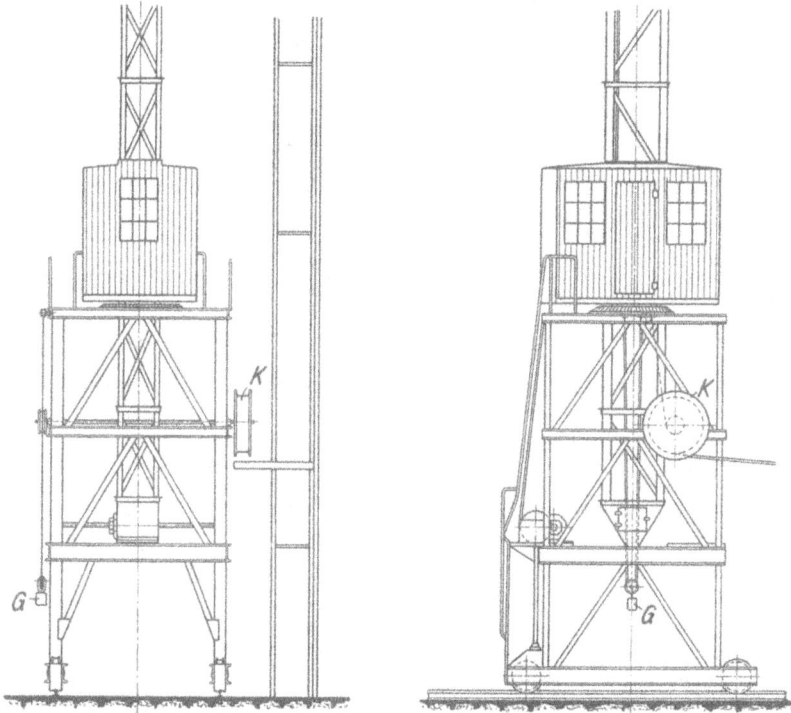

Abb. 300.

soll, so muß die Umdrehungszahl des Motors 1530 in der Minute betragen.

Das erforderliche Drehmoment bei normaler Umdrehungszahl ermittelt sich etwa wie folgt:

a) Senkrechte Belastung des Spurzapfens:

Eigengew. des Auslegers	1230 kg
Eigengew. der Drehsäule mit Spitze und Säulenfuß	2280 »
Haus und Winde	3120 »
Gegengew. im Haus	4500 »
Nutzlast	3000 »
zus.	14130 kg

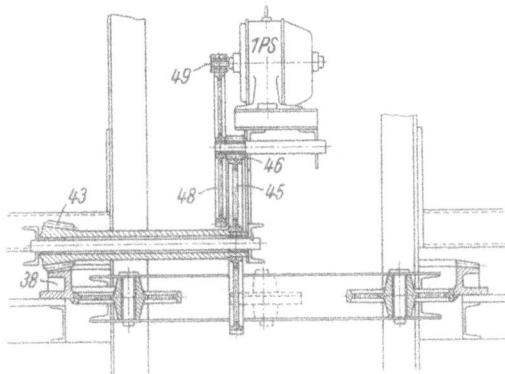

Abb. 301.

Das Reibungsmoment des Spurlagers ist nach S. 136

$$M = \frac{2}{3} \cdot \mu \cdot P \cdot \frac{R^3 - r^3}{R^2 - r^2}; (\mu = 0,1)$$

$$= \frac{2}{3} \cdot 0,1 \cdot 14080 \cdot \frac{6,75^3 - 4,5^3}{6,75^2 - 4,5^2} = 8080 \text{ kgcm}$$

Obere Druckrollenreibung. Auf eine Rolle kommen:
Reibung zwischen Achse und Rolle:

$$2\,\mu \cdot N \cdot r_1/r_2 \cdot R_3 = 2 \cdot 0,1 \cdot 5000 \cdot 1,5/12,5 \cdot 63 = 7550 \text{ kgcm}.$$

Reibung zwischen Rolle und Ring:

$$\frac{2\,f\,N}{r_2} \cdot (R_3 - r_2) = \frac{2 \cdot 0,05 \cdot 5000}{12,5} \cdot 50,5 = 4040 \text{ kgcm}.$$

Gesamtes Drehmoment: $8080 + 7550 + 4040 = 19670$ kgcm.

Bei 1 Umdrehung in der Minute ist somit die erforderliche Leistung:

$$N = \frac{n \cdot M}{71620} = 0,275 \text{ PS}.$$

Es ist ein Motor von 1-PS Stärke vorgesehen. Diese reichliche
Wahl des Motors ist notwendig, einmal um die z. T. sehr großen Anfahr-
kräfte zu überwinden (s. weiter unten die Ermittlung dieser Kräfte
beim Wolff-Kran S. 233) und auch um gegebenenfalls die Drehgeschwindigkeit steigern zu können.

2. Fahrwerk (Abb. 302). Räderpaar 35/34. Motorritzel 35
($z = 13$, $t = 5\,\pi$, $d_1 = 60$ mm) treibt Stirnrad 34 ($z = 112$, $t = 5\,\pi$,
$D_1 = 520$ mm), Übersetzung $i_1 = 5,6$.

Räderpaar 28/33, Kegelrädertrieb an beiden Enden der Welle 36,
Kegelrad 28: $z = 10$, $t = 8\,\pi$, d_2 (außen) = rd. 160 mm, Kegelrad 33:
$z = 20$, $t = 8\,\pi$, D_2 (außen) = rd. 250 mm, Übersetzung $i_2 = 1,5$.

Räderpaar 28/27, Kegelrädertrieb am unteren Ende der lotrechten
Welle 37, Kegelrad 28 wie vor. Kegelrad 27: $z = 330$, $t = 8\,\pi$, $D_3 =$
240 mm, Übersetzung $i_3 = 1,5$. Kegelrad 27 sitzt auf dem verlängerten
und durchbohrten Schaft des Ritzels 25.

Räderpaar 25/21, Ritzel 25: $d_4 = 100$ mm, in den Zahnkranz 21
($D_4 = 480$ mm) auf dem Laufrad eingreifend, Übersetzung: $i = 4,8$.

Gesamtübersetzung: $\Sigma i = 8,6 \cdot 1,5 \cdot 1,5 \cdot 4,8 = 93$. Fahrgeschwindigkeit nach Angabe der Firma: 25 m/min. Das Laufrad hat einen
Durchmesser von 460 mm, hat also in einer Minute $25 : \pi \cdot 0,46 =$
17,3 Umdrehungen zu machen. Das Gesamtgewicht des Kranes beträgt
rd. 23 t. Dies ergibt ein Fahrwiderstandsmoment von (überschläglich)

$$23000 \cdot 0,01 = 230 \text{ kgcm}.$$

In den Laufradachsen ist ein Reibungsmoment von

$$0,15 \cdot 23\,000 \cdot 8/2 = 13\,800 \text{ kgcm}$$

zu überwinden. Das gesamte, beim Fahren zu überwindende Drehmoment beträgt somit 14030 kgcm, was einer Motorenleistung von

$$N = \frac{14030}{71620} \cdot \frac{17,3}{0,8} = 3,4 \text{ PS}$$

entspricht. Nach Angabe der Firma ist ein Motor von 7,5 PS für den Fahrantrieb vorgesehen, somit ist ein Überschuß von 4,1 PS für die

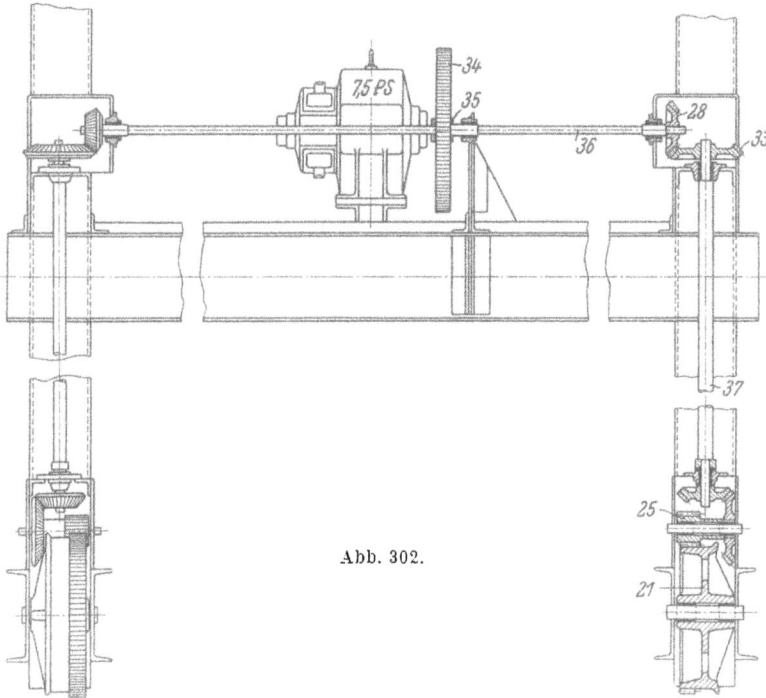

Abb. 302.

Beschleunigungsarbeit beim Anfahren vorhanden. Damit läßt sich ein Beschleunigungsdruck von $\dfrac{4,1 \cdot 75 \cdot 60 \cdot 0,8}{25} = 590$ kg erzeugen, so daß sich bei parabolischem Verlauf der Zeitgeschwindigkeitskurve eine Anfahrzeit von

$$t = \frac{23\,000 \cdot 25 \cdot 2}{9,81 \cdot 60 \cdot 590} = 3,2 \text{ s}$$

ergibt.

3. Hubwerk. Die Hubgeschwindigkeit soll nach Angabe der Firma betragen:

a) für Lasten bis 3000 kg 12 m min.

b) für Lasten bis 1500 kg 24 m min.

Die erforderliche Hubleistung ist also im ungünstigsten Falle (Wirkungsgrad des Getriebes = 0,85):

$$\frac{3000 \cdot 12}{4500 \cdot 0,85} = 9,4 \text{ PS}.$$

Von der Firma wird ein Motor von 10 PS vorgesehen, es dürfte sich jedoch empfehlen, mit Rücksicht auf die Anfahrbeschleunigung einen stärkeren Motor zu wählen, da sonst die beabsichtigten Hubgeschwindigkeiten nur bei größeren Hubhöhen zu erreichen sind.

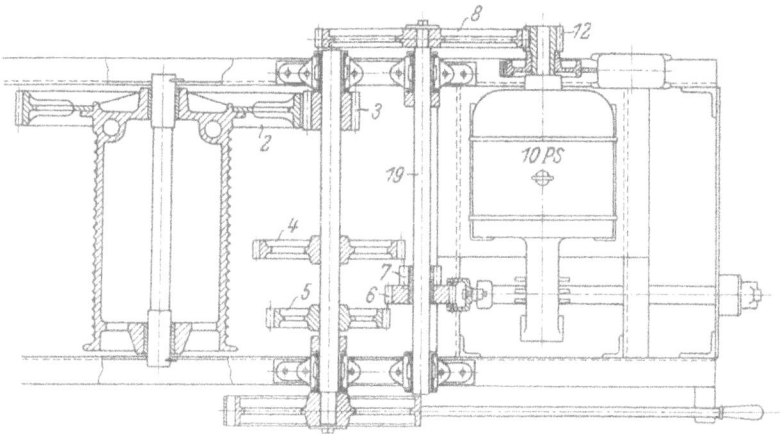

Abb. 303.

Getriebe s. Abb. 303. Es sind zwei auswechselbare Vorgelege für die beiden angeführten Hubgeschwindigkeiten vorgesehen. Auf der Motorwelle ist eine elektromagnetische Lüftungsbandbremse angebracht.

a) Geschwindigkeit von 12 m/min. Räderpaar 12/8, Ritzel 12 auf Motorwelle ($z = 19$, $t = 5\,\pi$, $d_1 = 95$ mm) eingreifend in das große Vorgelegestirnrad 8 ($z = 112$, $t = 5\,\pi$, $D_1 = 560$ mm), Übersetzung: $i_1 = 5,9$.

Räderpaar 7/4. Das zweistufige Ritzel 7/6 ist auf der Welle 19 verschieblich angeordnet. Durch Einrücken des kleineren Ritzels 7 in das Stirnrad 4 wird die kleinere Geschwindigkeit eingeschaltet. Abmessungen: Ritzel 7: $z = 12$, $t = 8\,\pi$, $d_2 = 96$ mm; Stirnrad 4: $z = 50$, $t = 8\,\pi$, $D_2 = 400$ mm, Übersetzung: $i_2 = 4,16$.

Räderpaar 3/2, Ritzel 3: $z = 13$, $t = 10\,\pi$, $d_3 = 130$ mm. Zahnkranz 2, an der Trommel befestigt, $z = 78$, $t = 10\,\pi$, $D_3 = 780$ mm. Übersetzung: $i_3 = 6$.

Gesamtübersetzung: $\Sigma i = 5,9 \cdot 4,16 \cdot 6 = 147$.

Trommeldurchmesser = 380 mm. Bei einer Seilgeschwindigkeit von 12 m/min muß die Trommel $12 : \pi \cdot 0{,}38 = $ rd. 10 U/min machen, der Motor somit $10 \cdot 147 = 1470$ Umdr./min.

β) Geschwindigkeit von 24 m/min. Durch Einrücken des Ritzels 6 in das Stirnrad 5 wird die größere Geschwindigkeit erzielt.

Abb. 304.

Räderpaar 6/5, Ritzel 6: $z = 22$, $t = 8\pi$, $d_2 = 176$ mm, Stirnrad 5: $z = 40$, $t = 8\pi$, $D_2 = 400$ mm, Übersetzung: $i_2 = 1{,}82$; im übrigen wie unter a). Gesamtübersetzung: $\Sigma i = 5{,}9 \cdot 1{,}82 \cdot 6 = 64{,}5$.

Bei einer Seilgeschwindigkeit von 24 m min macht die Trommel 24 : $\pi \cdot 0{,}38 = $ rd. 20 U/min, somit erforderliche Motorumdrehungszahl $20 \cdot 64{,}5 = 1290$ U/min.

Der untere Teil des Turmkranes mit den Getrieben ist aus Konstruktionsblatt IV ersichtlich.

ε) Aufstellung des Kranes. Für die Aufstellung des Kranes
ist ein Hilfsmast erforderlich. Die Firma liefert hierfür den bereits in
Kapitel 11 d beschriebenen eisernen Mast (Abb. 304). Der Kran ist
hiermit in drei Aufstellungsabschnitten in insgesamt 24 Stunden auf-

Abb. 305.

stellbar. (Aufstellen des Mastes selbst: 5 Stunden. Portal und Führerhaus: 11 Stunden. Oberer Teil: 8 Stunden.)

Die Verwendung des Kranes bei einem Hochbau zeigt Abb. 305.

Preise: Turmdrehkran
                    mit Zubehör: M. 12500,—
              Montagemast   .   1200,
              Drehscheibe .   .   1800,

3. Einen dem soeben beschriebenen sehr ähnlichen Turmdrehkran liefert die Firma Gauhe, Gockel & Co., Oberlahnstein.

Den Aufbau zeigt Abb. 306. Nach Angaben der Firma besteht der Hauptunterschied gegenüber der Ausführung von Kaiser in der einfacheren Gestaltung der Turmspitze, die hier nicht vorgezogen ist, und in der etwas kräftigeren Ausbildung der Drehsäule. Auch die

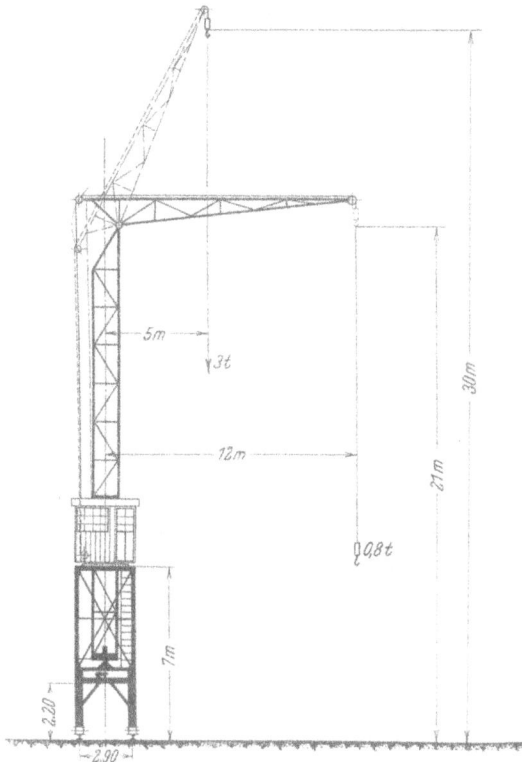

Abb. 306.

Spurweite ist hier auf 2,9 m erhöht. Die Leistungen der Krane stimmen. wie aus der Zusammenstellung in Tabelle 104 hervorgeht, überein. Eine Beschreibung im einzelnen erübrigt sich demnach.

Zum Bahntransport wird der Kran in Ausleger. drei Säulenstücke, das geschlossene Führerhaus und das vollständig auseinandergenommene Portal zerlegt. Das Gewicht des schwersten Stückes. nämlich des Maschinenhauses, beträgt etwa 4600 kg. Der Kran wird auf einem gewöhnlichen Rungenwagen verladen. Frachtkosten s. weiter unten S. 235.

Preis des vollständigen Kranes mit allem Zubehör M. 12500.—

Tabelle 104.

Stellung des Auslegers .	1	2	3	4	5
Ausladung . . . . . . m	12	10	8	6	5
Tragkraft . . . . . . mkg	800	1100	1500	2300	3000
Hubhöhe . . . . m	21	26	28	29	30

Gewicht des betriebsfähigen Kranes (ohne Gegengewicht) ca. 16000 kg.

Arbeitsgeschwindigkeiten:

Lasten bis 3000 kg : 11 m/min Motor 10 PS
»   »   1500 » : 22   »   » 10 »
Drehen, 1 mal in der Minute   » 1,5 »
Kranfahren : 25 m in der Minute Motor 5 PS.

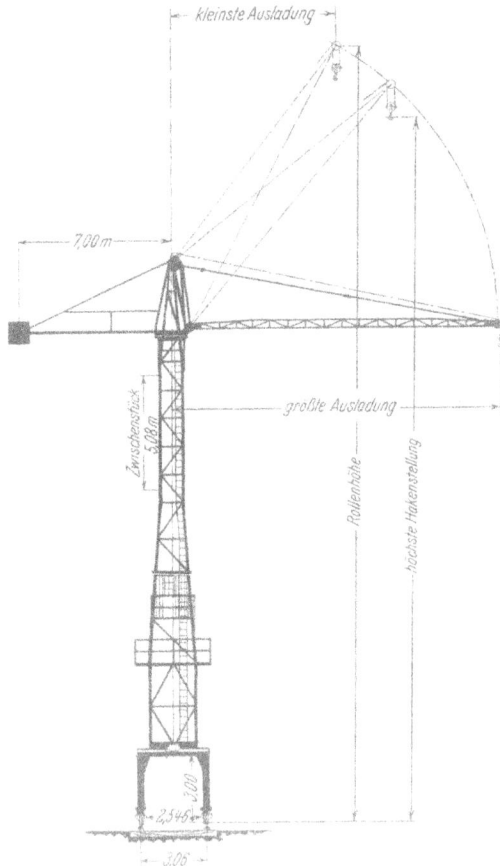

Abb. 307.

4. Turmdrehkran von Jul. Wolff & Co., Heilbronn, (Wolff-Kran).

α) Allgemeiner Aufbau nach Abb. 307. Tragkraft, Ausladung und Rollenhöhe s. Tabelle 105 bis 106.

Tabelle 105. **Maße des Wolffkrans mit 12 m langem Ausleger.**

Tragkraft in Kilo	Ausladung in Meter	Rollenhöhe in Meter			Höchste Hakenstellung in Meter		
		ohne Zwischenstück	mit 1 Zwischenstück	mit 2 Zwischenstücken	ohne Zwischenstück	mit 1 Zwischenstück	mit 2 Zwischenstücken
		A. Ausführung ohne Gegengewichtsausleger					
4000	4,5	27,22	32,30	37,38	26,1	31,2	36,3
3000	5,5	26,82	31,90	36,98	25,7	30,8	35,9
2000	7,0	26,22	31,30	36,38	25,0	30,1	35,2
1500	9,0	24,62	29,70	34,78	23,5	28,6	33,7
1000	12,0	18,52	23,50	28,58	17,3	22,4	27,5
		B. Ausführung mit Gegengewichtsausleger					
4000	7,5	26,0	31,0	36,0	25,0	30,0	35,1
3000	10,0	24,0	29,5	34,1	23,0	28,0	33,0
2500	12,0	18,5	23,5	28,5	17,3	22,5	27,5

Tabelle 106. **Maße des Wolffkrans mit 15 m langem Ausleger.**

Tragkraft in Kilo	Ausladung in Meter	Rollenhöhe in Meter			Höchste Hakenstellung in Meter		
		ohne Zwischenstück	mit 1 Zwischenstück	mit 2 Zwischenstücken	ohne Zwischenstück	mit 1 Zwischenstück	mit 2 Zwischenstücken
		A. Ausführung ohne Gegengewichtsausleger					
4000	4,5	30,32	35,40	40,48	29,1	34,2	39,3
2000	7,0	29,52	34,60	39,68	28,4	35,5	38,6
1000	12,0	25,72	30,80	35,88	24,6	29,7	34,8
700	15,0	18,42	23,50	28,58	17,3	22,4	27,5
		B. Ausführung mit Gegengewichtsausleger					
4000	7,5	29,12	34,2	39,28	28,0	33,1	38,2
3000	10,0	27,52	32,6	37,68	26,4	31,5	36,6
2000	15,0	18,42	23,5	28,58	17,3	22,4	27,5

Der Kran unterscheidet sich von den vorbeschriebenen Konstruktionen dadurch, daß er ein feststehendes Turmgerüst besitzt, auf dessen Spitze sich der Ausleger an einem etwa 3 m langen, glockenförmigen Drehgestell dreht. Zur Entlastung des Rollendruckes dieses Drehgestelles ist für die höheren Nutzlasten dem Ausleger gegenüber ein Gegengewicht von 2 t an einem Hebelarm von 7,0 m angebracht. Im übrigen sitzt dieser Mast ebenso wie bei den anderen Konstruktionen auf einem Portal, dessen Fahrgestell eine Spurweite von 3,06 m[1]) und einen Radstand von 3,77 m hat.

Bei dieser Anordnung werden zwar ziemlich viele schwere Teile an der Spitze angehäuft, die außerdem eine gerade dort nicht erwünschte Vergrößerung der Windfläche bewirken, anderseits aber ist eine außerordentlich leichte Schwenkbarkeit erreicht, was einen geringen

[1] Neuerdings baut die Firma Wolff & Co. auch Turmkrane von 4,08 m Spurweite, wodurch die Standsicherheit wesentlich erhöht wird.

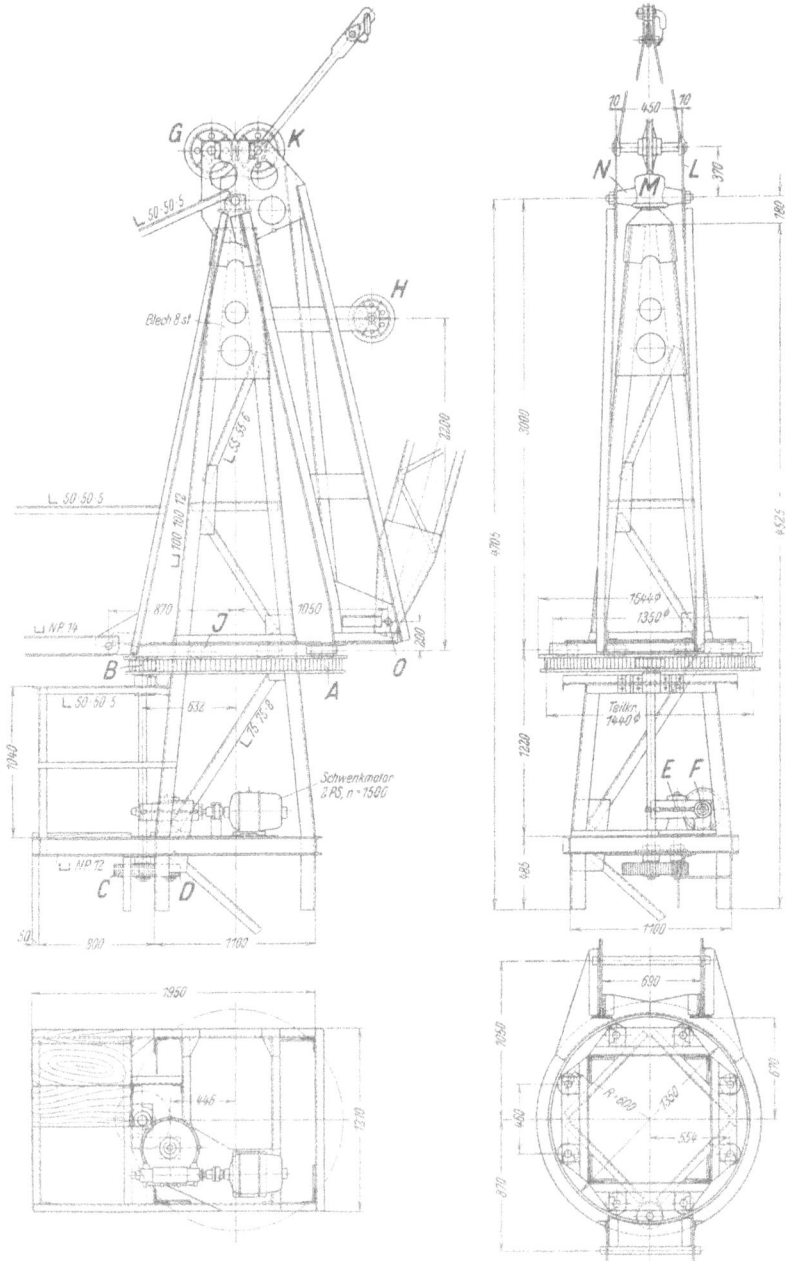

Abb. 308.

Kraftbedarf erfordert (Motor nur 1,75 PS) und ein schnelles Arbeiten mit dem Kran ermöglicht.

β) **Einzelheiten. 1.** Abb. 308 **Glockenförmiges Drehgestell mit Drehwerk.** In den beiden Kopfblechen L, die zur Verringerung ihres Gewichts kreisförmige Aussparungen erhalten, wird das Spurlagergehäuse M mittels der Traverse N festgehalten. In das Spurlagergehäuse M ragt die Spitze des festen Mastes mit einem Spurzapfen von 8 cm Durchmesser hinein. Dieses Spurlager hat somit den Ausleger samt Nutzlast, das glockenförmige Drehgestell sowie den Gegengewichtsausleger samt Gegengewicht zu tragen. Das Eigengewicht dieser Teile beträgt insgesamt 8360 kg. Außerdem erhält der Zapfen noch eine horizontale Belastung von 7400 kg infolge des Lastmomentes. An den Kopfblechen hängt mittels 4 Winkeln der Triebstockkranz A, der seitlich durch 8 am festen Turmgerüst sitzende Druckrollen J abgestützt wird. An dem vorderen Teil der Kopfbleche ist der Auslegerstützpunkt O ebenfalls durch Winkeleisen aufgehängt. Außerdem sitzen in den Kopfblechen, die dadurch gleichzeitig ausgesteift werden, die Achsen für die Seilrollen, von denen die vordere K das Lastseil führt, während die hintere G nur zu Montagezwecken dient. Von dem hinteren Teil der Kopfbleche gehen ferner die Aufhängewinkel für den Gegengewichtsausleger ab, der oberhalb des Triebstockkranzes an dem Drehgestell gelenkig gelagert ist.

Der **Antrieb des Drehgestelles** geht von dem unmittelbar darunterstehenden Schwenkmotor aus, der mit einem Schnecken-

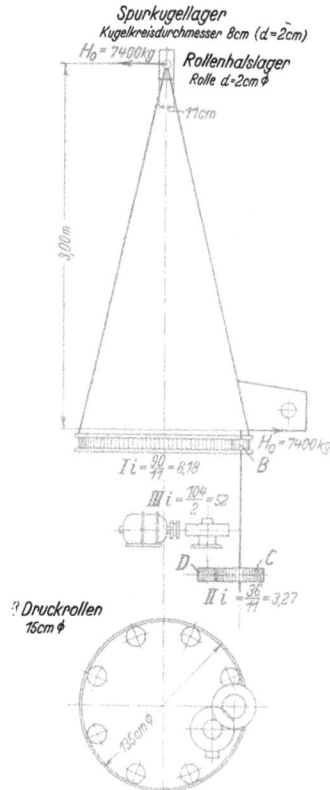

Abb. 309.

trieb EF gekuppelt ist (s. Abb. 309). Abmessungen des Schneckentriebs: Schnecke: S.M.-Stahl, $z = 2$, $t = 3\pi$, $d_1 = 38$ mm, $b = 100$ mm, Welle 30 mm (rechtsgängig), Schneckenrad (Guß): $z = 104$, $t = 3\pi$, $D_1 = 312$ mm, $b = 40$ mm, Bohrung 50 mm, Bronzekranz, Übersetzung: $i_1 = 104 : 2 = 52$. Auf der Schneckenradachse sitzt das Ritzel D aus S.M.-Stahl, AEG-Verzahnung, $z = 11$, $t = 11\pi$, $d_2 = 121$ mm, $b = 80$ mm; Bohrung 50 mm, Zähne gefräst, eingreifend in das Stirnrad C (Guß), AEG-Verzahnung, $z = 36$, $t = 11\pi$, $D_2 = 396$ mm, $b = 80$ mm, Bohrung = 60 mm, Zähne roh. Übersetzung: $i_2 = 36 : 11 = 3,27$. Auf der Achse des Stirnrades C sitzt das Triebstockritzel B aus S.-M.-Stahl.

$z = 11$, $t = 16\,\pi$, $d_3 = 176$ mm, $b = 55$ mm, Bohrung = 60 mm, Zähne gefräst, eingreifend in den Triebstockzahnkranz aus S.E., $z = 90$, $t = 16\,\pi$, $D_3 = 1440$ mm, $b = 80$ mm, Übersetzung: $i_3 = 90 : 11 = 8{,}18$, Gesamtübersetzung: $i = 52 \cdot 3{,}27 \cdot 8{,}18 = 1390$. Bei einer Motordrehzahl von 1500 ergeben sich somit $1500 : 1390 = 1{,}08$ Umgänge in der Minute.

Gegen die Innenfläche des Triebstockkranzes legen sich 8 gleichmäßig verteilte Druckrollen von 150 mm Durchmesser, 80 mm Breite und 40 mm Bohrung, aus Gußeisen, Nabenlänge = 100 mm, in Rotgußbuchse laufend. Nach Abb. 310 beträgt der Normaldruck auf eine Rolle, wenn man annimmt, daß sich der Druck auf zwei Rollen verteilt,

$$N = \frac{H}{2\cos a} = \frac{7400}{2 \cdot 0{,}92} = 4000 \text{ kg.}$$

Die spezifische Flächenpressung auf die Nabe wird hiermit

$$c_1 = \frac{4000}{4{,}5 \cdot 10} = 89 \text{ kg/cm}^2,$$

was für S.M.-Stahl zulässig ist. Flächenpressung der Lauffläche:

$$c_2 = \frac{4000}{15 \cdot 8} = 33{,}4 \text{ kg/cm}^2.$$

Zum Drehen ist die Überwindung eines Reibungsmomentes erforderlich, das sich wie folgt ermittelt: Oberes Halslager mit Rollenlager. Der Durchmesser des Halszapfens beträgt 110 mm, der Durchmesser der Rollen 20 mm, der horizontale Druck 7400 kg. Nach Krell[1]) ist das Lagerreibungsmoment

$$M = 2{,}4\,P \cdot f \cdot \frac{R}{d},$$

worin f = Hebelarm der rollenden Reibung. Nach Hütte I, 25. Aufl., S. 283 wächst f mit zunehmender Belastung und beträgt bei $c = 15$ ungefähr 0,018. Nimmt man zur Sicherheit hierfür den Wert 0,02 an, so ergibt sich danach das Lagerreibungsmoment zu

$$M_r = 2{,}4 \cdot 7400 \cdot 0{,}02 \cdot \frac{5{,}5}{2} = 980 \text{ kgcm.}$$

Beim Spurkugellager, das die vertikalen Kräfte überträgt, ist der Kugelkreisdurchmesser $D = 80$ mm und der Kugeldurchmesser $d = 20$ mm. Nach Krell a. a. O. S. 41 gilt hierfür die Formel

$$M = 2 \cdot \frac{P\,f}{d} \cdot R.$$

[1]) Entwerfen im Kranbau, I. T., S. 44.

Rechnet man aber auch hier mit dem ungünstigeren Wert:

$$2,4\,P \cdot f \cdot R/d$$

und nimmt wiederum $f = 0,02$, obwohl die Kugelreibung geringer ist als die Rollenreibung, so ist für das Spurkugellager:

$$M_R = 2,4 \cdot 8360 \cdot 0,02 \cdot \frac{4,0}{2,0} = 800 \text{ kgcm.}$$

Unteres Druckrollenlager. Reibung der Druckrollen zwischen Achse und Rolle. Reibungsmoment nach Abb. 310

$$M_d = \frac{2\,\mu \cdot N \cdot r_1}{r_2} \cdot R = \frac{2 \cdot 0,1 \cdot 4000 \cdot 2,25}{7,5} \cdot 67,5 = 16200 \text{ kgcm.}$$

Moment der rollenden Reibung zwischen Rolle und Ring, bei sehr reichlicher Annahme von $f = 0,05$

$$M_{d3} = \frac{2 \cdot 0,05 \cdot 4000}{7,5} \cdot (67,5 - 7,5) = 3200 \text{ kgcm.}$$

Gesamtes Reibungsdrehmoment:

$$M_R = 800 + 16200 + 3200 = 20380 \text{ kg cm.}$$

Schwenkkraft, auf den Auslegerkopf bezogen,
$= 20380 : 1500 = 13,6$ kg.

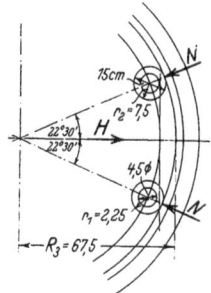

Abb. 310.

Das Beschleunigungsmoment zur Überwindung der Massenträgheit ergibt sich nach S. 204 aus der Gleichung

$$M_B = \frac{2\,\omega}{t} \cdot J.$$

Zugrunde gelegt wird die hierfür ungünstigste Stellung III: 15,0 m Ausladung und 2000 kg Nutzlast.

Zu beschleunigende Massen:

1. Am Auslegerkopf: Nutzlast, einschließlich Hakengeschirr . . . . $G = 2130$ kg,
2. Eigengewicht des Auslegers . . . . $G_1 = 800$ »
3. Drehgestell . . . . $G_2 = 700$ »
4. Gegengewichtsausleger . . . . . . $G_3 = 600$ »
5. Gegengewicht . . . . $G_4 = 2000$ »

Die Lasten sind mit ihren Abständen von der Drehachse in Abb. 311 eingetragen.

Nach Bethmann S. 236 ist

$$J = \frac{2130}{9,81} \cdot 15,0^2 + \frac{800}{9,81} \cdot \frac{15,0^3 - 1,05^3}{3 \cdot 13,95} + \frac{700}{9,81} \cdot \frac{0,60^2}{2} +$$

$$+ \frac{600}{9,81} \cdot 3,9^2 + \frac{2000}{9,81} \cdot 7,0^2$$

$$= 48700 + 6570 + 15 + 930 + 10000 = 66215 \text{ kgms}^2.$$

15*

Bei 8 s Anfahrzeit und parabolischem Verlauf der Anfahrkurve (s. S. 204) ist:

$$M_B = \frac{2 \cdot 0{,}115}{8} \cdot 66215 = 1900 \text{ kgm} = 190000 \text{ kgcm}.$$

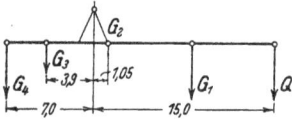

Abb. 311.

Schwenkkraft, auf den Auslegerkopf bezogen,

$$190000 : 1500 = 127 \text{ kg}.$$

Soll der Kran bei einem Wind von 50 kg/m² anfahren, so kommt hierzu noch das Windmoment:

infolge Ausleger

$$(50 \cdot 25) \cdot (0{,}055 \cdot 2 + 1 \cdot 0{,}03) \cdot \frac{13{,}8^2}{2} = 1000 \text{ kgm}$$

infolge Gegengewicht

$$-(50 + 25) \cdot \left(1{,}0 \cdot 7{,}0 + 0{,}14 \cdot \frac{5{,}6^2}{2} + 0{,}05 \cdot \frac{7{,}0^2}{2}\right) = -780 \text{ »}$$

$$\overline{220 \text{ kgm,}}$$

somit die auf den Auslegerkopf bezogene Schwenkkraft

$$22000 : 1500 = 14{,}7 \text{ kg}.$$

Im Beharrungszustande, bei 50 kg/m² Winddruck und bei einem Wirkungsgrad des Getriebes von 0,8 ist daher die erforderliche Motorleistung:

$$\frac{(13{,}6 + 14{,}7) \cdot 2\,\pi \cdot 15{,}0}{75 \cdot 60 \cdot 0{,}8} = \text{rd. } 0{,}75 \text{ PS}.$$

Gewählt ist ein Motor von 2 PS. Bei 2,5 fachem Anzugsmoment steht daher eine Schwenkkraft am Auslegerkopf von

$$\frac{2{,}0}{0{,}75} \cdot 2{,}5 \cdot 28{.}3 = 190 \text{ kg}$$

zur Verfügung.

Die vorstehend ermittelte gesamte Schwenkkraft beträgt 28,3 + 127 = 155,3 kg. Es ist also genügend Überschuß vorhanden.

Zur Berechnung des Triebstockzahnkranzes ist der Zahndruck aus dem Gesamtdrehmoment zu ermitteln.

Gesamtdrehmoment (ohne Windmoment):

$$20380 + 190000 = 210380 \text{ kgcm}.$$

Das Windmoment braucht hier nicht berücksichtigt zu werden, weil bei stärkerem Wind die Anlaufperiode länger angenommen werden muß.

Triebstockteilkreisdurchmesser = 1,44 m, somit Zahndruck:

$$2 \cdot 210380 : 144 = 2900 \text{ kg}.$$

Dieser Druck verteilt sich auf zwei Triebstockbolzen, von 24 mm Dmr. mit einem Widerstandsmoment von 1,357 cm. Nimmt man gleichmäßige Verteilung dieser Last an, so wird die Beanspruchung:

$$\frac{2900 \cdot 9,7}{8 \cdot 2 \cdot 1,36} = 1290 \text{ kg/cm}^2.$$

Für S.M.-Stahl ist eine Beanspruchung von 1400 kg/cm² zulässig.

Für das Vorgelege C/D (Material: Guß auf Guß) wird der Zahndruck

$$P = \frac{210380}{8,18 \cdot 19,8 \cdot 0,9} = 1450 \text{ kg,}$$

somit der Vergleichswert (s. S. 79)

$$c = \frac{P}{b \cdot t} = \frac{1450}{3,45 \cdot 8} = 53,$$

ein Wert, der reichlich hoch erscheint, aber mit Rücksicht auf das verhältnismäßig hohe Beschleunigungsmoment noch zugelassen werden kann.

Berechnung des Schneckengetriebes:

$$\text{Zahndruck } \frac{210380}{8,18 \cdot 3,27 \cdot 0,81 \cdot 15,6} = 620 \text{ kg.}$$

$$c = \frac{620}{0,943 \cdot 40} = 165 \cdot$$

Material: S.M.-Stahl auf Rotguß (s. obige Bemerkung). Im Beharrungszustand (d. h. also bei Fortfall des Beschleunigungsmomentes) wird c nur $165 \cdot 20380/210380 = 15,7$ kg/cm².

2. Hubwerk. Haken an loser Rolle, somit Last am doppelten Seilstrang hängend.

Die Winde ist für 2000 kg Seilzug bei 45 m/min Seilgeschwindigkeit gebaut. Der Trommeldurchmesser beträgt von Mitte bis Mitte Seil 400 mm, somit ergibt sich ein Lastmoment von

$$2000 \cdot 20 = 40000 \text{ kg cm.}$$

Räderpaar I (Abb. 312), $z = 80/12$, $i = 6,66$, $t = 10\pi$, $D = 800/120$ mm, $b = 90$ mm, Material des großen Rades: Stahlguß, des Ritzels: S.M.-Stahl, Zahndruck $P = 40000 : 40 = 1000$ kg.

Vergleichszahl:

$$c = \frac{P}{t \cdot b} = \frac{1000}{3,14 \cdot 9} = 35,4 \text{ kg/cm}^2.$$

Nach Bethmann S. 146 ist $c = 42$—50 zulässig.

Räderpaar II (Abb. 312), $z = 86/14$, $i = 6{,}15$, $t = 8\,\pi$, $D = 68{,}8/11{,}2$ mm, $b = 80$ mm.

$$\text{Zahndruck } P = \frac{40\,000}{6{,}66 \cdot 34{,}4 \cdot 0{,}9} = 194 \text{ kg.}$$

$$c = \frac{P}{t \cdot b} = \frac{194}{2{,}5 \cdot 8} = 9{,}7 \text{ kg/cm}^2$$

zulässig für Gußeisen nach Bethmann $c = 18{-}21$.

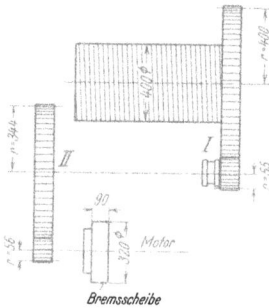

Abb. 312.

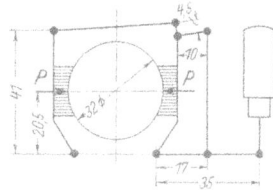

Abb. 313.

Doppelbackenbremse. Bremsscheibe 320 mm Dmr., Abmessungen s. Abb. 313. Nach S. 69 ist der erforderliche Zug des Bremsmagneten

$$P = \frac{2000 \cdot 20}{2 \cdot 0{,}2 \cdot 16} \cdot \frac{20{,}5}{41} \cdot \frac{4{,}5}{38} \cdot \frac{0{,}9}{6{,}66 \cdot 6.15} = 10 \text{ kg.}$$

Vorhanden ist ein Bremsmagnet von 20 kg Zugkraft und 35 mm Hub. Der Lüftungsweg ergibt sich aus

$$35 \cdot \frac{17}{38} \cdot \frac{4{,}5}{10} \cdot \frac{20{,}5}{41} \cdot \frac{1}{2} = 1{,}75 \text{ mm.}$$

In Abb. 314 ist eine normale Hubwinde für 2000 kg Zugkraft und 18 m/min Seilgeschwindigkeit dargestellt. Die Übersetzungen usw. sind zum Teil von den obigen etwas abweichend. Die allgemeine Anordnung ist jedoch dieselbe. Auf der verlängerten Trommel- und Vorgelegewelle ist hier ein zweites Stirnräderpaar für eine zweite etwas größere Geschwindigkeit angeordnet.

Bei Einschaltung des Stirnräderpaares $z_1 = 11 \cdot 80$ wird die Umdrehungszahl der Trommel

$$n_1 = 1430 \cdot \frac{7}{93} \cdot \frac{11}{80} = 14{,}8$$

und die Seilgeschwindigkeit

$$v_1 = 14{,}8 \cdot 2 \cdot \pi \cdot 0{,}20 = 18{,}6 \text{ m/min.}$$

Bei Einschaltung des Stirnräderpaars $z_2 = 19/72$ wird

$$n_2 = 1430 \cdot \frac{7}{93} \cdot \frac{19}{72} = 28,4$$

$$v_2 = 28,4 \cdot 2\,\pi \cdot 0,20 = 35,5 \text{ m/min},$$

also annähernd doppelt so groß.

Der Führer kann mittels der Zugstange Z, die bis ins Führerhaus reicht, das Ritzel R ganz ausrücken und durch die Hebelanordnung H die Bandbremse B betätigen, um eine Last schnell senken zu können.

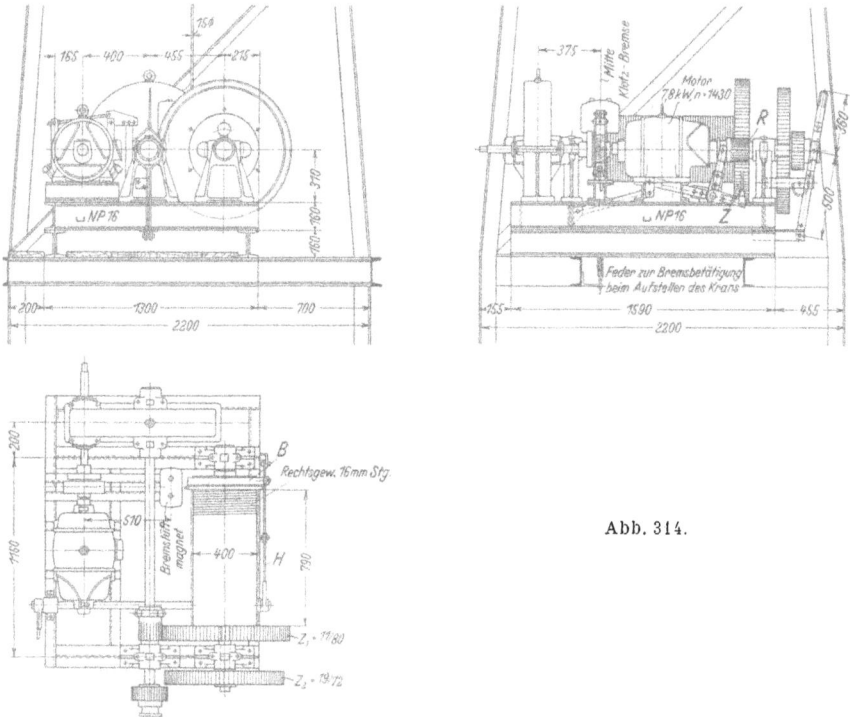

Abb. 314.

Das Senken größerer Lasten kann jedoch nur mit angekuppeltem Motor geschehen, der dann eine Senkbremsschaltung erhalten muß (s. S. 60).

3. Fahrwerk. Der gesamte Antrieb ist aus Abb. 315 ersichtlich. In Abb. 316 ist die Laufradachse mit ihrer Lagerung noch einmal im Schnitt dargestellt. Durchmesser der Laufradachse $= 80$ mm: $W =$ 50,27 cm².

Die größten Raddrücke sind wie folgt ermittelt worden:

1. Normal, ohne Wind . . . . 16 t
2. Normal, mit Wind 50 kg/m² . . . . . 20 t
3. In Ruhestellung mit Wind 150 kg/m² 25 t

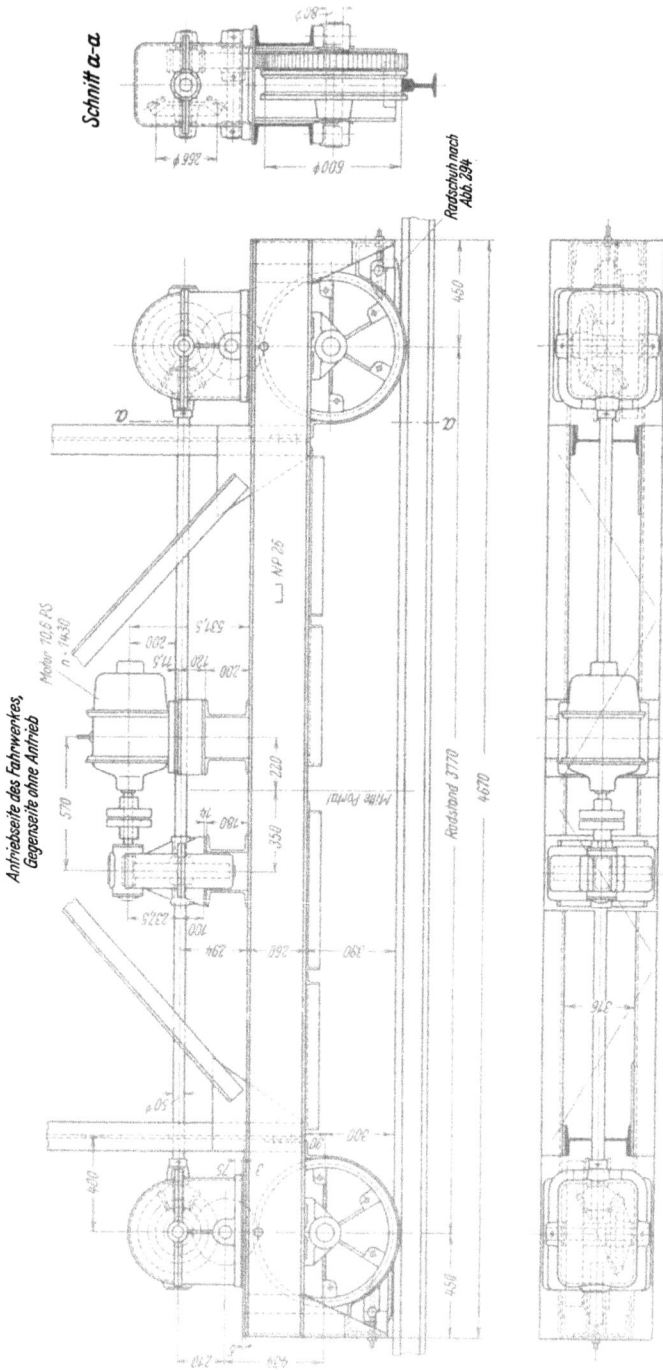

Abb. 315.

Damit wird die Biegungsbeanspruchung der Laufrollenachse

im Fall 1: $\dfrac{16000 \cdot 5}{2 \cdot 50,27} \approx 795$ kg/cm²

» » 2: $\dfrac{20000 \cdot 5}{2 \cdot 50,27} = 1000$ kg/cm²

» » 3: $\dfrac{25000 \cdot 5}{2 \cdot 50,27} = 1250$ kg/cm².

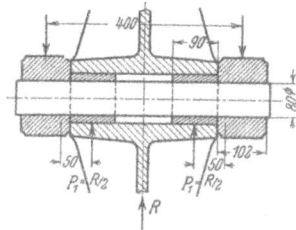

Ist D der Raddurchmesser, b die Kopf-
breite der Schiene und R der Raddruck, so
gilt als Beziehung zwischen Raddruck und Schienenpressung die Gleichung:

$$P \cdot R = k \cdot D \cdot b.$$

Abb. 316.

Hierin hat k die Bedeutung einer Flächenpressung, die bei Stahlrad
auf Stahlschiene bis zu 60 kg/cm² zulässig ist. Diese Werte gelten für
den bewegten Zustand. Für den Ruhezustand, d. h. wenn der Kran
verankert und festgestellt ist, kann man jedoch auch unbedenklich
wesentlich höhere Flächenpressungen zulassen. Im vorliegenden Fall
ist $D = 600$ mm, $b = 60$ mm. Somit ergeben sich folgende Flächenpressungen:

im Fall 1: $\dfrac{16000}{60 \cdot 6} = 44,5$ kg/cm² ⎫

» » 2: $\dfrac{20000}{60 \cdot 6} = 55,5$ kg/cm² ⎬ bewegter Zustand

⎭

» » 3: $\dfrac{25000}{60 \cdot 6} = 70$ kg/cm², Ruhezustand.

Die Breite der Laufradbuchse wird so gewählt, daß die Flächenpressung nicht größer als etwa 120 kg/cm² im normalen Betrieb ohne
Wind ist. Für die anderen Fälle kann die Flächenpressung höher genommen werden, da sie seltener vorkommen.

Im vorliegenden Fall ist im normalen Zustand

$$c = \frac{16000}{2 \cdot 8 \cdot 9} = 111 \text{ kg/cm}^2.$$

Über den Fahrwiderstand findet man ausführliche Angaben
bei Bethmann S. 195 ff. Da es sich hier um nur geringe Fahrgeschwindigkeiten handelt, so genügt es, den Widerstand nach der einfachen
Formel

$$W_f = \frac{P}{R}(f + \mu_2 \cdot r)$$

zu berechnen und hierzu einen Zuschlag von etwa 30% für Spurkranz-
reibung, Nabenstirnreibung und Quergleiten zu machen. Der Wert f,

der Hebelarm der rollenden Reibung (s. Abb. 317) ist im Mittel = 0,08 zu setzen, und der Wert μ_z für die Zapfenreibung = 0,1. Das gesamte, auf die vier Räder verteilte Gewicht des Kranes, einschließlich Nutzlast und Ballast, beträgt etwa 40 t. Angenommen, der gesamte Fahrwiderstand soll an einem Rade überwunden werden, so ist

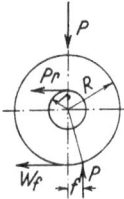

Abb. 317.

$$W_f = \frac{40\,000}{30} \cdot \left(0,075 + 0,1 \cdot \frac{8}{2}\right) \cdot 1,3 = 820 \text{ kg.}$$

Hierzu kommt der Beschleunigungsdruck für eine Anfahrzeit von 8 s, wenn die Geschwindigkeit auf 30 m/min gesteigert werden soll:

$$P_p = \frac{40\,000 \cdot 30 \cdot 2}{9,81 \cdot 60 \cdot 8} = 510 \text{ kg,}$$

also insgesamt $820 + 510 = 1330$ kg.

Somit erforderliche Motorleistung bei einem Wirkungsgrad des Getriebes von 0,85

$$N = \frac{1330 \cdot 30}{75 \cdot 60 \cdot 0,85} = 10,4 \text{ PS.}$$

Die Abmessungen des Vorgeleges gehen aus der Tabelle 107 hervor.

Tabelle 107.

Teil	Stck.	Werkstoff	Gegenstand	Z.	Tlg.	T. Kr. φ	Zahn-Breite	Bo.
1	4	St. G.	Laufräder 600 φ . . .	—	—	—	—	80
2	2	G. E.	Zahnkränze	42	14π	588	75	—
3	2	St. G.	Zwischenräder	20	14π	280	75	60
4	2	G. E.	Kegelräder } zus.-	28	29,83	266	80	50
5	2	G. E.	Ritzel } gegoss.	10	14π	160	90	50
6	2	G. E.	Kegelritzel	14	29,83	133	80	50
7	1	G. E.	Stirnrad	86	5π	430	60	50
8	1	S.M.-St.	Ritzel m. Welle . . .	9	5π	45 φ	60	—

γ) Versand und Aufstellung des Wolff-Kranes. Der ganze Kran läßt sich auf einem 18 m langen Güterwagen verladen. Dazu wird das Portal in seine einzelnen Teile zerlegt, dagegen bleibt der gesamte Unterteil des Kranes samt Führerhaus und Winde zusammengeschraubt. Weitere Einzelstücke sind: ein Anschlußstück zum Turm, je nach Bauhöhe ein oder zwei Zwischenstücke und schließlich die vollständige Spitze mit dem drehbaren Teil und dem Ausleger. Das Ladegewicht schwankt je nach Ausführung zwischen 12000 bis 14000 kg. Nach Angabe der Firma wird die Fracht nach Klasse C gerechnet und beträgt für 100 km und 100 kg ungefähr RM. 1,—. Nach Joly[1]) ergibt

_____
[1]) Technisches Auskunftsbuch 1928.

sich die Fracht für 100 kg Eisenkonstruktion bei einer 15-t-Ladung in Pfennigen nach Tabelle 108.

Tabelle 108.

Entfernung in km	50	100	200	300	500	1000
Fracht in Pf. . .	53	89	155	213	307	416

Aus der dem Buch von Joly beigegebenen Landkarte mit 100-km-Einteilung lassen sich die Frachtsätze für jede Entfernung leicht fest-

Abb. 318.

Abb. 319.

Abb. 320.

Abb. 321.

stellen. Handelt es sich z. B. um einen Transport von Heilbronn nach Berlin, so würde nach obiger Tabelle 108 die gesamte Fracht bei einem Gesamtgewicht der Eisenkonstruktion von 14000 kg

$$\frac{14000}{100} \cdot 3{,}07 = \text{RM. } 430{,}—$$

kosten.

Nach Ankunft am Bestimmungsort wird zunächst das Portal zusammengeschraubt und kann nun auf einem Lastkraftwagen nach Abb. 318 im fertigen Zustande auf die Baustelle gefahren werden, und

Abb. 322.

zwar kann es gleich so über das Gleis gebracht
werden, daß nur ein Nachlassen der Schrauben,
an denen es aufgehängt ist, erforderlich wird,
um es unmittelbar auf das Gleis aufzusetzen.

Abb. 319 zeigt den auf einem gewöhnlichen
Rollwagen verladenen Unterteil mit Führerhaus
und Winde.

Ist der Transport des Portals im ganzen
nicht möglich, so wird es auf der Baustelle nach
Abb. 320 zusammengestellt. Die Firma liefert
dazu einen aus der Abbildung ersichtlichen fahrbaren Montagebock.

Nun wird nach Abb. 321 der Turmunter-
teil mit Hubwinde und Führerhaus zum Portal
herangefahren, mit dem ersten Zwischenstück
vereinigt und mit dem Portal gelenkig verbunden. Nachdem mit Hilfe des Montagebockes der
Turm in dieser Stellung bis zur Spitze fertig
zusammengebaut ist, wird die Spitze so weit
hochgehoben, daß der Turm mit Hilfe des an
der anderen Turmecke als Strebe gelenkig an-
geschlossenen Auslegers aufgerichtet werden
kann (Abb. 322). Zum Aufwinden wird das Lastseil benutzt, das von der Trommel der Hubwinde zur Leitrolle an der Turmspitze und von

Abb. 323.

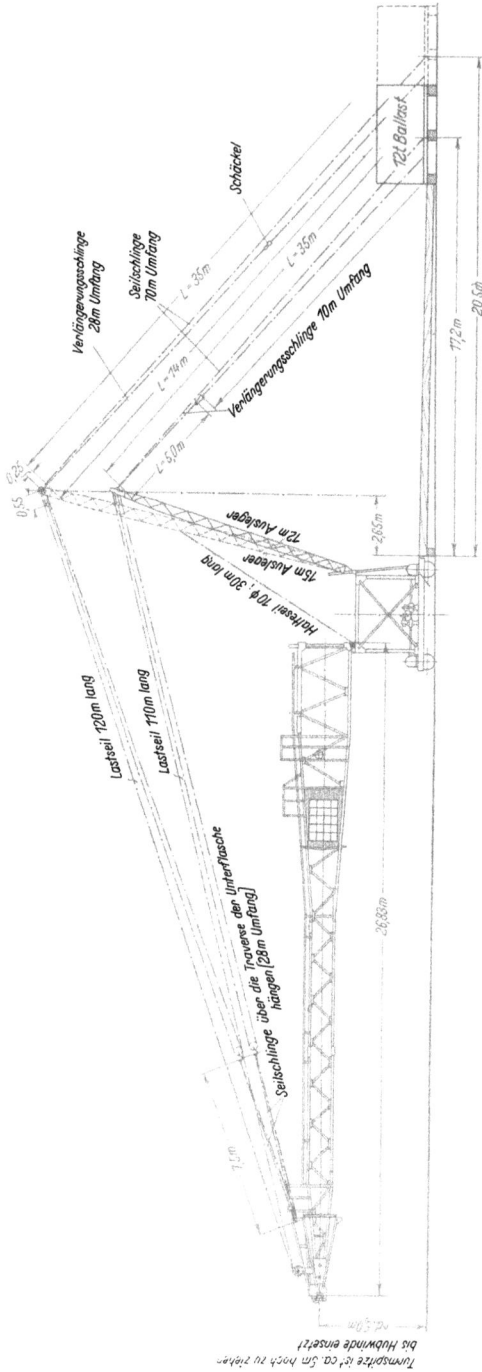

Abb. 324.

dort zur Auslegerspitze geführt wird. Abb. 323 zeigt die gesamte Anordnung beim Aufrichten des Turmes und die Kräfteverteilung. Die
auf das Portal wirkenden seitlichen Kräfte werden durch die Diagonal-
verstrebungen aufgenommen. Unten stützt sich das Portal gegen einen
Ballastkasten von 12 t Gewicht, der gleichzeitig als Verankerung für
den als Strebe dienenden Ausleger benutzt wird.

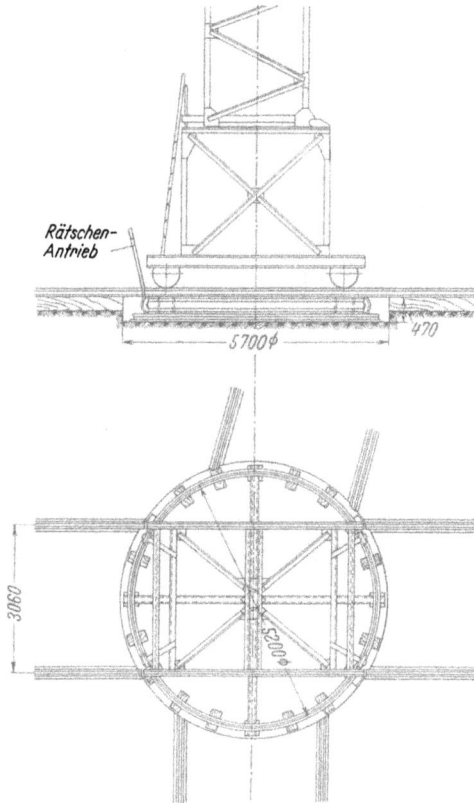

Abb. 325.

Der Kran kann nunmehr mit seiner eigenen Winde aufgerichtet
werden. Schließlich wird noch nach Abb. 324 ebenfalls mit Hilfe der
eigenen Winde der Ausleger und das Gegengewicht hochgezogen und
befestigt. Das Niederlegen des Kranes kann selbstverständlich in derselben Weise nur in umgekehrter Reihenfolge geschehen.

Zum Wenden des ganzen Kranes dient die in Abb. 325 dargestellte Drehscheibe.

δ) Zum Schluß seien noch einige Abbildungen gebracht, die den
Kran in Tätigkeit zeigen. Abb. 326 Wolff-Kran beim Bau einer

Schule. Bemerkenswert ist die Entbehrlichkeit jeglicher Rüstungen.
Abb. 327 beim Bau einer Talsperre, wobei die Aufstellung auf einem
konsolartigen Gerüst zu beachten ist.

Abb. 326.

Abb. 327.

Eine sehr beachtenswerte Verwendung hat der Wolff-Kran auch
bei den Verstärkungsarbeiten an den Stadtbahnbögen in
Berlin (Jannowitz-Brücke) gefunden (Bauausführung: Grün & Bil-
finger). Die Krane (es sind 2 Stück in Betrieb) laufen auf einem im
Wasser stehenden Pfahlgerüst und können sowohl die oben auf dem

Stadtbahngleis stehenden Güterwagen als auch die neben dem Pfahlgerüst anlegenden Lastkähne be- und entladen. Abb. 328 zeigt eine Aufnahme von der Baustelle.

Schließlich sei noch bemerkt, daß der Preis des vollständigen Turmdrehkranes mit allem Zubehör ab Fabrik in Heilbronn sich auf 14000 bis 17000 M. stellt, je nach Ausführung, Hubhöhe, Ausladung und ob Winde mit 11-PS- oder 25-PS-Motor gewählt wird[1]).

Kap. 16. Kabelkrane.

a) Die **Verwendung** der Kabelkrane für größere Baustellen hat wohl sicherlich für jeden, der Baustellen größeren Umfanges zu organisieren hat, etwas ungemein Bestechendes. Mit der Möglichkeit, jeden Punkt der Baustelle zum mindesten hinsichtlich der Lastenförderung von einer zentralen Stelle aus beherrschen zu können, ist die ganze Transportund Lagerungsfrage der Baumaterialien für die Baustelle schon so gut wie gelöst, und es handelt sich dann nur noch

Abb. 328.

um die günstigste Anordnung der An- und Abfuhrwege, die von der Baustelle selbst ganz unabhängig angelegt werden können. Dies führt zur selbstverständlichen Anwendung der Kabelkrane da, wo es sich um Gelände handelt, das wegen seiner starken Unebenheit oder sonstigen Unzugänglichkeit von vornherein der Anlage von Transportwegen unüberwindliche Schwierigkeiten entgegensetzt (Talsperren, Brückenbauten, vor allem über tief eingeschnittene Täler u. a.). Aber auch dort, wo dies nicht der Fall ist, leuchtet der Vorteil ohne weiteres ein, den eine von unhandlichen und schwer beweglichen Geräten freie Baustelle bietet. Man kann natürlich eine Baustelleneinrichtung nicht nach diesem einseitigen Gesichtspunkt allein beurteilen. Die Anschaffung eines Kabelkranes ist immerhin mit einer bedeutenden Ausgabe verknüpft, die sich angemessen

---

[1]) Weitere Angaben über die Verwendung von Turmdrehkranen auf der Baustelle findet man bei Dr.-Ing. David, Praktisches Handbuch des Eisenbetonbaus, München-Berlin 1929, R. Oldenbourg.

verzinsen muß. Es ist also zu erwägen, ob der Baustellenbetrieb eine genügende Ausnutzung des Kabelkrans, die seinem Werte entspricht, gestattet, welche Beschleunigung der Bauarbeiten mit ihm zu erwarten ist und welche Geräte und Arbeitskräfte durch ihn erspart werden. Demgegenüber ist zu bedenken, daß sowohl die Aufstellung als auch der Betrieb erheblich höhere Anforderungen stellt als jedes andere Baukrangerät. Die Zeit zum Herrichten der Fahrbahn und zur Aufstellung des Kabelkranes muß ebenfalls in Rechnung gestellt werden; allerdings dürfte sie bei umfangreichen Bauten von längerer Dauer wohl kaum sehr ins Gewicht fallen. Immerhin ist dies einer der Gründe, warum der Kabelkran sich in Amerika für Bauzwecke nicht so allgemein eingeführt hat, wie man nach den ersten Anfängen erwarten durfte. In einem Aufsatz[1]) über die Entwicklung der Kabelkrane in Amerika weist Dr.-Ing. Franke ausdrücklich auf diesen Umstand hin. Dem Amerikaner, dessen Hauptaugenmerk bekanntlich auf möglichste Verkürzung der Bauzeit gerichtet ist, dauern die vorbereitenden Arbeiten, das Einebnen des Geländes, die Herrichtung der Fahrbahn und die Aufstellung der Gerüste viel zu lange. In dieser Zeit kann er mit seinen leichten fahrbaren und tragbaren Geräten, Derricks, Löffelbagger usw. schon einen großen Teil der eigentlichen Bauarbeiten erledigt haben. Daß es hiervon auch Ausnahmen gibt, zeigt die Abb. 347, S. 257.

b) Die **Leistungsfähigkeit** der Kabelkrane ist wegen ihrer großen Spannweite naturgemäß begrenzt. Theoretisch könnten sie wohl für jede Tragkraft gebaut werden. Die Grenze ist hier aber wie immer durch die Wirtschaftlichkeit gezogen. Der Kabelkran ist anerkanntermaßen ein ausgesprochener Transportkran, im Gegensatz zum Montagekran. Die Ansprüche, die man an seine Tragfähigkeit stellt, bewegen sich daher innerhalb von 1,5 bis 5,0 t, eine Last, bei der Spannweiten bis zu 500 m möglich sind. Die Arbeitsgeschwindigkeit von Kabelkranen kann man etwa wie folgt annehmen: Heben 25 bis 70 m/min, Fahren der Katze 70 bis 225 m/min, Verfahren der Türme 5 bis 15 m/min. Die Beurteilung der Leistungsfähigkeit eines Kabelkranes hängt jedoch hiervon nicht allein ab, sondern vor allem von der Anzahl der Förderspiele je Stunde. Ein idealer Zustand wäre dann erreicht, wenn man die Heranschaffung und Bereitstellung der durch den Kabelkran zu bewegenden Baustoffe so einrichten könnte, daß der Kabelkran unter Ausnutzung seiner höchsten Arbeitsgeschwindigkeiten ohne Pause arbeitet. Dies ist, wie gesagt, nur ein idealer Zustand, der sich nur bei sehr gleichartigen Arbeiten über einen längeren Zeitraum hinaus verwirklichen läßt. Für gewöhnlich sind die Arbeiten auf einer Baustelle von sehr verschiedenartiger und schnell wechselnder Natur. Man schätzt daher im allgemeinen die Anzahl der tatsächlich von einem

[1]) Fördertechnik und Frachtverkehr 1927. H. 20.

Kabelkran im Durchschnitt ausgeführten Förderspiele auf 10 bis 15 je Stunde, die sich bei straffer Baustellenorganisation und gleichmäßiger Arbeit auf 20 bis 30 steigern läßt. Zum Vergleich, wie sich die Leistungsfähigkeit bei regelmäßigem Betrieb, (also z. B. bei Lagerung großer Massen) steigern läßt, seien die Angaben von Dr. Franke (a. a. O.) über eine Kohlenstapelanlage der Consolidated Gas Corp. in Baltimore mit einem Kabelkran von 300 m Spannweite, 75 m Höhe des festen Maschinenturms und 27 m Höhe des fahrbaren Turms angeführt. Der

Abb. 329.

Kran leistete bei einer Fassungskraft des Greifers von 2,5 m², 30 m Hubhöhe und 150 bis 200 m Fahrstrecke 50 bis 60 Förderspiele in der Stunde.

c) **Bauarten.** Es sind drei Ausführungsarten möglich: 1. Zwei feststehende Türme, 2. ein feststehender und ein fahrbarer Turm, der sich im Kreisbogen mit dem feststehenden Turm als Mittelpunkt schwenken läßt, 3. zwei parallel zueinander fahrende Türme.

Zu 1. Zwei feststehende Türme. Theoretisch ist der Wirkungsbereich eine gerade Linie, was für schmale Viadukte und Hochbrücken über tiefe Taleinschnitte genügen dürfte. Eine geringe Breitenausdehnung des Wirkungsbereiches läßt sich dadurch erreichen, daß man den Gegenturm am Fuß mit einem Pendelgelenk versieht und verspannt. Man kann ihm dann je nach Bedarf eine geringe Neigung nach der einen oder andern Seite geben, wodurch der Wirkungsbereich nach jeder Seite um einige Meter vergrößert werden kann. Beispiel s. Abb. 329.

Zu 2. Einseitig fahrbare Kabelkrane eignen sich in der Hauptsache für Baustellen von nicht allzu großer Breitenausdehnung.

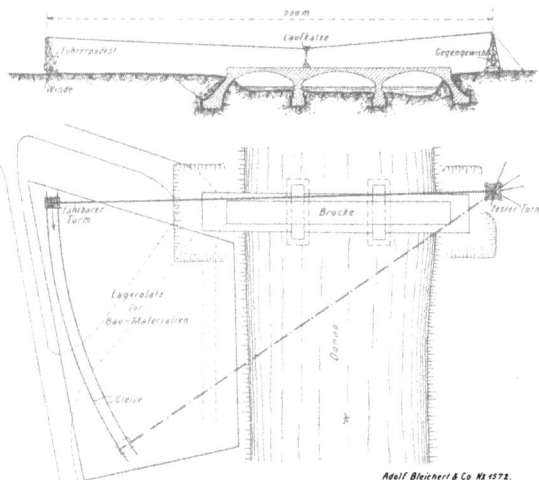

Abb. 330.

Sehr gut ist diese Bauart z. B. in dem Grundriß Abb. 330 ausgenützt. Auf der in Abb. 331 dargestellten Anlage ist der hintere schräge Turm schwenkbar (Spannweite 300 m, Tragkraft 2500 kg, Förderleistung 20 t stündlich). Feststehender Turm 55 m hoch. Der Bau wurde ohne jedes Baugerüst aufgeführt. Eine eigenartige Verwendung fand der einseitig fahrbare Kabelkran beim Bau der Jahrhunderthalle in Breslau. Die

Abb. 331.

Abb. 332.

Abb. 333.

beiden schwenkbaren Gegentürme konnten hierbei um den gemeinsamen festen Turm im Mittelpunkt der kreisrunden Halle im vollen Kreise geschwenkt werden.

Zu 3. Diese Bauart (zwei parallel fahrbare Türme) eignet sich am besten für mindestens 100 m breite Baustellen von größerer Längenerstreckung. Sie ist daher vielfach bei Schleusenbauten mit Erfolg verwendet worden. Beispiele hierfür zeigt die Abb. 332 Schleuse in Gleesen (Dortmund-Ems-Kanal) und Abb. 333 Schleuse im Mittellandkanal bei Minden, 75 m Spannweite, 2500 kg Tragkraft, 20 m³/h Leistung. Bei diesem Bau ist der im Verhältnis zur Breite der Baustelle bedeutende Platzbedarf der Kabelkrane zu beachten. Ein weiteres sehr gutes Beispiel s. später S. 257, Abb. 347 u. 348.

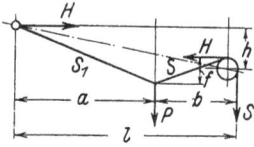

Abb. 334.

d) **Einzelteile.** 1. Das Tragseil. Zum Spannen der Tragseile können zwei verschiedene Maßregeln getroffen werden:

a) **Spannung durch ein Gegengewicht.** Das Seil wird am Maschinenturm festgemacht, auf der anderen Seite über eine Rolle an der Spitze des Gegenturmes geführt und durch ein angehängtes Gegengewicht gespannt.

Dann ist nach Andrée[1]) der Horizontalschub (Abb. 334) infolge einer Einzellast P:

$$H = \frac{P \cdot a \cdot h}{l^2 + h^2} + \frac{l}{l^2 + h^2} \cdot \sqrt{S^2 \cdot (l^2 + h^2) - P^2 \cdot a^2}.$$

Spezialfälle: $h = 0$

$$H = \frac{1}{l} \cdot \sqrt{S^2 \cdot l^2 - P^2 \cdot a^2},$$

$P = 0,$

$$H = \frac{S \cdot l}{\sqrt{l^2 + h^2}}.$$

Einsenkung:

$$f = \frac{b}{l} \cdot \left(\frac{P \cdot a}{H} - h \right)$$

oder für $h = 0$

$$f = \frac{P \cdot a \cdot b}{\sqrt{S^2 \cdot l^2 - P^2 \cdot a^2}}$$

oder, wenn die Last in Kabelmitte hängt:

$$f_m = \frac{P \, l}{4} \cdot \sqrt{\frac{4}{4 \, S^2 - P^2}}.$$

Infolge Eigengewicht des Kabels ist:

$$H = \frac{Q \cdot h \cdot l}{2 \, (l^2 + h^2)} + \frac{l}{2 \, (l^2 + h^2)} \cdot \sqrt{4 \, S^2 \cdot (l^2 + h^2) - Q^2 \cdot l^2}$$

bzw. für $h = 0$,

$$H = \frac{1}{2} \sqrt{4 \, S^2 - Q^2}.$$

$$f_m = \frac{Q \cdot l}{8 \cdot H} = \frac{Q \, l}{8} \sqrt{\frac{4}{4 \, S^2 - Q^2}}.$$

[1] Statik des Kranbaus. München und Berlin. R. Oldenbourg.

Da S gegenüber P und Q meist sehr groß ist, so kann man mit großer Annäherung auch setzen:

$$\Sigma f_m = \frac{l}{S}\left(\frac{P}{4} + \frac{Q}{8}\right)$$

oder

$$S = \frac{l}{f_m}\left(\frac{P}{4} + \frac{Q}{8}\right).$$

Das Verhältnis l/f_m wird der Berechnung des Gegengewichtes S zugrunde gelegt. Die Angaben hierüber schwanken. Bethmann gibt $f_m = l/25$ an, Krell empfiehlt $f = l/15$ bis $l/20$.

Setzt man beispielsweise $f_m = l/20$, so wird

$$S = 5\,P + 2{,}5\,Q.$$

was unter Umständen für eine erste Annäherungsrechnung genügt. Die genaue Berechnung der Seilspannung hat unter Berücksichtigung der Biegungsspannungen (z. B. nach Krell) zu erfolgen.

Legt man als Beispiel den Neubauerschen Kran (s. S. 254) zugrunde, so ist für diesen

$$P = 3{,}0 + 0{,}5 = 3{,}5\,\text{t}; \; q = \text{rd. } 12 \text{ kg/m, somit} \, Q = 0{,}012 \cdot 185 = 2{,}2\,\text{t},$$

somit

$$S = 5 \cdot 3{,}5 + 2{,}5 \cdot 2{,}2 = 17{,}5 + 5{,}5 = 23\,\text{t},$$

$$H = S = 23\,\text{t}.$$

Querschnitt des 4,5 cm starken, verschlossenen Drahtseiles[1]

$$4{,}5^2 \cdot \pi/4 = 16\,\text{cm}^2,$$

somit Beanspruchungen:

auf Zug

$$k_z = \frac{23\,000}{16} = 1440\,\text{kg/cm}^2,$$

auf Biegung

$$k_b = 0{,}56 \cdot \frac{3500}{4 \cdot 4{,}5} \cdot \sqrt{\frac{2000}{23}} = 1020\,\text{kg/cm}^2$$

$$k_z + k_b = 2460\,\text{kg/cm}^2.$$

β) Bei beiderseitig festverankertem Seil stößt die Ermittlung der Durchhängung nach Krell (a. a. O. S. 284) auf Schwierigkeiten, weil die Nachgiebigkeit des Seiles und der Widerlager nicht bekannt oder wenigstens sehr schwer zu ermitteln sind. Diese Anordnung wird daher nur bei sehr kleinen Anlagen ausgeführt.

[1] Über »verschlossene« Drahtseile s. Bethmann S. 10 und Krell S. 18 u. Taf. 8, Abb. 177 u. 179. Sie werden aus weichen bis mittelharten Formdrähten hergestellt. Bruchfestigkeit 9000—10000 kg cm².

2. Die Laufkatze. Allgemein wird bei Kabelkranen die Laufkatze entweder als einfache Seillaufkatze mit Fernsteuerung
vom Turm aus oder als sog. Führerstandslaufkatze gebaut, wobei
der Kranführer mit der Katze fährt. Für Baukabelkrane kommt neuerdings nur Fernsteuerung in Frage. Es ist dies die älteste Betriebsform
der Kabelkrane. Als Mangel wurde empfunden, daß der Kranführer
bei großen Spannweiten die Last aus dem Gesichtsfelde verlieren kann,
sei es durch die besondere Beschaffenheit des Geländes, durch dazwischen-
stehende Gebäude od. dgl. oder schließlich auch bei unsichtigem Wetter.
Man fing dann an, sog. Führerstandslaufkatzen zu bauen. Hier bereitet
aber die Unterbringung der großen Gewichte der Motoren, der Winden
und der Steuerapparate Schwierigkeiten. Heinold beschreibt in der
Zeitschr. d. Vereins Deutscher Ing. zwei Ausführungen[1]), bei denen der
Führerstand auf der Laufkatze beibehalten ist, während man mit der
maschinellen Einrichtung eine Teilung vorgenommen hat. Motor mit
erstem Vorgelege nebst Hauptbremse befinden sich auf dem Turm,
alles übrige im Führerhaus auf der Laufkatze. Der Führer steuert

mittels einer elektrischen Fernsteuerung, was eine Schleifleitung erfordert. Bei den heutigen Baukabel-
kranen ist man wieder vollständig
zur einfachen Seilbahnlaufkatze über-
gegangen und zur Fernsteuerung vom
Turm aus. Es hat sich nämlich gezeigt, daß die Übersicht des Führers
von der Laufkatze aus über das Arbeitsfeld nicht in dem Maße vorhanden ist, wie man erwartet hat. Der
Führer ist zwar näher an der Arbeits-
stelle des Kranes, bei großen Höhen
ist aber trotzdem eine richtige Beurteilung der Laststellung sehr schwie-
rig, vielleicht noch schwieriger als
vom Turm aus. Dies erfordert jedenfalls in den meisten Fällen, wie bei
der Fernsteuerung, eine Verständi-

Abb. 335.

gung durch Signale und eine selbst-
tätige Anzeigevorrichtung. Es bestehen also tatsächlich keine wesentlichen Vorteile gegenüber der Fernsteuerung vom Turm aus, die sich
beider Hilfsmittel ebenfalls bedienen kann und außerdem den wesentlichen Vorteil einer ganz bedeutenden Entlastung des Tragseils für
sich hat.

1916, S. 501 u. 551.

Abb. 335 zeigt eine dreirädrige Ausführung der Firma Bleichert und Abb. 336 u. 337 eine vierrädrige Ausführung der Carlshütte in Waldenburg (Altwasser). Auf der letzten Abbildung ist besonders deutlich der sog. »Reiter« zu sehen, eine Einrichtung, welche die Durchhängung des Hubseiles beim Senken des leeren Hakens verhindern soll. Die Reiter werden beim Vorrücken der Katze von dem Windenturm

Abb. 336.

weg durch Knoten festgehalten, die an einem besonderen Seil, dem sog. Knotenseil, sitzen. Die Knoten werden durch eiförmige Seileinlagen aus Holz oder Gußeisen gebildet. Beim Rückgang der Katze werden die Reiter über die Zunge Z gestreift und mitgenommen. Das Knotenseil wird durch ein Gegengewicht gespannt (s. a. Abb. 338).

Die zwei- oder dreisträngige Unterflasche als Gehänge ist bei Kabelkranen eine sehr häufige Erscheinung. Zum Transport des Schüttgutes dienen dann entweder Kippkübel oder Gefäße mit Bodenentleerung, die natürlich von Hand betätigt werden müssen. Soll das Schüttgut jedoch aus größerer Höhe abgeworfen werden können, so ist eine besondere Entleerungsvorrichtung vorzusehen, wie sie bei der in

Konstruktionsblatt V u. Abb. 337 dargestellten Laufkatze der Firma
Louis Neubauer, Chemnitz, ersichtlich ist, die allerdings für eine statio-
näre Anlage bestimmt ist, sich aber auch ebensogut für Bauzwecke verwenden läßt. In Abb. 337 ist die Laufkatze nebst Gehänge noch einmal
in kleinerem Maßstabe dargestellt. Es sind hier zwei Unterflaschen
mit je zwei Seilsträngen vorhan-
den, von denen die eine (F_1)
zum Heben und die andere (F_2)
zum Öffnen des Transportgefäßes
dient. Die Seilführung des Kabelkranes ist in Abb. 338 schematisch gezeichnet.

An dieser Stelle soll auch
der besonderen Verwendung
der Kabelkrane für Beto-
nierungsarbeiten gedacht
werden. Abb. 339 zeigt ein Gieß-
verfahren der Firma Ad.
Bleichert & Co. Der auf einer
besonderen Mischbühne hergestellte, ziemlich flüssige Beton-
brei wird in Kübeln zu einem
Gießtrichter gefördert, der an be-

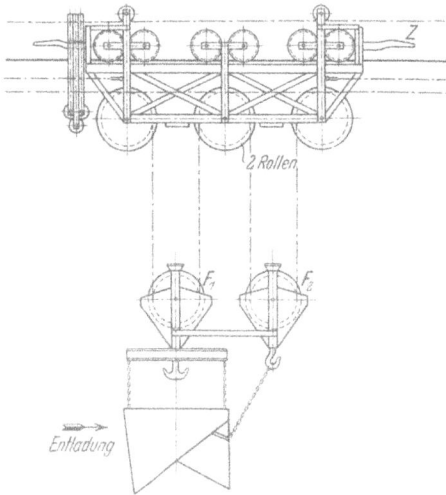

Abb. 337.

sonderen Tragkabeln heb- und senkbar aufgehängt ist, aber auch verfahren werden kann. Die Ableitung des Betonbreies aus dem Gießtrichter
erfolgt durch einen sog. Flieger, das sind zwei gelenkig miteinander
verbunden Rinnen, die bei den bisherigen Ausführungen einen Kreis

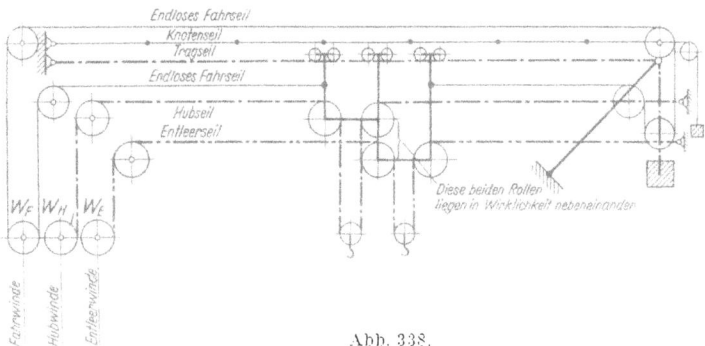

Abb. 338.

von etwa 15 m Radius mit ungefähr 720 m² Flächeninhalt bestreichen.
Durch Verschwenken der unteren Rinne kann jeder beliebige Punkt der
Kreisfläche erreicht werden. Da man auf diese Weise ein verhältnis-
mäßig großes Arbeitsfeld bestreichen kann, so ist ein Versetzen der

ganzen Gießvorrichtung nur in längeren Zeitabständen erforderlich. Zur Entlastung der Katze wird die Gießvorrichtung während der Arbeit mit vier Hilfsseilen an den beiden Tragseilen befestigt.

Beim Bau der Wäggistalsperre arbeitete dieses System in Konkurrenz mit dem amerikanischen Rinnensystem. Dabei haben sich wesentliche technische Vorteile zugunsten des Kabelkranes gezeigt: 1. Das Rinnensystem erfordert einen reichlichen Wasserzusatz, der der Betonfestigkeit abträglich ist. Mit dem Kabelkran konnte der Beton

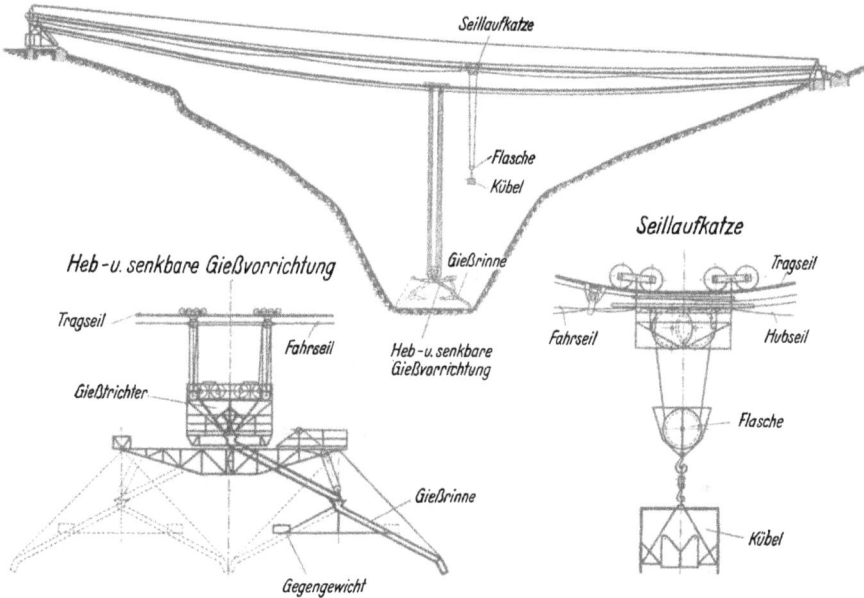

Abb. 339.

erheblich plastischer eingebracht werden, da die Rinnen an der Gießvorrichtung sehr kurz waren. 2. Die vielen Verspannungen beim Rinnensystem waren sehr hinderlich, während die Gießvorrichtung des Kabelkranes die Baustelle völlig frei ließ. 3. Mit dem Rinnensystem konnten wegen der schwierigen Begehbarkeit keine Nachtarbeiten verrichtet werden, während die Gießvorrichtung des Kabelkranes Tag und Nacht ununterbrochen arbeiten konnte.

Ein wirtschaftlicher Vergleich ist nicht ohne weiteres möglich. Selbstverständlich ist der Kabelkran im allgemeinen teurer als das Rinnensystem, er kann jedoch außerdem noch für andere Transportzwecke auf der Baustelle verwendet werden. Von wesentlicher Bedeutung ist allerdings die erhebliche Verkürzung der Bauzeit durch die Kabelkrane. Einem Aufsatz von Dr. Franke[1] seien folgende Angaben

---

[1] Zentralbl. d. Bauverw. Nr. 7, 8, 9/1924.

entnommen: Spannweite der Kabelkrane 260 m. Zwei Tragseile für die Laufkatze, welche die Kübel heranzubringen hatte, und zwei Trag- seile für die Gießvorrichtung. Fassungsvermögen der Kübel: 3 m³. Leistung bei mittleren Förderwegen und geschultem Bedienungsper- sonal: 25 Förderspiele. Stündliche Leistung etwa 90 t. Antriebswinde besitzt zwei Geschwindigkeitsstufen, um den leeren Kübel schneller zurückfahren lassen zu können. Arbeitsgeschwindigkeiten: Heben 90 bzw. 30 m/min. Fahren 360 bzw. 120 m/min. Verstellung des fahr- baren Turmes von Hand durch Flaschenzug. Bedienungspersonal: Kranführer, 2 Mann an der Mischmaschine zum An- und Abhängen der Kübel, 2 Mann auf dem Gießpodest zum Öffnen der Kübel und Regelung des Betonabflusses in die Gießrinnen. Gaye[1]) betont als Nachteil der Anlage das große Gewicht der Gießbühne (32 t), was sehr schwere Tragkabel erforderlich macht. Er gibt ferner folgende Leistungszahlen an: Leistung einer Gießrinne bei unmittelbarer Speisung durch die Mischmaschine (also ohne Hebung des Betons) im Durchschnitt 80 m³/h. Bei Hebung des Betons um 50 m: 60 bis 65 m³/h. Kabelkrananlage: 14 Förderspiele bei 100 m Fahrweg und 100 m Senktiefe. Leistung: 36 bis 40 m³/h, unter günstigen Verhältnissen höchstens 50 m³/h.

Derselbe Verfasser erwähnt auch eine andere Lösung, bei der die Gießbetonanlage nicht ständig am Kabelkran hängt, sondern nur ab und zu je nach Arbeitsfortschritt versetzt wird. Es ist also hier nur ein normaler Kabelkran mit erheblich geringerer Tragfähigkeit erforderlich. Die Einrichtung läßt sich aber nur dann verwenden, wenn sie auch wirk- lich auf der Baustelle absetzbar ist, was z. B. beim Talsperrenbau nicht möglich sein dürfte.

3. Die Türme. Man unterscheidet den festen oder Maschinen- turm und den Gegen- oder Pendelturm. Der Maschinenturm enthält, wie schon sein Name sagt, das Führerhaus und die gesamte Antriebsmaschinerie für die Laufkatze. Bei der Bauart 2 ist er der feststehende Turm; um ihn als Mittelpunkt ist der Gegenturm im Kreisbogen schwenkbar. Alle Seile, mit Ausnahme des Fahrseils, das als endloses Seil ausgebildet ist, werden am Maschinenturm festgemacht und am Gegenturm durch Gewichte gespannt. Dieses Spannen ge- schieht in der einfachsten Weise dadurch, daß man die Seile an der Spitze des Pendelturms über Rollen führt und Gewichte anhängt, wobei der Pendelturm eine entsprechende Schrägstellung erhält. Bei dieser Anordnung, der ja auch die im vorstehenden (d,1 a) angegebene Seilberechnung zugrunde liegt, ist jedoch Gleichgewicht nur dann vor- handen, wenn nach Abb. 340 die Resultierende aller an der Pendelturm- spitze angreifenden Kräfte genau in die Achse der schrägen Stütze fällt. Hierdurch ist zunächst die Schrägstellung des Pendelturmes bestimmt.

---

1   „Der Gußbeton".

Dieser Zustand wird jedoch immer labil sein, da im Betrieb sich infolge Änderung der Belastung auch der Winkel a ändern wird, den die Tangente an die Durchhängungskurve am Auflager gegen die Horizontale einschließt, so daß dann die Richtung der Resultierenden nicht mehr mit der Stützenrichtung übereinstimmt, was ein Umstürzen der Stütze zur Folge haben würde.

Man kann nun den stabilen Zustand auf zweierlei Weise herstellen: Entweder man ordnet eine vertikale Stütze S' an (s. Abb. 340), die man durch Einbauen von Gewichten G' so schwer macht, daß die Resultierende mit Sicherheit nach außen fällt, wobei die vertikale Stütze den vertikalen Gewichtsüberschuß auf eine untere Führung überträgt, oder man führt das Prinzip der Pendelstütze überhaupt vollständig durch, indem man das Tragseil bei B nicht über eine Rolle führt, sondern in derselben Weise wie am Maschinenturm festmacht (Abb. 341).

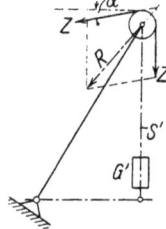
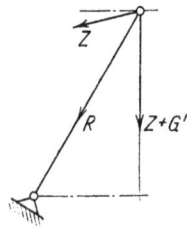

Abb. 340. Abb. 341.

Das Gegengewicht wird an demselben Punkt aufgehängt, und der Gewichtsüberschuß über den Zug des Tragseiles muß dann ebenso groß sein, wie im ersten Fall das zusätzliche Gewicht in der Stütze S'.

Eine Ausführung der ersteren Art ist im »Eisenbau« 1914, S. 285 ff. von Andrée beschrieben worden. Es handelt sich hier um die Kabelkrane, die zum Bau der Schleusen des Kaiser-Wilhelm-Kanals von der Deutschen Maschinenfabrik A.-G. (Duisburg) hergestellt

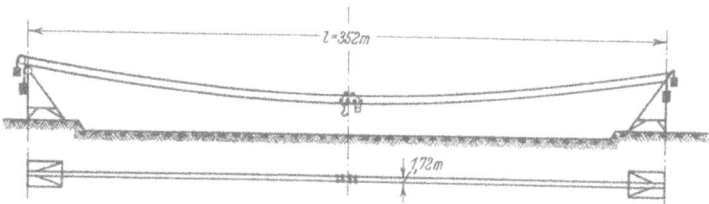

Abb. 342.

worden waren. Die Hauptabmessungen dieses Kabelkranes gehen aus der Abb. 342 hervor. Das Beispiel ist im übrigen auch insofern interessant, als es einen Begriff von den Lasten gibt, die auf die Türme entfallen, wenn, wie hier, die Laufkatze als Führerstandslaufkatze ausgebildet ist. Die Nutzlast war auf 4 t festgesetzt, das Eigengewicht der Katze betrug 6,2 t. Zur Spannung des Tragseils war ein Gegengewicht von 96,8 t erforderlich. Hierzu kam noch das zusätzliche Gewicht in der Stütze S', in Höhe von 20 t. Die Schleifleitungen für die Stromzuführung wurden durch ein Tragseil gehalten, dessen Spannung ebenfalls noch ein Gewicht von 19 t und außerdem noch das zusätzliche Gewicht zur Erhaltung der Stabilität erforderte. Aus diesen Zahlen lassen sich die Nachteile der Führerstandslaufkatze deutlich erkennen.

Zur Bestimmung der Lage der Resultierenden an der Pendelstütze muß man die Richtung von Z kennen, und zwar ist diese für verschiedene Stellungen der Katze zu ermitteln. Für beliebige Stellung ergeben sich die Werte für die Durchhängung an dieser Stelle:

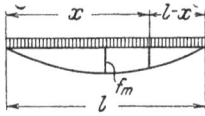

für Eigengewicht (Abb. 343)

Abb. 343.

$$f_{x1} = \frac{4 f_m}{l^2} \cdot x(l-x) = \frac{Q}{2 l \cdot Z} \cdot x \cdot (l-x),$$

für die Nutzlast (Abb. 344)

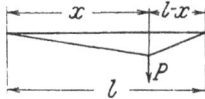

Abb. 344.

$$f_{x2} = \frac{P}{l Z} \cdot x(l-x)$$

und die Seilneigung an den Enden

für Eigengewicht

$$\operatorname{tg} a_1 = \frac{4 f_m}{l} = \frac{Q}{2 Z},$$

für Nutzlast, am linken Ende

$$\operatorname{tg} a_2{}^l = \frac{f_x}{x} = \frac{P \cdot (l-x)}{l \cdot Z},$$

am rechten Ende

$$\operatorname{tg} a_2{}^r = \frac{f_x}{l-x} = \frac{P \cdot x}{l \cdot Z}.$$

Diese Angaben reichen hin für die Bestimmung der Lage der Resultierenden (am besten auf graphischem Wege zu ermitteln) und damit der Größe des erforderlichen Gegengewichts.

Beispiele für die zweite Ausführungsform sind in Abb. 345 (Adolf Bleichert & Co., Leipzig) und Abb. 346a u. b (Louis Neubauer, Chemnitz) dargestellt.

Ist der Maschinenturm feststehend angeordnet, während der Pendelturm sich um ihn als Mittelpunkt schwenken läßt, so muß seine Spitze drehbar konstruiert sein. Ein Beispiel hierfür zeigt das Konstruktionsblatt VI (Drehbarer Stützenkopf des Kabelkranes von Louis Neubauer). Zwei Bleche, zwischen denen die Rollen für das Fahrseil sowie für Hub- und Entleerseil laufen, sind an der vertikalen festen Achse mittels Traversen drehbar gelagert. An der unteren Traverse ist auch das Tragseil befestigt. Die Summe aller horizontalen Seilzüge beträgt: $2,0 + 1,6 + 35,0 + 2,0 + 2,5 = 43,1$ t und greift im Abstande $(2,0 \cdot 1,25 + 1,6 \cdot 0,85 + 35,0 \cdot 0,15 - 2,0 \cdot 0,15 - 2,5 \cdot 0,65) : 43,1 = 0,17$ m von Oberkante der Eisenkonstruktion des Turmes an. Die Summe der lotrechten Züge beträgt: $4,0 + 2,5 = 6,5$ t und ist von der Mitte der Drehachse um $(4,0 \cdot 0,25 + 2,5 \cdot 0,325) : 6,5 = 0,28$ m entfernt. Das Biegungsmoment des festen Zapfens beträgt also $43,1 \cdot 0,17 + 6,5 \cdot 0,28 = 7,35 + 1,80 = 9,15$ tm. Die Normalkraft einschließlich Eigengewicht des drehbaren Kopfes $6,5 + 0,5 = 7,0$ t. Der Zapfen hat einen Durch-

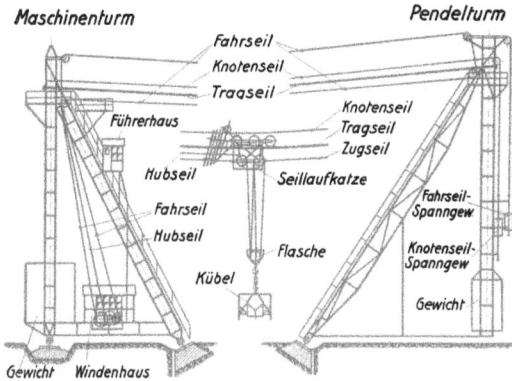

Abb. 345.

messer von 250 mm, somit $F = 491$ cm², $W = 1534$ cm³ und die Beanspruchung:

$$\max \sigma = \frac{7000}{491} + \frac{915000}{1534} = 15 + 600 = 615 \text{ kg/cm}^2.$$

e) Als ein sehr lehrreiches Beispiel für die praktische Verwendung von Kabelkranen soll zum Schluß der Bau der Filteranlagen für die Wasserwerke von Cleveland erwähnt werden. Die dabei verwendeten Kabelkrane wurden von der Firma Lidgerwood Manufacturing Co. geliefert, von der auch die folgenden Angaben stammen.

Abb. 347 zeigt einen Grundriß der gesamten Baustelle. Wie man sieht, wird sie von zwei parallel fahrbaren Kabelkranen vollkommen beherrscht. Zur Erklärung des Grundrisses sei noch bezüglich der Baustoffanfuhr bemerkt, daß Sand und Kies mittels eines Zweiggleises der Haupteisenbahnlinie auf eine Hochbahn gefahren und in Behälter gekippt wurden, von wo sie ein Lokomotivkran zur Mischanlage beförderte. Der Zement kam auf dem gleichen Gleis an, und zwar für gewöhnlich in Säcken, die in einem besonderen Zementschuppen gelagert und von dort mittels Förderband zur Mischanlage befördert wurden. Der fertige Beton wurde durch den Schütttrichter in Fördergefäße mit schrägen Wänden und Bodenentleerung von etwa 3,8 m³ Fassungsvermögen gefüllt und mittels einer Schmalspurbahn unter die Kabelkrane gefahren, die sie an die Verwendungsstelle beförderten.

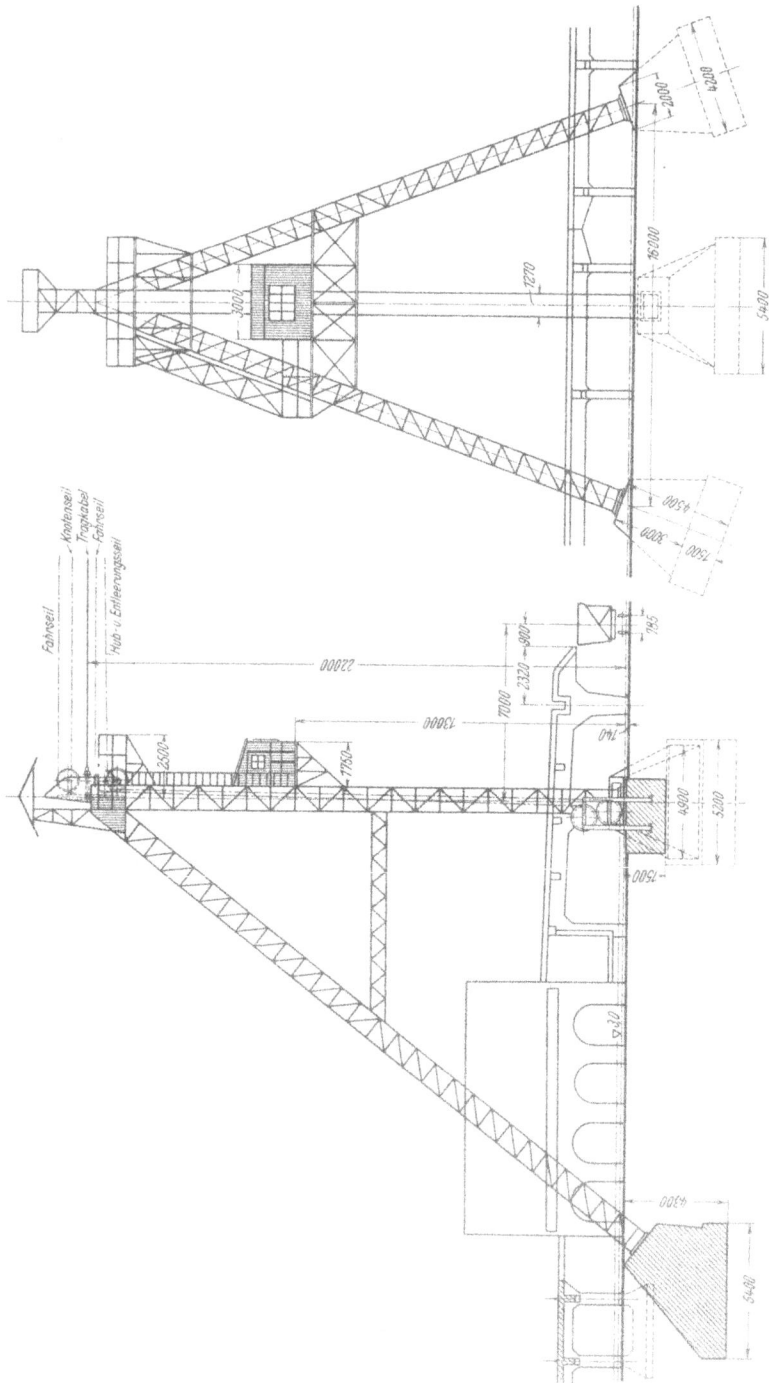

Abb. 346

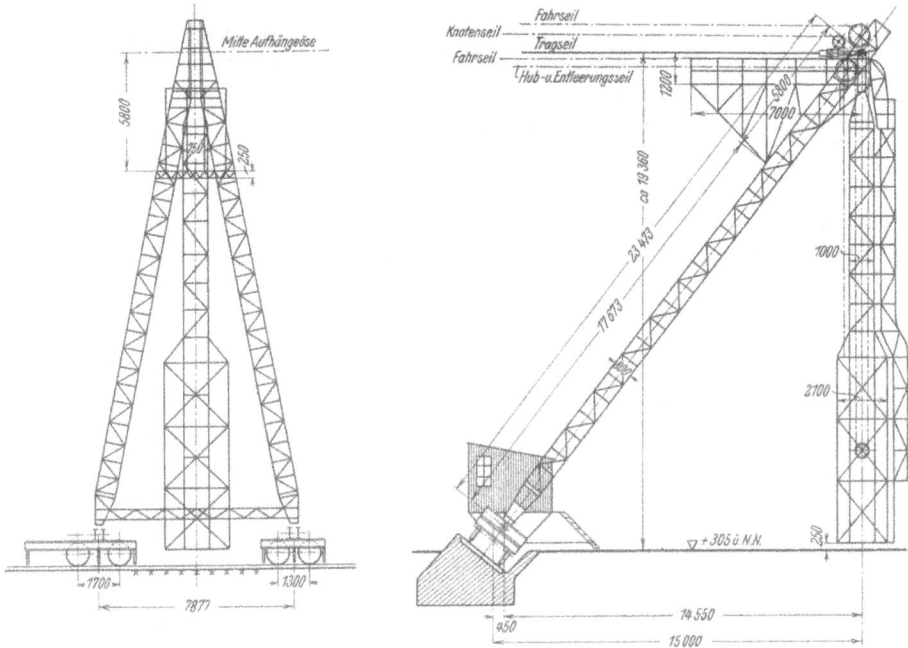

Abb. 346 b.

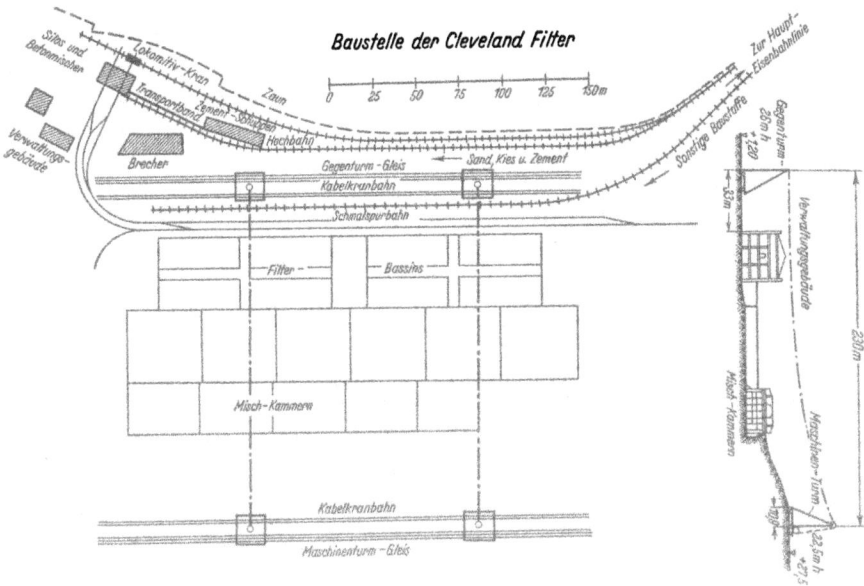

Abb 347.

Die Form und Anordnung der Kabelkrane ist aus Abb. 348 zu ersehen. Der 22,5 m hohe Maschinenturm steht auf einer Boden-erhebung, etwa 28 m über der Sohle der Baugrube. Der untere Turm ist 26 m hoch. Die Türme sind in Holzkonstruktion hergestellt und mit besonders schmaler Basis ausgestattet, damit sie so wenig wie möglich Platz in der Baugrube beanspruchen. Es handelte sich hier um die Herstellung von verhältnismäßig dünnwandigen Konstruktionen, die eine möglichst schnelle Verteilung des Baustoffes erforderten. Man mußte daher eine Vorrichtung anbringen, die ein möglichst schnelles Verfahren der Türme ermöglichte. Zu diesem Zweck wurde auf jeden Turm eine zweizylindrige Dampfwinde mit umkehrbarem Getriebe

Abb. 348.

gesetzt, die eine Rolle oder Trommel von sehr großem Durchmesser antrieb. Um diese Trommel war in mehrfachen Windungen ein Seil geschlungen, das zu den Enden der Kabelkranbahn führte, von wo es über Umlenkrollen zum Kabelkran zurückkehrte.

Die Dampfmaschine der Hauptkabelwinde ist doppeltwirkend. Zylinder 305 mm Dmr. und 305 mm Hub. Hub- und Fahrtrommel-durchmesser = 1300 mm. Ferner ist eine Hilfstrommel von 460 mm Dmr. zur Betätigung des Entleerseiles angebracht.

Beide Kabelkrane sind für eine Tragkraft von etwa 14 t und eine Spannweite von 240 m gebaut. Die Fahrgeschwindigkeit betrug 370 bis 460 m/min. Bei störungsfreiem Betrieb konnte alle $3\frac{1}{2}$ Minuten ein Fördergefäß entleert werden. Während einer Arbeitszeit von 24 Stunden wurden im Maximum 1150 m³ und in einem 10stündigen Arbeitstage 850 m³ Beton gefördert.

Kap. 17. Baukrane für besondere Zwecke.

Im allgemeinen wird es das Ziel jedes Herstellers von Baukran-geräten sein, diesen eine Form zu geben, die eine möglichst vielseitige, möglichst vielen Bedürfnissen entgegenkommende Ausnützung gestatten. Aber so wenig es jemals ge-lingen wird, ein einzelnes Gerät herzustellen, das allen Ansprüchen auf jeden Fall genügt, so wenig wird man auch für jeden Zweck unter allen markt-gängigen Baukrankonstruktionen stets ein geeig-netes Gerät finden. Es wird immer Fälle geben, wo der Bau besonderer, für diesen einen Zweck bestimmter Konstruktionen, wenn nicht unmittel-bar erforderlich, so doch wenigstens vom bau-technischen und wirtschaftlichen Standpunkt aus lohnend wird.

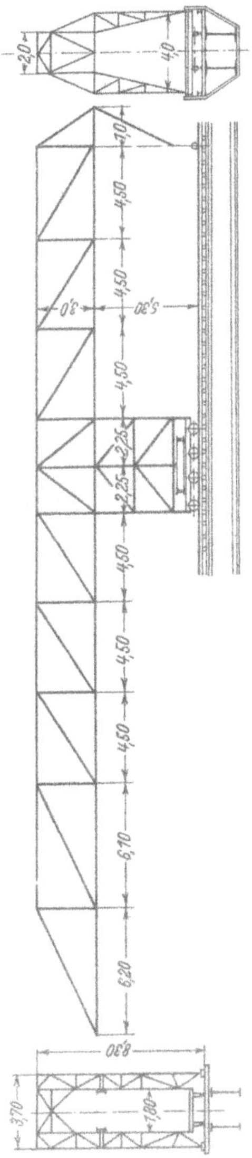

Es wäre ein fast unmögliches, jedenfalls weit über den Rahmen dieses Buches hinausgehendes Unternehmen, alle die Fälle anzuführen, bei denen Baukrane von eigenartiger Form für besondere Zwecke verwendet wurden. Es möge genügen, an Hand einiger Beispiele zu zeigen, wie man in An-lehnung an bekannte Konstruktionen den Bau-kran besonderen Formen von Bauwerken anpassen kann.

Insbesondere der Brückenbau hat hier un-zählige Sonderkonstruktionen ins Leben gerufen. Erwähnt seien z. B. die sog. »Rückbaukrane«, die eigens zum schnellen Ab- und Einbau von Blech-trägerbrücken bestimmt sind und von denen eine Ausführung in der Zeitschrift »Der Eisenbau« 1921, S. 138 ff. von Schaper ausführlich beschrie-ben wurde. Es handelte sich hier um den Auf- und Abbau von Notbrücken als Ersatz von Brücken, die während der Kriegsoperationen vom Feinde gesprengt worden waren. Dabei kam es auf größt-mögliche Beschleunigung der Arbeiten an, während die Kosten hierbei keine Rolle spielten. Das System des Kranes ist aus Abb. 349 ersichtlich, ebenso die Hauptabmessungen. Die beiden zwischen den Hauptträgern angeordneten Laufkatzen haben je 13 t Tragfähigkeit. Der Kran ist für eine Tragkraft von 24 t in Mitte Kragarm und 6,0 t an der Spitze berechnet. Der mittlere Teil wurde während des Hebens durch die Außenstiele der fachwerkartig ausgebildeten Querrahmen-

Abb. 349.

pfosten gegen seitliches Kippen abgestützt. Gegen Kippen nach vorn
wurde der am Ende durch ein Portal abgestützte Rückarm an der
Brücke verspannt und verankert, also gewissermaßen eingeklemmt, so
daß sowohl positive wie auch negative Auflagerdrücke aufgenommen

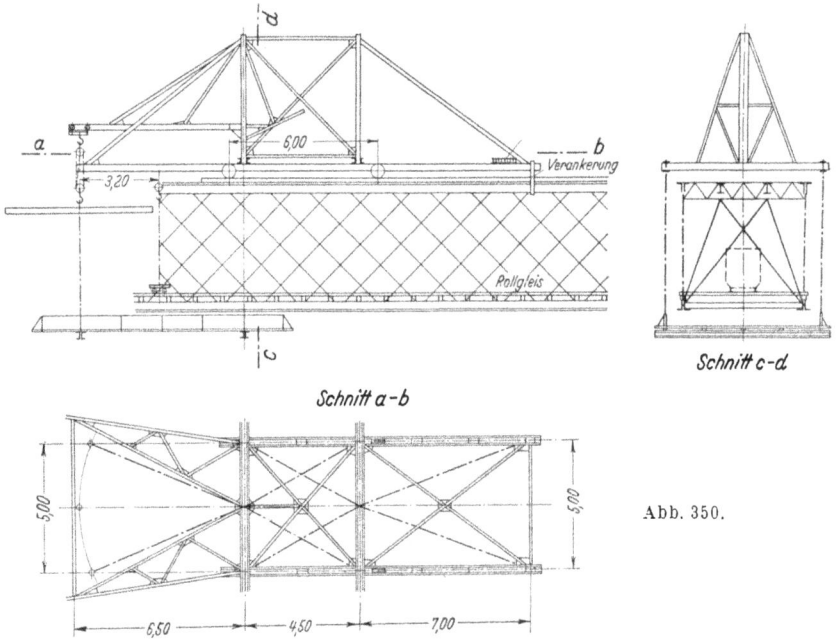

Abb. 350.

werden konnten. Der Kran kann sowohl zum schnellen Aufbau als auch
zum Abbruch von Blechträgerbrücken benutzt werden.

Ein eigenartiges Gerät, das dem fahrbaren Derrick ähnlich, aber
eine ausgesprochene Sonderkonstruktion ist, wurde beim Abbruch

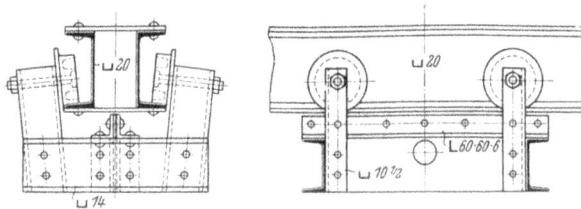

Abb. 351.

der alten Limmatbrücke in der Schweiz benutzt (Abb. 350)[1]). Die
Eisenteile der alten Brücke wurden durch Sauerstoff-Schneidebrenner
auseinandergenommen und von dem Kran auf kleine Wagen gesetzt,

¹) Eisenbau 1913, S. 120.

die auf einem Gleis im Untergurt der Brücke liefen. Auf dem nach jeder Seite etwa 2,5 m schwenkbaren Ausleger lief die Katze, die in Abb. 351 noch einmal größer dargestellt ist.

Ähnliche Geräte sind auch in einer Übersicht über einige Verfahren bei der Aufstellung von Brücken (Eisenbau 1910, S. 361) aufgeführt.

Eine bemerkenswerte Sonderkonstruktion ist auch der Turmdrehkran, der beim Bau der Norderelbe-Personenzugbrücke

Abb. 352.

verwendet wurde. Der von den Ardeltwerken, Eberswalde, hergestellte Kran ist in Abb. 352 dargestellt. Wie man sieht, läuft er auf den Obergurten der Fachwerk-Bogenträger. Die folgenden näheren Angaben über den Kran sind einem Aufsatz von Oberingenieur Woeste[1] entnommen. Der Unterwagen läuft auf 4 Rädern. Die Spur beträgt 8,8 m, der Radstand 6,6 m. Der Unterwagen ist je nach Nei-

[1] Neuartige Brückenmontagekrane. Technische Rundschau des »Berliner Tageblatts« v. 23. Febr. 1927.

gung des Obergurtes der Brücke verstellbar. Lagerung der Drehsäule
an dem oberen Stützpunkt auf Drehrollen, die auf einem Schienenkranz
laufen. Unten ist ein Spurlager angeordnet. Am Ausleger fahrbare
Laufkatze. Der gesamte Windenapparat für Heben und Drehen ist
auf dem rückwärtigen Ende des Auslegers über dem Gegengewicht in
einem ringsum geschlossenen Raum untergebracht. Für das Verfahren
dient eine am Fahrgestell aufgestellte, elektrisch betriebene Kabelwinde,
die einen Flaschenzug betätigt, dessen freies Ende an irgendeiner Stelle
des Obergurtes befestigt wird. Die Steuerung aller dieser Kranbewegungen
ist im Führerhaus vereinigt, das unterhalb des Auslegers vor der Drehsäule aufgehängt ist. Die Änderung der Fahrgestellneigung gegen den
Obergurt geschieht von Hand. Größte Ausladung des Kranes von
Mitte Drehsäule bis äußerste Katzenstellung: 12,5 m. Höchste Nutzlast
hierbei: 9,0 t. Bei 9,5 m Ausladung können 12,5 t gehoben werden.
Geringste Ausladung durch Einziehen der Laufkatze bis auf 4,0 m.
Größte Hubhöhe vom Wasserspiegel bis zur höchsten Hakenstellung:
40 m. Die Last hängt an einer Unterflasche, demnach ungefähre Länge
des Hubseils: 100 m.

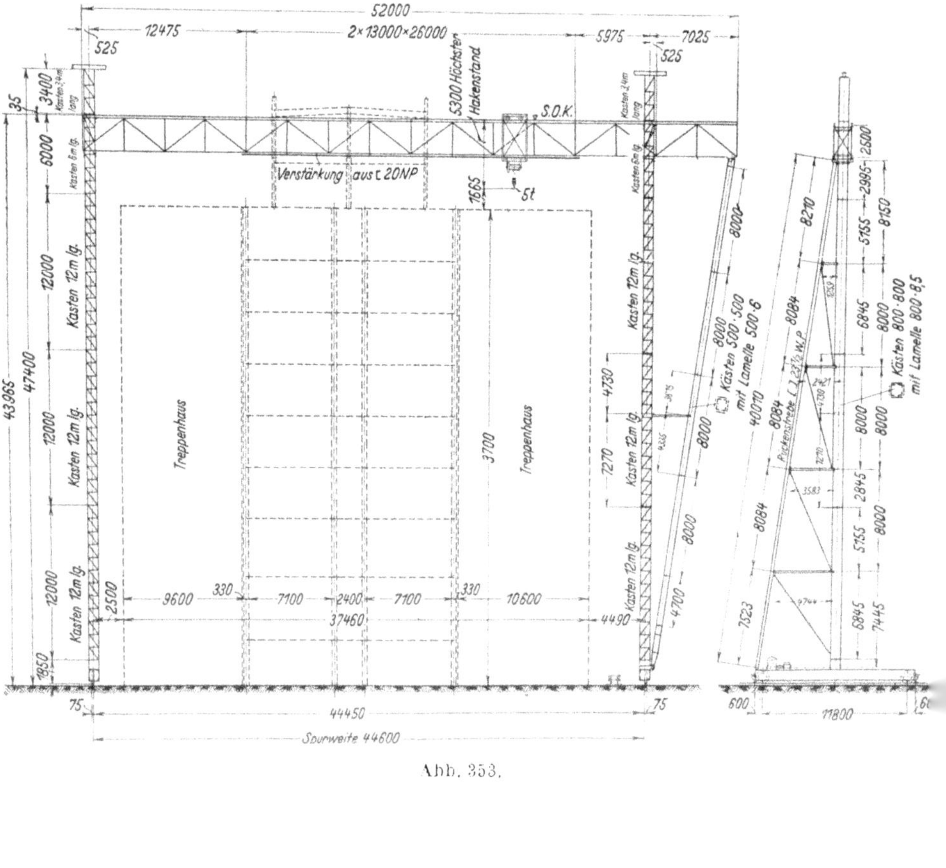

Abb. 353.

Arbeitsgeschwindigkeiten und Motorenleistungen:

Heben: Bei 12,5 t Nutzlast   5 m/min ⎱
    » 5,0 t   »   10 m/min ⎰ Motor 20 PS

Katzfahren . . . . 10 m/min   » 4,5 PS

Drehen: ¼ U/min . . . .   » 4,5 PS

Gesamtgewicht des Kranes: 55 t. Gegengewicht: 12 t. Raddrücke bei normaler Last: 28 t, beim Verfahren: 20 t. Berechnungsannahmen: Bei 12,5 t Tragkraft: Winddruck 50 kg/m². Bei unbelastetem Kran

Abb. 354.

250 kg/m² Winddruck, Standsicherheit in letzterem Falle 1,5 fach. Im Ruhezustand wird das Fahrgestell durch Laschen mit der Brückenkonstruktion verbunden.

Hubwerk, Stirnrädervorgelege mit Umschaltung auf 5 t Nutzlast und größere Geschwindigkeit. Umschalten kann bei voller Last vor sich gehen. Die Last wird durch eine Bremse mit Lüftungsmagneten festgehalten. Eine selbsttätig wirkende Endausschaltung ist als Schutz gegen zu hoch fahrende Last angebracht.

Katzfahrwerk. Übertragung des Katzfahrmotors auf Fahrtrommel ebenfalls durch ein Stirnrädervorgelege.

Drehwerk. Der Motor treibt ein horizontal liegendes Schneckengetriebe. Hierdurch wird eine vertikale Welle in Drehung versetzt, die an ihrem unteren Ende ein Ritzel trägt, und dieses Ritzel greift dann in einen Zahnkranz auf dem festen Gerüst ein. Das Schneckengetriebe ist mit einer Lamellen-Rutschkupplung versehen, die bei Widerständen, die größer sind als der normalerweise auftretende Drehwiderstand, zum Rutschen kommt. Verstellung der Neigung des Unterwagens durch zwei Spindeln, die von Hand unter Vermittlung eines Stirn- und Kegelrädervorgeleges angetrieben werden.

Einen Montage-Bockkran von bemerkenswert großen Abmessungen zeigt Abb. 353. Dieser Kran wurde von den Vereinigten Stahlwerken, Abt. Dortmunder Union, hergestellt und beim Bau des Hochhauses »Schaltwerk« in Siemensstadt verwendet. Er weist die stattliche Hakenhöhe von 39 m bei rd. 45 m Spannweite auf. Seine größte Tragkraft beträgt 5 t. Das Fahrgestell der Katze läuft auf den Obergurten der aus zwei Parallelfachwerkträgern bestehenden Brücke. An die Querträger dieses Fahrgestelles ist durch Hängeeisen, die außen an den Brückenträgern vorbei gehen, die unterhalb der Brücke angeordnete Winde aufgehängt. Die ganze Laufkatze greift also gewissermaßen um die Brückenkonstruktion herum. Abb. 355 zeigt die Brücke in ihrer höchsten Stellung. Die nach oben noch etwa 3,5 m überstehenden Enden der Pfosten dienen zur leichteren Montage. Jeder Fuß dieser Pfosten besitzt seinen eigenen Fahrantrieb. Die Motoren haben synchrone Schaltung. Mit Hilfe dieses Kranes wurde die gesamte Eisenkonstruktion des Hochhauses bis auf das letzte Stockwerk des schmäleren Dachaufbaues montiert. Abb. 354 zeigt den Kran gegen Ende des Baues.

Anhang.

1. Hanfseiltabelle.

Tragkraft und Rollendurchmesser gewöhnlicher Reinhanfseile nach S 3.
Auf 10 kg abgerundet.

Seilstärke		Tragkraft in kg, wenn Sicherheit			Kleinster zul. Rollendurchmesser in mm
mm	engl. Zoll	6 fach	8 fach	10 fach	
10	$^3/_8$	100	80	60	80
13	$^1/_2$	170	130	100	104
16	$^5/_8$	260	190	150	128
20	$^3/_4$	400	300	240	160
25	1	630	470	380	200
32	$1^1/_4$	1030	770	620	256
38	$1^1/_2$	1460	1090	870	304
45	$1^3/_4$	2040	1530	1220	360
51	2	2620	1960	1580	480

2. Drahtseiltabelle

(zusammengestellt nach Din 655).

Aus-füh-rung	Anzahl der Litzen	Anzahl der Drähte je Litze	Ge-samt-zahl der Drähte	Seildurchmesser		Einzel-draht- ϕ δ	Ge-wicht	Durchschnittliche Tragkraft bei		Rollen- oder Trommel- ϕ (500 δ)
				mm	engl. Zoll (ange-nähert)	mm	kg/m	4 facher Sicherheit kg	10 facher Sicherheit kg	mm
A	6	19	114	9,5	$^3/_8$	0,6	0,3	1 300	500	300
				13	$^1/_2$	0,8	0,54	2 300	900	400
				16	$^5/_8$	1,0	0,84	3 600	1 400	500
				20	$^3/_4$	1,3	1,43	6 000	2 400	650
B	6	37	222	13	$^1/_2$	0,6	0,59	2 500	1 000	300
				20	$^3/_4$	0,9	1,34	5 600	2 200	450
				26	1	1,2	2,38	10 000	4 000	600
				33	$1^1/_4$	1,5	3,72	15 000	6 300	750
				39	$1^1/_2$	1,8	5,36	22 500	9 000	900
				44	$1^3/_4$	2,0	6,62	28 000	11 200	1 000
C	6	61	366	20	$^2/_4$	0,7	1,33	5 600	2 250	350
				25	1	0,9	2,21	9 300	3 750	450
				31	$1^1/_4$	1,1	3,30	13 800	5 600	550
				39	$1^1/_2$	1,4	5,35	22 500	9 000	700
				45	$1^3/_4$	1,6	6,99	29 500	11 800	800
				51	2	1,8	8,84	37 100	14 900	900
				56	$2^1/_4$	2,0	10,92	46 000	18 400	1 000

3. Auszug aus der Vorschrift für Kranführer und Anbinder (AWF 6).

Abnahme und laufende Prüfungen.

1. Bei der Abnahme neuer Krane muß eine Probebelastung mit dem $1\frac{1}{4}$fachen der auf dem Kran angegebenen Tragfähigkeit in Ruhe und Bewegung vorgenommen werden. Der Kran ist in allen Teilen genau zu untersuchen, und es ist ein Prüfbuch anzulegen, in dem das Ergebnis der Abnahme und regelmäßigen Prüfungen einzutragen ist.

2. Jeder Kran und seine Tragteile sind je nach Bedarf, jedoch jährlich mindestens einmal, in allen Teilen genau zu untersuchen und, wenn nötig, auszubessern. Der Tag der Untersuchung und das Ergebnis müssen in das Prüfbuch eingetragen werden. Die Untersuchung muß sich auf die Bindeseile und Ketten erstrecken.

    Beschädigte Seile dürfen nicht weiter benutzt werden. Seile, die von der Trommel abfallen oder in das Getriebe gekommen oder in Knoten- und Schlingenbildung geraten sind, müssen vor der weiteren Benutzung einer eingehenden Prüfung unterzogen werden. (Siehe Beuth-Heft 7 »Das Tauwerk«.)

3. Der Kranführer ist für die laufende Instandhaltung des Kranes in dem Umfange der ihm gegebenen Betriebsvorschriften verantwortlich. Alle dem Verschleiß unterworfenen Teile hat er zu untersuchen und bei unzulässiger Abnutzung sofort Meldung zu machen. Insbesondere hat er jede Seilbeschädigung, das Abfallen der Seile von der Trommel oder das Hineingeraten der Seile in das Getriebe, sowie Knoten- und Schlingenbildung sofort zu melden. Er hat für ausreichende und sorgfältige Schmierung der Triebwerke und Laufräder Sorge zu tragen. Mechanische Bremsen dürfen an den Umfangflächen nur ganz leicht geschmiert werden. Den elektrischen Teil des Kranes hat er ebenfalls unter Aufsicht zu halten.

4. Der Kranführer hat alle Sicherheitsvorrichtungen und Bremsen mindestens täglich (bei selten benutzten Kranen vor jedesmaligem Gebrauch) auf richtiges Arbeiten zu prüfen. Starkstromautomaten dürfen in ihrer Wirkung nicht durch Anbinden oder Festklemmen beeinträchtigt sein.

    Den Ersatz verschlissener Bremsbacken hat er rechtzeitig zu beantragen. Versagt die Bremse, so hat er den Betrieb des Kranes sofort einzustellen.

Betrieb.

I. Allgemeines.

1. Die auf dem Krane angegebene Nutzlast, z. B. 15 000 kg, darf niemals überschritten werden.

```
┌─────────────────┐
│   TRAGKRAFT     │
│    15 000 kg    │
└─────────────────┘
```

2. Wenn ein Mann zum Anhängen der Lasten vorhanden ist, darf der Kranführer nur auf Weisung des Anbinders Kranbewegungen ausführen.

3. Bei besonders schwieriger Lastenbeförderung, insbesondere wenn beide Hubwerke eines Kranes oder gleichzeitig zwei Krane benutzt werden müssen, soll der Lademeister oder ein Vorarbeiter zugegen sein.

4. Ist die Tragfähigkeit der beiden Krane verschieden, so ist der Lastverteilung besondere Beachtung zu schenken.

5. Neue Seile sind auf dem Boden lang abzurollen, um den Drall zu beseitigen; dann werden sie aufgelegt und längere Zeit mit der Höchstlast bespannt. Nach Absetzen der Last sind die Seilbefestigungen wieder zu lösen, damit der neue gebildete Drall herausgeht.

6. Das Lastseil ist stets gut einzufetten und auf der ganzen Länge zu beobachten.

7. Nur Haken mit aufgestempelter Tragfähigkeit dürfen benutzt werden; S-förmige Haken sind nur bei kleineren Lasten zulässig.
8. Die Benutzung selbstangefertigter Hilfshaken ist verboten. Doppelhaken müssen bei schweren Lasten auf beiden Maulseiten benutzt werden, damit sie nicht schief hängen.
9. Das Kippen von Lasten darf bei Kranen mit Tragketten nur in der Katzenfahrtrichtung, bei Kranen mit Drahtseilen dagegen auch in der Kranfahrtrichtung vorgenommen werden. Der Kran muß in diesem Falle der Bewegung der Last folgen. Der für das Kippen erforderliche Platz muß frei sein.

II. Vorschriften für den Kranführer.

1. Das Lesen und sonstige die Aufmerksamkeit ablenkende Beschäftigung im Führerstande oder auf der Kranbahn sind verboten.
2. Beim Fahren hat der Führer die Last im Auge zu behalten. Ist er benachrichtigt, daß Menschen die Kranbahn betreten, so hat er besonders vorsichtig zu arbeiten und vor der Fahrbewegung die vorgeschriebenen Warnungszeichen zu geben.
3. Der Fahrer soll nach Möglichkeit vermeiden, mit Last über die Köpfe von Menschen hinwegzufahren, das unnötige Verweilen auf oder unter schwebenden Lasten ist verboten; dies gilt insbesondere für freihängende Lasten bei Tragmagneten. Siehe Betriebsblatt »Lasthebemagnete«.
4. Der Haken darf nur so tief gesenkt werden, daß mindestens noch 1½ Windungen auf der Trommel liegen bleiben.

   Während der Beförderung darf die Last nicht höher als notwendig gehoben werden.
5. Schrägziehen der Last ist grundsätzlich verboten und nur im Ausnahmefalle zulässig, unter Zustimmung und in Gegenwart der zuständigen Meister. Für einzelne Krane kann die verantwortliche Betriebsleitung dauernde Ausnahme zulassen. Das Rangieren und Fortbewegen von Eisenbahnwagen mittels des Krangehänges ist verboten.
6. Das Losreißen festsitzender Lasten mit dem Kran ist im allgemeinen streng verboten. Als einzige Ausnahme ist dieses nur bei den nach Angabe der Betriebsleitung für diese Zwecke besonders stark gebauten Kranen in Stahl- und Walzwerken erlaubt.
7. Der Kranführer darf den Führerkorb nicht verlassen, solange ein Last im Haken hängt. Der Kranführer hat vor Verlassen des Kranes den leeren Haken hochzuziehen, die Steuerschalter auf Nullstellung zu bringen und den Hauptschalter auszulösen. Bei im Freien befindlichen Kranen sind sämtliche vorhandenen Windsicherungen anzulegen. Bei Drehkranen ist der Ausleger in Fahrtrichtung zu stellen.

III. Vorschriften für den Anbinder.

1. Anbindeseile und Ketten sind nach den bezeichneten Tragfähigkeiten genügend stark zu wählen. Der Anbinder hat sich von dem guten Zustand der gewählten Haken, Seilklemmen, Anbindeseile und Ketten zu überzeugen, fehlerhafte von der Benutzung auszuschließen und zur Ausbesserung oder zum Ersatz der Betriebsleitung zu melden.
2. Der Anbinder hat sich bei der Wahl der Lastseile, Schlingseile und Ketten nicht nur auf sein Gefühl zu verlassen und das Gewicht des zu befördernden Stückes abzuschätzen, sondern sich Auskunft bei seinen Vorgesetzten zu holen, falls ihm das Gewicht nicht bekannt ist. Empfehlenswert ist das Aufschreiben des Gewichtes mit Kreide oder besser mit Ölfarbe auf das Stück. Über Tragfähigkeit der Seile und Ketten sind die ausgehängten Tabellen einzusehen. (Siehe Betriebsblätter Nr. 23 »Seilbefestigung zum Materialtransport« und Nr. 24 »Kettenbefestigung zum Materialtransport«.)

3. Eine zu starke Spreizung ist wegen geringerer Tragfähigkeit durch Anwendung hinreichend langer Tragseile zu vermeiden.

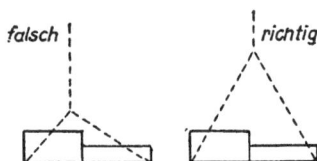

4. Die Schlingseile sind vor Nässe zu schützen und in Seilschränken oder an dem für sie bestimmten Haken aufzubewahren.
5. Die Haken müssen gemeinsam mit den Tragseilen aufbewahrt werden.
6. Die Last darf nicht an der Hakenspitze aufgehängt werden.
7. Lose Teile der Last müssen entfernt oder so befestigt werden, daß sie nicht herabfallen können.
8. Beim Übereinandersetzen von Metall- und sonstigen Teilen müssen Beilagen von Holz zwischengelegt werden, damit nicht Material auf Material ruht.
9. Die Last soll senkrecht unter der Katze angebunden werden, und zwar derart, daß das Gleichgewicht der Last erhalten bleibt und die Bindeketten oder Seile

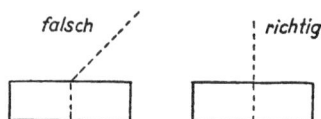

sich nicht verschieben oder aus dem Lasthaken herausspringen können. Zur Schonung der Seile und Ketten sind an scharfen Kanten, Ecken usw. Holzstücke od. dgl. unterzulegen. Bei Ketten ist außerdem auf das richtige Anliegen

der einzelnen Glieder an den Kanten der Last zu achten. Das Herstellen des Gleichgewichtes der Lasten durch Aufsteigen oder Anhängen und das Mitfahren sind verboten.
10. Nach dem Anbinden der Last begibt sich der Anbinder, der Bewegung des Kranes vorangehend, zur Stelle, an welcher die Last abgehängt werden soll. Hier stellt er sich so auf, daß er vom Kranführer bequem gesehen werden kann, um die gegenseitige Verständigung zu erleichtern und damit ein unnötig langes Hängen der Last zu vermeiden.
11. Bei der Beförderung langer, unhandlicher Stücke sind Führungsseile anzuwenden, die verhindern sollen, daß die Stücke aus dem Gleichgewicht kommen oder kippen. Hier übernimmt der Anbinder die Führung, am hinteren Ende des Stückes neben diesem hergehend, während der Vorarbeiter oder Meister die Aufgabe des Anbinders übernimmt.
12. Trag- und Hilfsseile dürfen erst nach sicherer Lagerung der Last abgehängt werden.

4. Bedeutung der Buchstaben in Abb. 93, S. 47.

a	= Auslaßventil	n	= Kurbelwelle
b	= Vorkammer	o	= Brennstoffventil
c	= Zylinderkopf	p	= Einlaßventil
d	= Kolbenringe	q	= Brennstoffleitung
e	= Arbeitskolben	r	= Einspritzdüse
f	= Kolbenbolzen	s	= Kühlwasserübertritt
g	= Ölabstreifring	t	= Brennstoffpumpe
h	= Kühlwasserzulauf	u	= Brennstoffnocken
i	= Arbeitszylinder	v	= Steuerwelle
k	= Arbeitsschubstange	w	= Lukendeckel
l	= Lukendeckel	x	= Grundplatte
m	= Schubstangenlager	y	= Ölsieb.

5. Vergleichswerte: $c = P/bt$ für Zahnräder (zu S. 79 u. 81)
(nach Hütte II, 25. Auflage, S. 184).

Gußeisen (höchste Güte) . . . . $c = 25$ bis 32

Stahlguß . . . . $c = 35$ » 65

Flußstahl . . . . $c = 55$ » 100

Nickel- und Werkzeugstahl, ungehärtet . . . . . . $c = 70$ » 100

» » » gehärtet und geschliffen $c = 100$ » 200

Rotguß . . . . $c = 35$ » 43

Phosphorbronze . . . . $c = 50$ » 55

Deltametall . . . . $c = \quad 70$

» geschmiedet . . . . $c = \quad 80$

Holz (max. für alte trockene Weißbuche) . . . . . $c = 5,5$ » 16

Rohhaut . . . . $c = 14$ » 21

Sachregister.

Der Eisenbau

Ein Handbuch für den Brückenbauer und Eisenkonstrukteur. Von L. Vianello. In 3. Auflage umgearbeitet und erweitert von Mag.-Oberbaurat Dr.-Ing. L. David.

628 Seiten, 640 Abbildungen. 8⁰. 1927. Brosch. M. 30.—, in Leinen M. 31.50.

> **Inhalt:** Mathematik. Vier Grundbegriffe aus der Differential- und Integralrechnung. Mechanik. Einleitung zur Statik. Statisch bestimmte vollwandige Träger. Statisch bestimmte ebene Fachwerke. Räumliche Fachwerke. Statisch unbestimmte Tragwerke. Mauerwerk. Technische Aufgaben. Praktische Aufgaben.

„. . . Die geschickte Auswahl des Stoffes, die knappe, übersichtliche Darstellung der wichtigsten Rechnungsverfahren, die gesunden Grundsätze, die für die Bearbeitung von Entwürfen aufgestellt werden usw., heben das Buch weit über viele andere, nach bewährten Mustern zusammengestellte Handbücher hervor und machen es zu einer wissenschaftlichen Leistung, der eine erfreuliche Reinheit der Sprache noch besonders anzurechnen ist. Die durch die neue Bearbeitung gesteigerten Vorzüge des Werkes im Verein mit einer vorzüglichen Ausstattung werden ihm sicher zahlreiche neue Freunde zuführen." (Ges.-Ing.)

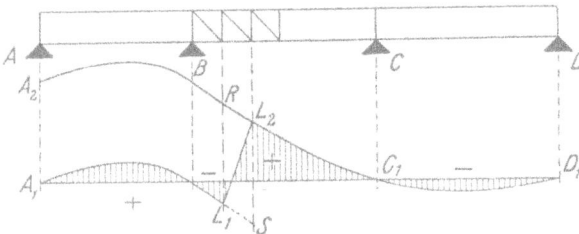

Zur Ableitung der Einflußlinien der Querkräfte für die Füllungsglieder bei Parallelträgern

„Es ist dem Verfasser in erheblichem Maße gelungen, für den Handgebrauch des Eisenkonstrukteurs ein in Praxis und Theorie gleichwertig wurzelndes Hilfsmittel zu schaffen. Der Inhalt gibt sichere Auskunft über die wichtigsten Grundlagen bei der gesamten und Einzelbearbeitung von Eisenbau." (Zeitschrift des VDI.)

„. . . Der Bearbeiter, der mit praktischem Verständnis auch den Eisenhochbau zu Worte kommen ließ, hat diese Auflage in geschickter Weise umgearbeitet und erweitert. Der Studierende erhält in knapper und klarer Form eine reiche Übersicht über die bisherigen Erkenntnisse dieses Zweiges der Ingenieurwissenschaft, sein Sinn wird in die Bahnen der Praxis gelenkt, die entwerfenden Kollegen in der Praxis aber gewinnen neue Anregungen, und den Prüfenden wird ein Werkzeug an die Hand gegeben, das ihnen durch seine Vielseitigkeit ihre Aufgaben wesentlich erleichtert. Die Ausstattung ist neuzeitlich und gut." (Zentralblatt der Bauverwaltung.)

Typischer Unfall an einem Brückenkran mit zwei festen Stützen

R. OLDENBOURG, MÜNCHEN 32 UND BERLIN W 10

Baumaschinen

Eine Maschinenkunde für das Hoch- und Tiefbauwesen. Von Prof. Hans Feihl.

338 Seiten, 460 Abbildungen. Gr.-8⁰. 1929. Brosch. M. 18.—, in Leinen M. 20.—.

Inhalt: I. Einleitung. A. Einteilung. B. Beispiele von Baustellen. C. Technische Maßeinheiten. II. Kraftmaschinen. A. Dampfkraftanlagen. B. Verbrennungskraftmaschinen. C. Elektromotoren. D. Wirtschaftlichkeit und Wahl der Kraftmaschinen. III. Arbeitsmaschinen. A. Pumpen. B. Lasthebemaschinen. C. Bau-Aufzüge. D. Fördervorrichtungen. E. Bagger. F. Rammen. G. Gesteinsbohrmaschinen. H. Preßluftwerkzeuge. I. Tiefbohrung. K. Zerkleinerungs-, Sortier- und Waschmaschinen. L. Betonmischmaschinen. M. Betonierungseinrichtungen. N. Straßenbaumaschinen. O. Werkstatteinrichtungen. P. Schweißen und Schneiden. IV. Maschinenteile. A. Verbindende Maschinenteile. B. Maschinenteile der drehenden Bewegung. C. Kupplungen. D. Maschinenteile zur Übertragung der Drehbewegung. E. Maschinenteile zur Umänderung der geradlinigen in eine Drehbewegung. F. Rohrleitungen. G. Absperrvorrichtungen. V. Winke für den Einkauf von Maschinen. VI. Maschinenpreise.

Entwerfen im Kranbau

Ein Handbuch für den Zeichentisch. Von Prof. R. Krell. Mit einer Beilage: Elektrische Kranausrüstungen von Obering. Chr. Ritz. Text und Tafelband.
214 und 32 Seiten, 1052 Abbildungen, 99 Tafeln. 4⁰. 1925. In Leinen geb. M. 32.—.

... Das gesamte Werk, das eine sehr ausgedehnte Übersicht über den heutigen Stand des Hebezeugbaues gibt, ist nicht nur ein Lehr- und Hilfsbuch für das Studium, sondern wird weit darüber hinaus jedem schaffenden Ingenieur sehr gute Dienste leisten ... (Glasers Annalen.)

Drang und Zwang

Eine höhere Festigkeitslehre für Ingenieure. Von Prof. Dr. Dr.-Ing. Aug. Föppl und Prof. Dr. Ludwig Föppl.
1. Band: 2. Aufl. 370 Seiten, 71 Abbildungen. Gr.-8⁰. 1924. Brosch. M. 16.—, geb. M. 17.50.
2. Band: 2. Aufl. 390 Seiten, 79 Abbildungen. Gr.-8⁰. 1928. Brosch. M. 16.—, geb. M. 17.50.

... Prof. Dr. Ludwig Föppl hat die Umarbeitung der neuen Auflage im Geiste seines Vaters durchgeführt ... Die Reichhaltigkeit der behandelten Aufgabe, ihre wertvollen Ergebnisse und die glänzende Darstellung werden auch weiterhin die Ingenieure, die sich mit der Aufgabe der höheren Festigkeitslehre zu beschäftigen haben, fesseln. Literaturnachweise in den einzelnen Abschnitten, die die neuesten Arbeiten berücksichtigen, ermöglichen eine weitere Verfolgung der betreffenden Probleme ... (Zentralblatt der Bauverwaltung.)

Die Berechnung von Fachwerkkranträgern mit biegungsfestem Obergurt

Genaue und genäherte Verfahren zur Ermittlung der Biegungsmomente und Stabkräfte von Fachwerkträgern mit zentrischen und exzentrischen Stabanschlüssen. Von Dr.-Ing. Günther Worch.

103 Seiten, 66 Abbildungen. Gr.-8⁰. 1928. Brosch. M. 6.50.

... die Darstellung ist vorbildlich klar, im besten Sinne des Wortes „pädagogisch", so daß das Buch ganz unabhängig von der praktischen Anwendung der darin behandelten Systeme als eine Sammlung von Musterbeispielen angesprochen werden kann, was wesentlich dazu beitragen wird, das Verständnis für die Durcharbeitung vielfach statisch unbestimmter Systeme zu fördern ... (Beton und Eisen.)

Die Statik des Eisenbaues

Von W. Ludwig Andrée.
2. Auflage. 532 Seiten, 710 Abbildungen. Gr.-8⁰. 1922. Brosch. M. 12.50, geb. M. 14.—.

Die Statik des Kranbaues

Mit Berücksichtigung der verwandten Gebiete Eisenhoch-, Förder- und Brückenbau. Von W. Ludwig Andrée.
3. Auflage. 380 S., 554 Abb., 1 Tafel. Gr.-8⁰. 1922. Brosch. M. 9.50, geb. M. 11.—.

R. OLDENBOURG, MÜNCHEN 32 UND BERLIN W 10

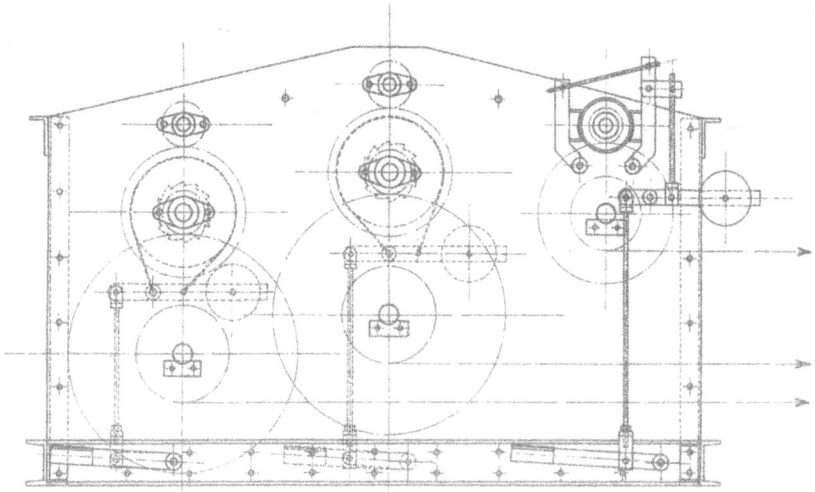

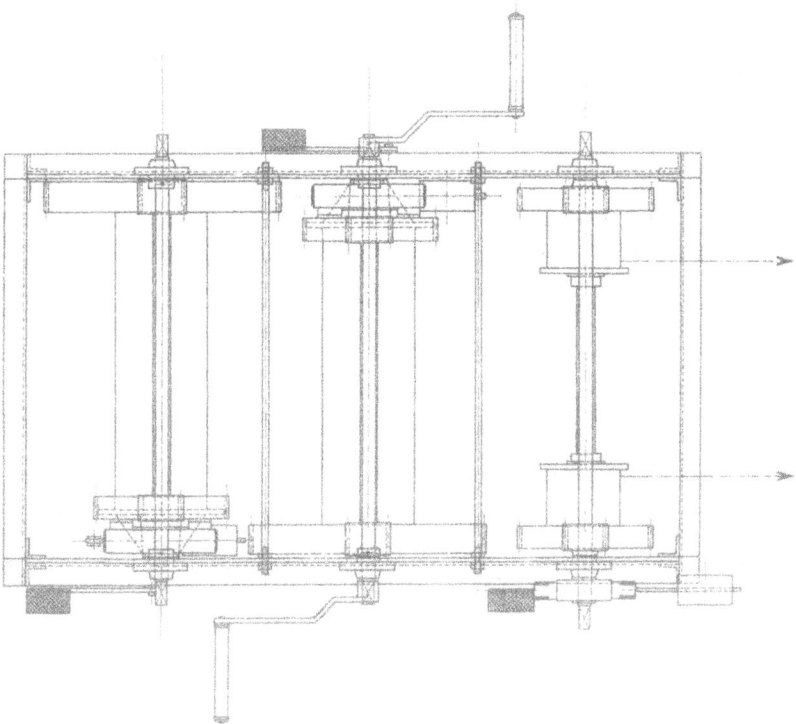

Maßstab

0   100   200   300   400   500   600   700   800   900   1000 mm

Derrick-Handwinde
für 1000 kg Seilzug.
(Abmessungen s. Kap. 10. b.)

Verlag von R. Oldenbourg, München und Berlin.

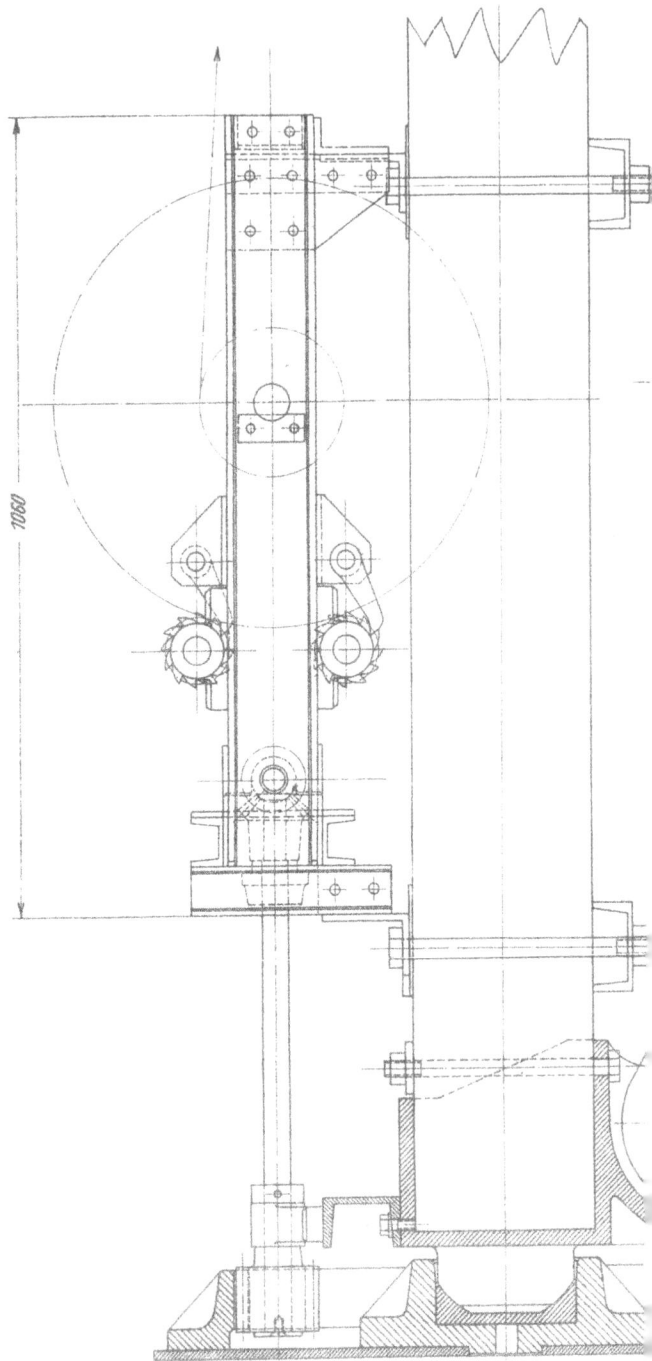

1060

Maßstab

0   50   100   200   300   400   500   600   700   800

Cajar, Baukrane

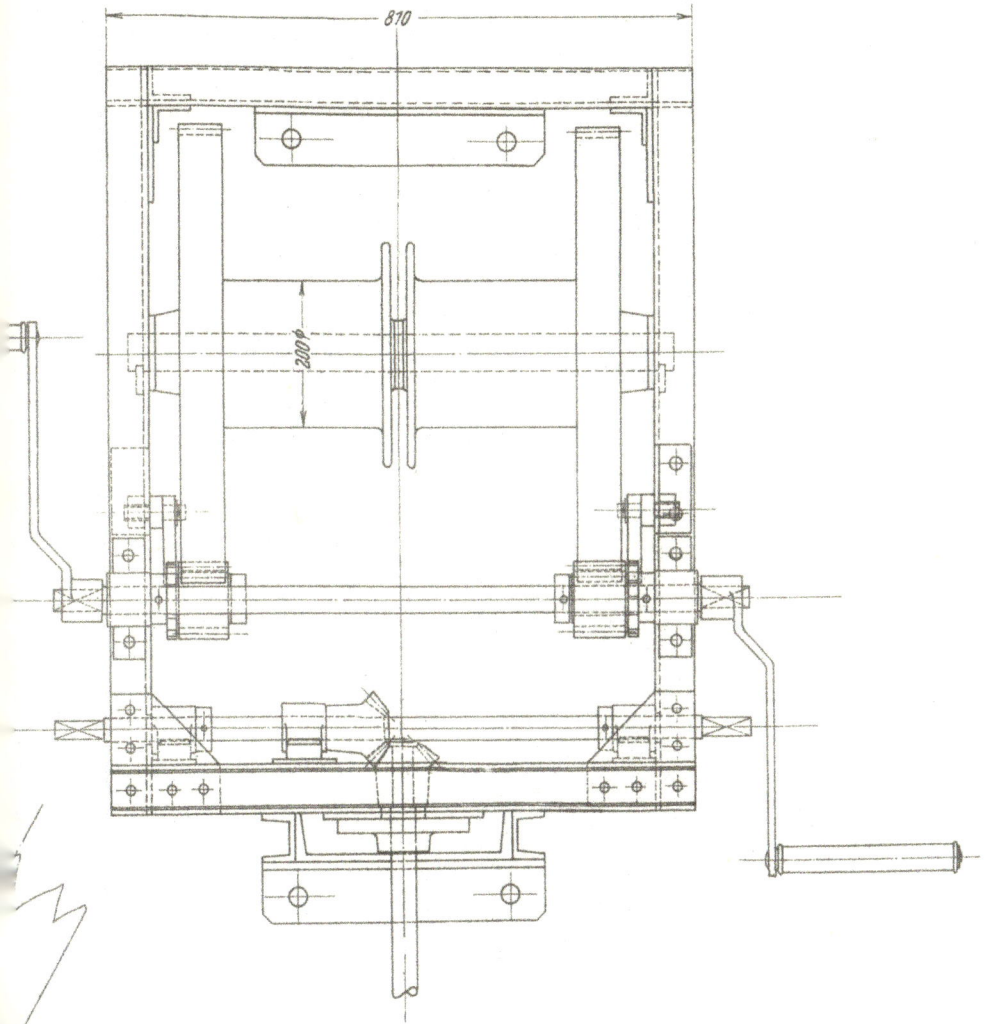

810

200ϕ

Hub- und Schwenkwinde
für einen Derrick von max 1000 kg
Tragkraft.
(s. Kap. 12. c, γ)

Verlag von R. Oldenbourg, München und Berlin.

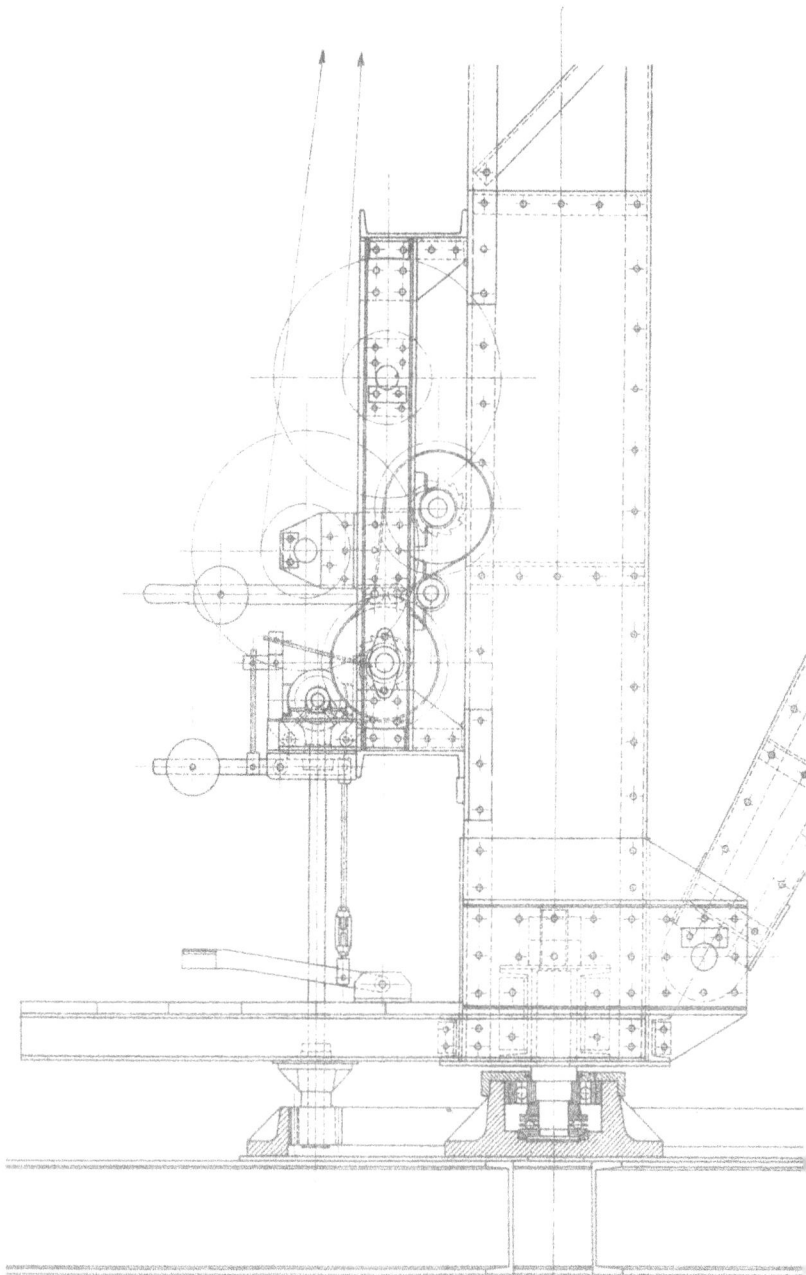

Cajar, Baukrane

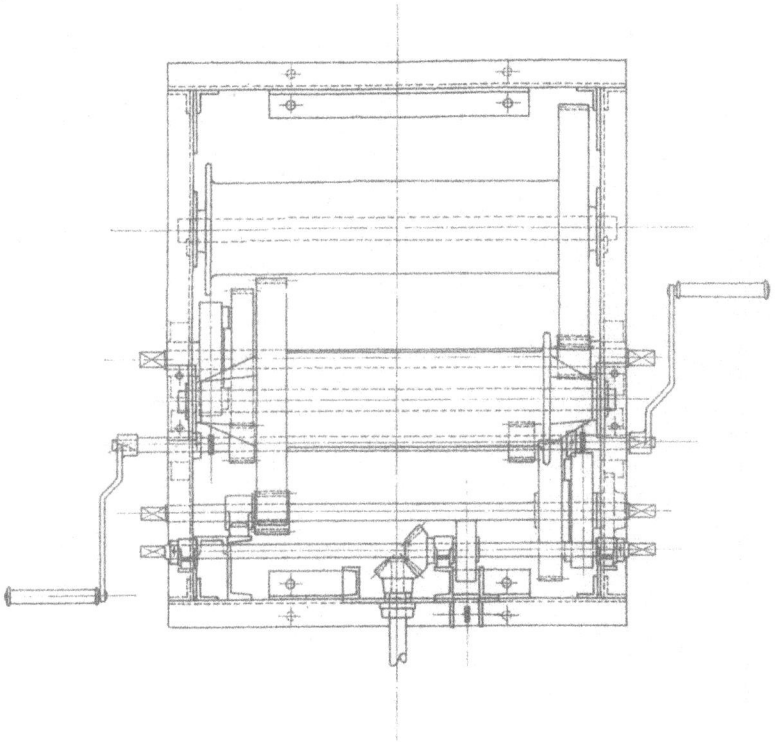

Windwerk
für einen Derrick von 5 t Tragkraft.
(s. Kap. 12. c, γ)

Maßstab

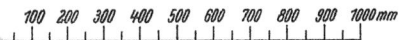

100 200 300 400 500 600 700 800 900 1000 mm

Verlag von R. Oldenbourg, München und Berlin

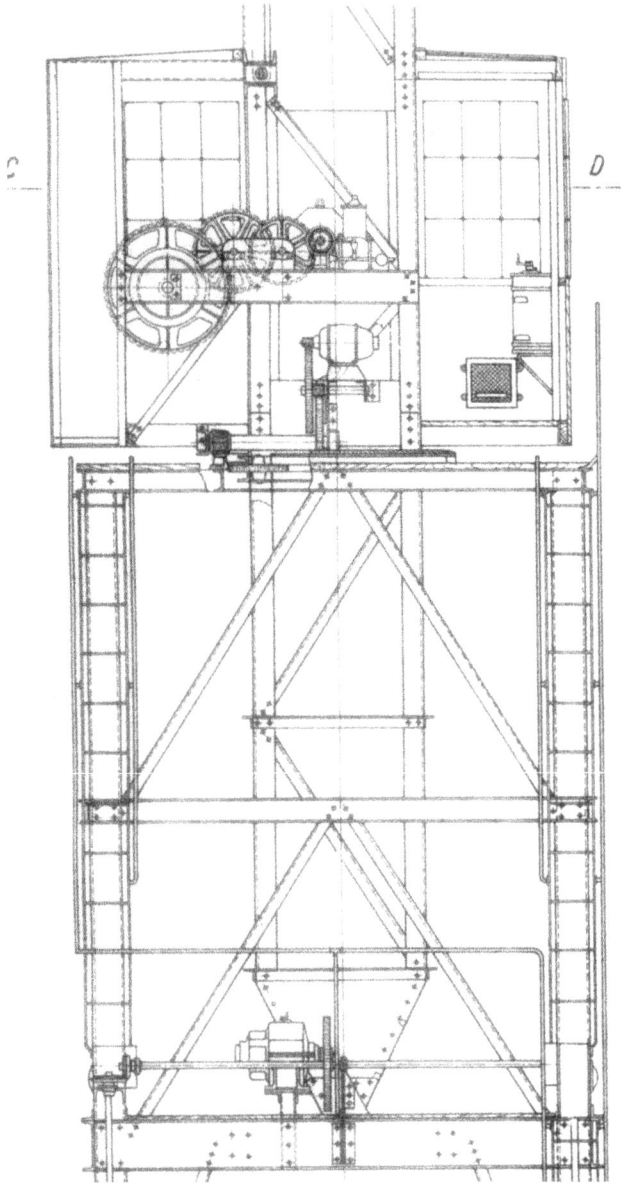

C

D

Unterer Tei
kranes von Ot
(s. K.

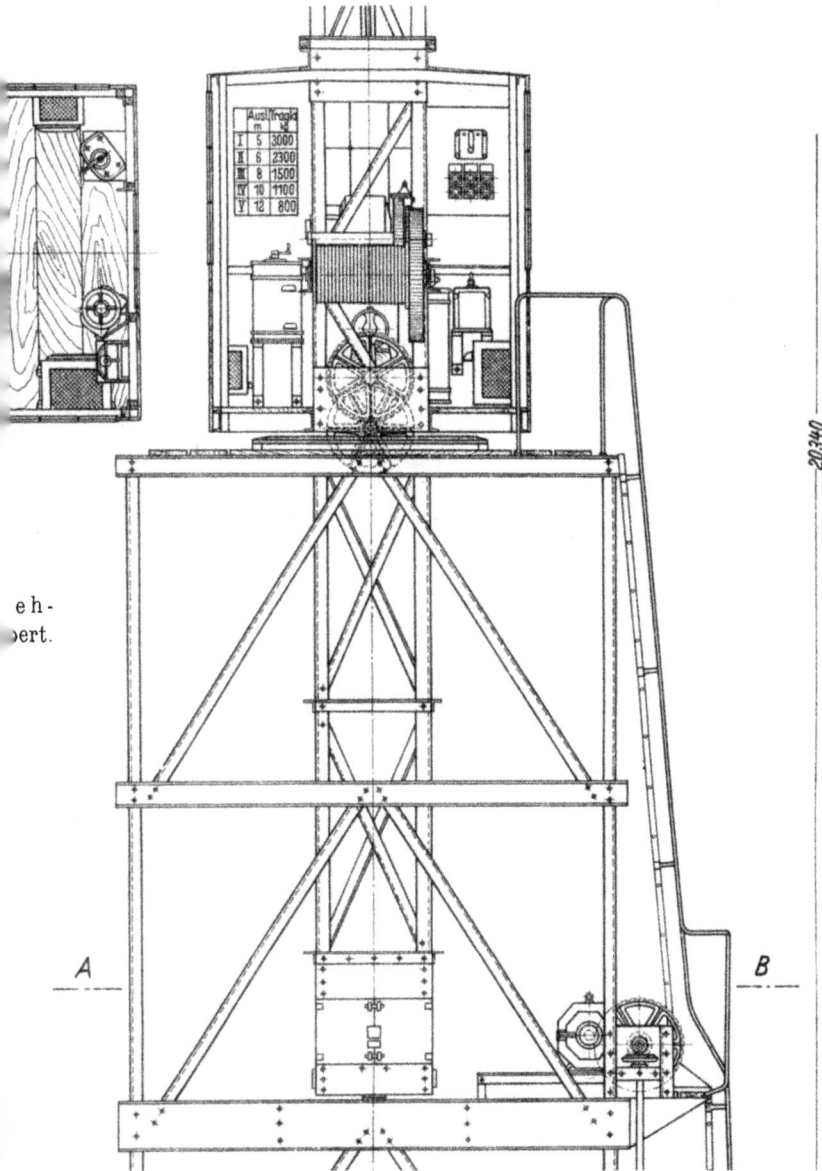

Ausl.	Tragd.
m	kg
I	5	3000
II	6	2300
III	8	1500
IV	10	1100
V	12	800

20340

e h -
ert.

A

B

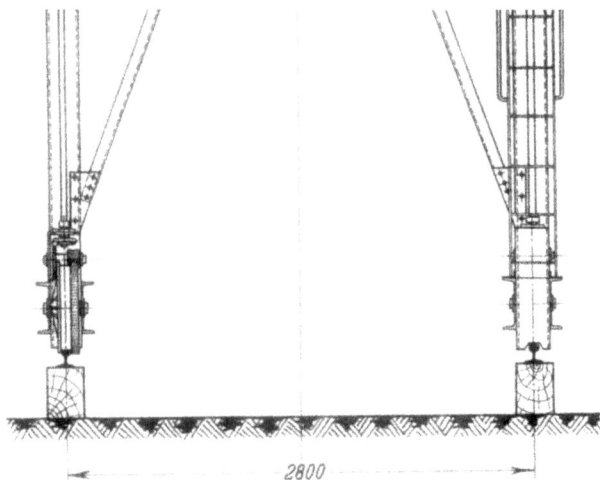

2800

Ansicht auf das Drehwerk

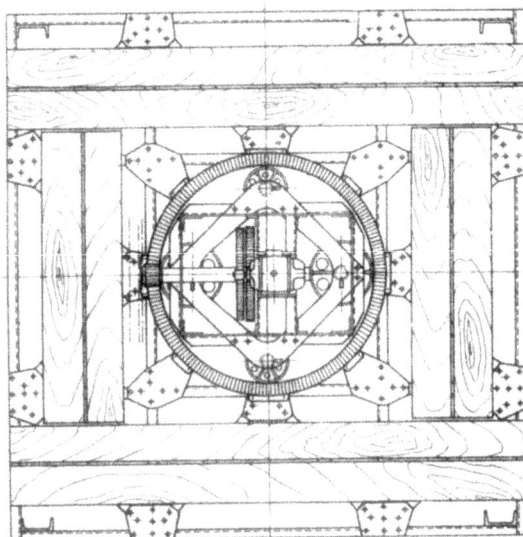

Cajar, Baukrane

3550

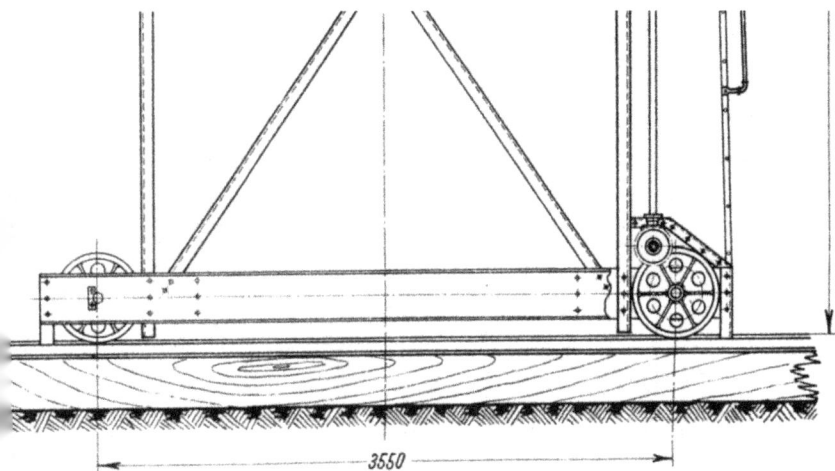

Schnitt A–B
durch den nicht-drehbaren Teil

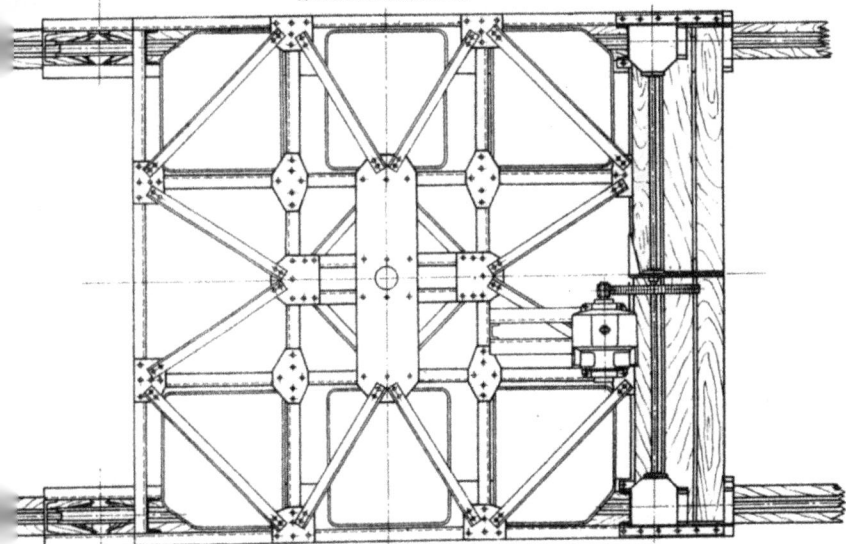

Verlag von R. Oldenbourg, München und Berlin

Seillaufkatze für ein
von Louis Neubauer
(s. Kap. 16. d,

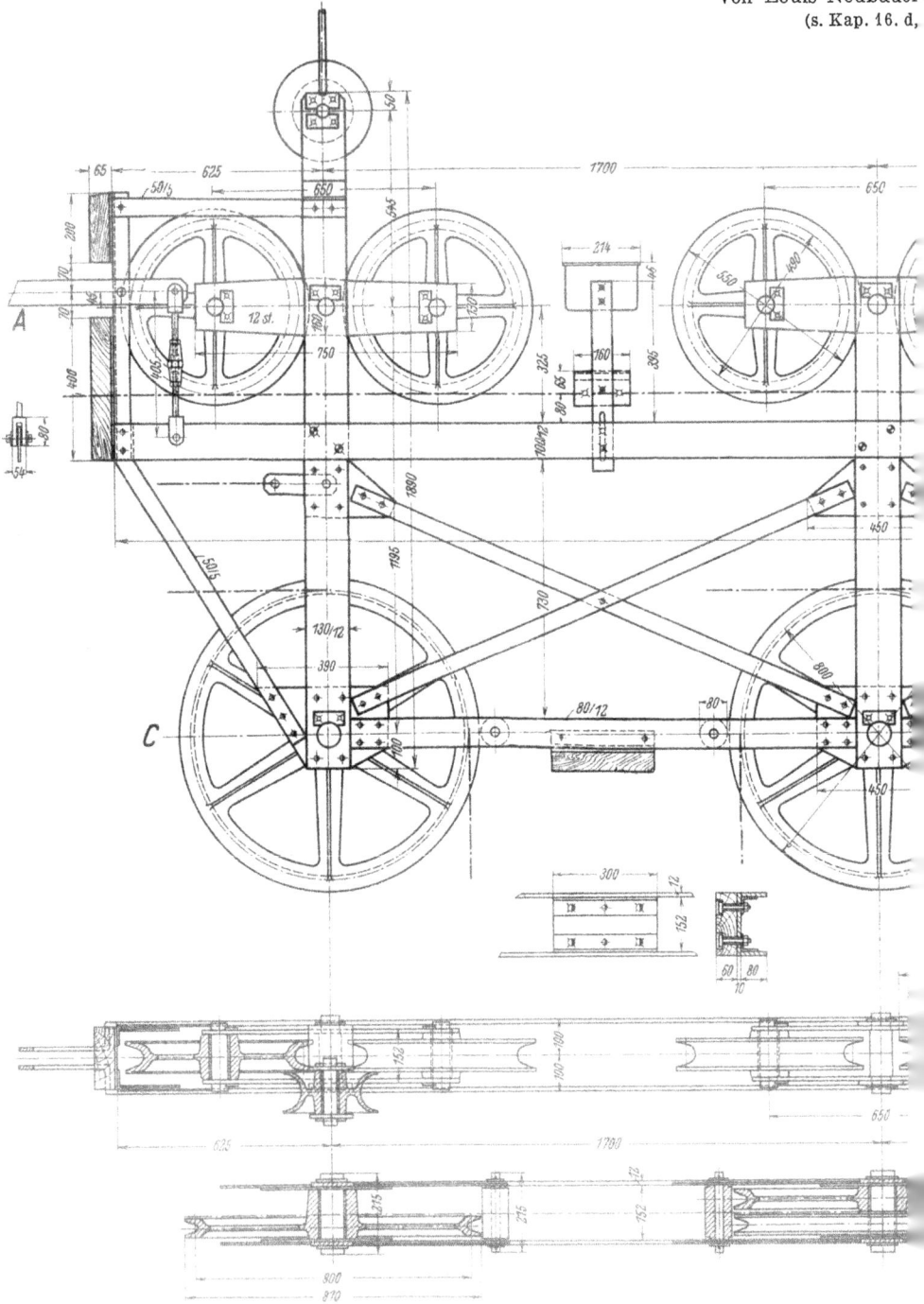

a n

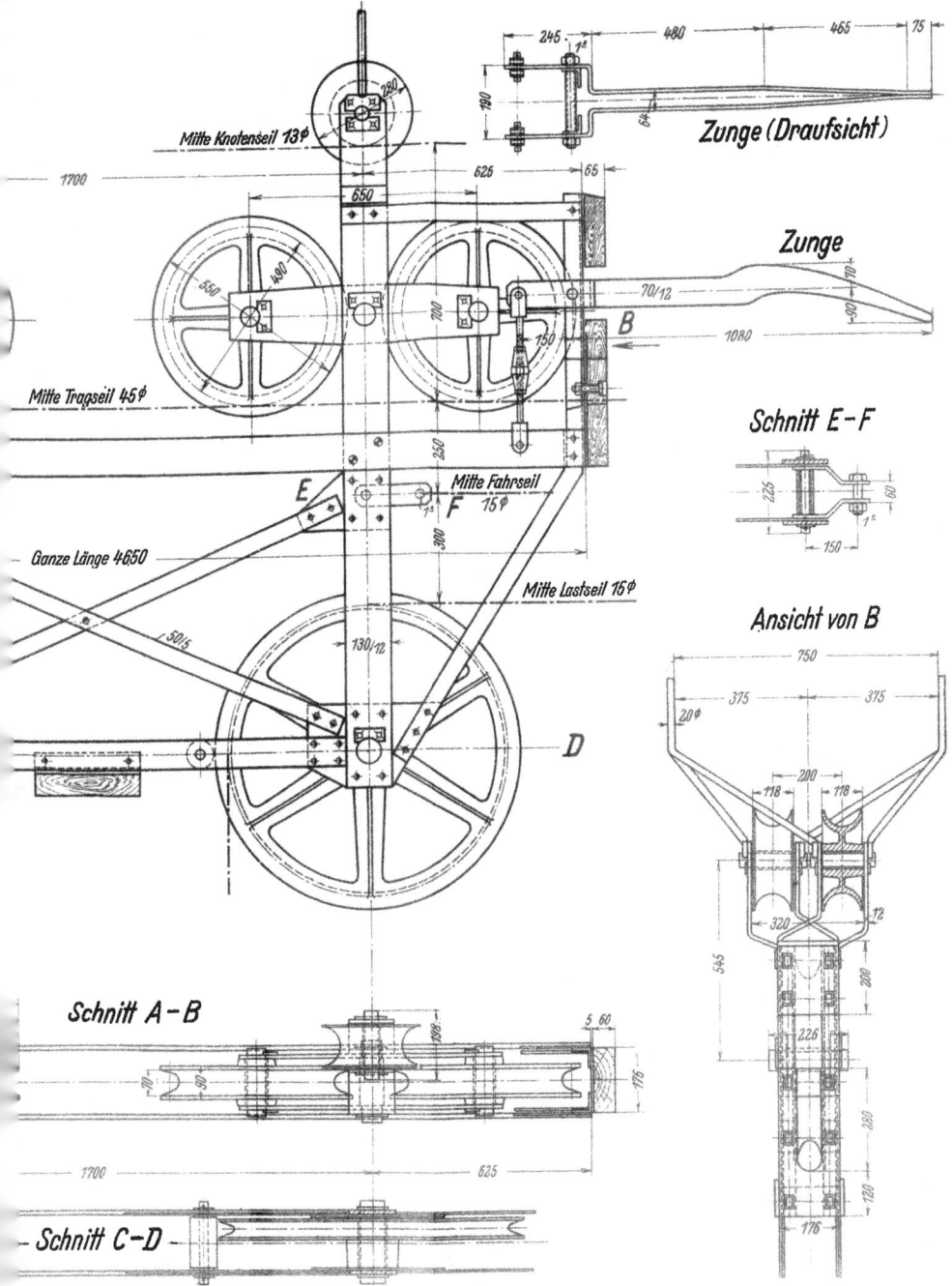

Mitte Knotenseil 13 ⌀

Zunge (Draufsicht)

1700

650

625

65

Zunge

550

480

700

70/12

B

150

Mitte Tragseil 45 ⌀

1080

Schnitt E – F

E

Mitte Fahrseil

F   15 ⌀

225

60

Ganze Länge 4650

300

150

50/5

Mitte Lastseil 15 ⌀

130/12

Ansicht von B

750

375

375

20 ⌀

200

118

118

D

320

72

545

226

200

Schnitt A – B

5 60

280

70   90

176

1700

625

120

176

Schnitt C – D

Verlag von R. Oldenbourg, München und Berlin.

opf eines Kabel-
ubauer, Chemnitz.
d, 3.)

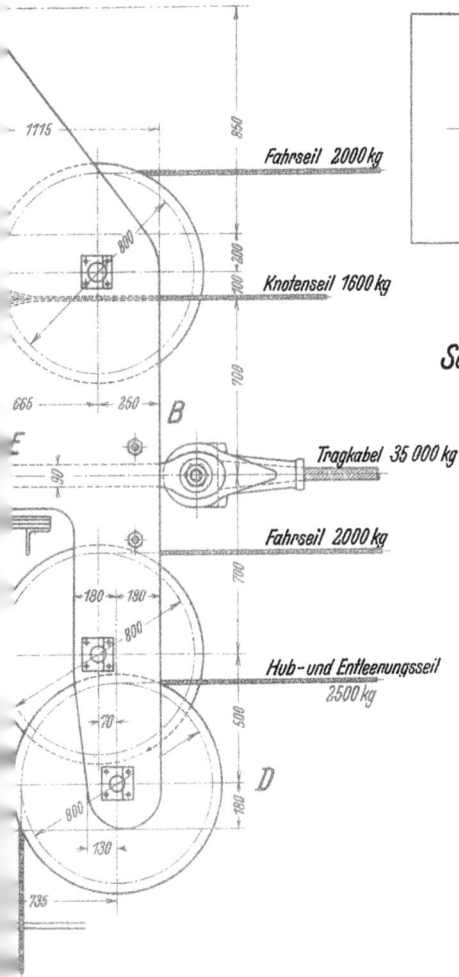

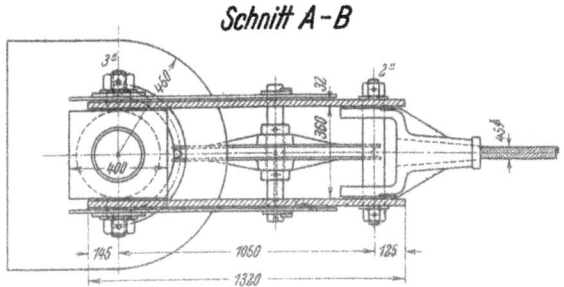

Schnitt A–B

Fahrseil 2000 kg

Knotenseil 1600 kg

Tragkabel 35 000 kg

Fahrseil 2000 kg

Hub- und Entleerungsseil
2500 kg

Schnitt C–D

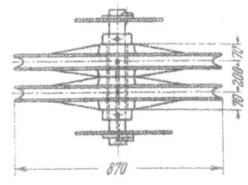

Oberes Spurlager

S.M.Stahl gehärtet

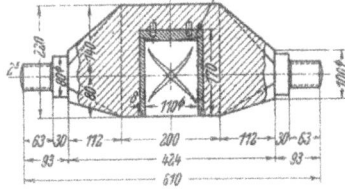

Führungslager bei E

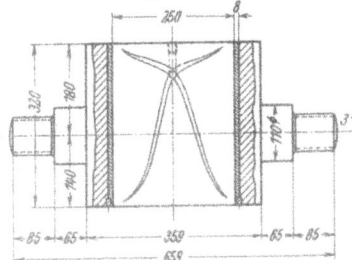

Ansicht von oben

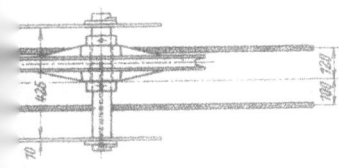

Verlag von R. Oldenbourg, München und Berlin.